中国 龟鳖产业核心技术图谱

章剑 ◎著

海洋出版社

2014年·北京

图书在版编目（CIP）数据

中国龟鳖产业核心技术图谱 / 章剑著. — 北京：海洋出版社，2014.1
ISBN 978-7-5027-8774-5

Ⅰ. ①中… Ⅱ. ①章… Ⅲ. ①龟科－淡水养殖－图谱 ②鳖－淡水养殖－图谱 Ⅳ. ①S966.5-64

中国版本图书馆 CIP 数据核字（2013）第318415号

责任编辑：常青青
责任印制：赵麟苏

海洋出版社 出版发行
http://www.oceanpress.com.cn
北京市海淀区大慧寺路8号 邮编：100081
北京旺都印务有限公司印刷 新华书店北京发行所经销
2014年1月第1版 2014年1月第1次印刷
开本：787mm × 1092mm 1/16 印张：23.75
字数：300千字 定价：180.00元

发行部：62132549 邮购部：68038093 编辑室：62100079

前言

我国龟鳖业从20世纪80年代末突破控温养殖技术后，日新月异，产量剧增，目前龟鳖产量已达34万吨，基本达到供求平衡，甚至有些品种供大于求。在这种情况下，龟鳖产业化是持续发展的必然之路。

这是一本图文并茂的技术经济类大型工具书。全书30万字、600幅彩图，图解中国龟鳖产业链和核心技术，具有创新性、实用性和收藏性。特色是一个主干、两个翅膀和一个核心。主干是中国龟鳖产业链，介绍了中国龟鳖产业链系统，读者会发现，在这个系统中，无论是基础的养殖、观赏，还是高端的各个产业环节，我们所处的位置一目了然。整合产业链是进一步提升产业结构和价值的重要途径。两个翅膀是高端产业链和基础产业链。一个核心就是向产业链主干里注入核心技术。读者关注的不仅仅是产业链问题，而且还希望更多地了解和掌握核心技术，因为市场竞争说到底是技术竞争。

产业链是相关产业活动的集，是各个产业部门基于一定的技术经济关联的链条式关联关系形态，包括逻辑关系和时空布局关系。具有结构属性和价值属性。产业整合可接通产业链，将断环连接起来，也可延长产业链，加环增值。

中国龟鳖产业链包括高端产业链和基础产业链。高端产业链中主要有项目设计、种苗引进、饲料加工、仓储运输、商品销售和质量追溯。其中介绍了美国龟鳖农场生产和出口情况。基础产业链包括养殖产业链和观赏产业链。在养殖产业链中主要有稳定输入、多元流程、精密控制和信息反馈；在观赏产业链中主要介绍常见品种、观赏价值和市场前景。产业链整合，介绍了五种整合方式：多品种整合、高品质整合、休闲式整合、多链环整合和产学联整合，信息极为丰富，耐人寻味。读者可以通过整合先例，寻找自己的增长点。

核心技术囊括了“打破龟鳖冬眠技术”、“无沙养鳖新工艺”、“仿野生养殖技术”、“黄缘盒龟种群区别与养殖技术”、“佛鳄龟早繁技术”、“疑难病害防治技术”、“应激性疾病防治技术”和“作者发明的四项专利”8项，都是读者急需了解和掌握的核心技术。很多技术是首次公开，大多数核心技术是作者二十多年来心血的结晶，具原创性和新颖性。

打破龟鳖冬眠技术的核心是最佳恒温控制，缩短养殖周期，有效地提高单位面积产能和效益。温室养殖的效益是自然养殖的5倍左右。因此，提高了土地利用率。

无沙养鳖新工艺是一种创新。在池底不再铺沙，鳖在无沙环境下会产生不安，解决的途径从生态学研究中的满足动物生态位的理论角度，在鳖池中设置多个生态位。在养鳖池内设置多个网巢，这些网巢采用无结网片制作，网巢之间留有空隙，鳖会钻进网巢里，也有的趴在网巢上栖息，鳖有了安全感，从而形成无沙养鳖新工艺。在实践中发现，这种方法行之有效。目前已普遍采用这一核心技术。

仿野生养殖技术是基于品牌战略的需要，是基础产业链中的一次革新，是延伸产业链，实现龟鳖商品附加值的有效途径。在浙江最为典型，各种品牌应运而生，通过品牌辐射全国，取得了丰厚的利润。

黄缘盒龟种群区别与养殖技术部分，首次公开黄缘盒龟的八大种群区别。包括皖南种、皖西种、河南种、湖北种、浙北种、浙南种、台湾种和琉球种。核心技术还包括：食性观察、记忆识别力、产卵习性、提高繁殖率、温度需求、安徽种群与台湾种群自然特性以及解除应激技术。

佛鳄龟早繁技术。其核心技术是雌雄分开，雄龟单只独池养殖，雌龟需要交配时人工移入雄龟池，雌雄比可高达7，甚至更高。当发现雌龟怀卵时，对雌龟进行控温养殖，以加快发育，达到提早产卵的目的。

龟鳖病害防治是养殖生产中最为重要的核心技术，也是本书中核心技术中的核心。分疑难性疾病防治和应激性疾病防治，共67种病害防治核心技术。疑难性疾病中包括龟病22种，鳖病12种；应激性疾病中包括龟病26种，鳖病7种。这些龟病病害都是在养殖中发现的疑难病和应激病，采用一般的治疗方法难以奏效。本书中以大量的实例和图解介绍各种龟鳖疑难杂症的防治方法，通过分析发病原因，进行正确诊断，并提出核心的治疗新技术，更多的病例有治疗前和治疗后的图片对照。其应激性的疾病防治技术在国内外属于独创。

最后，作者忍痛割爱，将自己的发明专利和实用型专利首次公开。这些专利涉及龟鳖养殖中需要使用的节能控温技术、仿野生技术以及鳖白底板病的有效防治方法等。此外，将读者需要掌握的正确注射治疗方法进行详细的图文介绍。

本书定稿之日，读者送来“礼物”。2013年7月18日，广东省阳西县读者刘少祥来电反映：看书养龟，受益匪浅。他根据《龟鳖高效养殖技术图解与实例》，开始第一次养龟，2011年以每只500元的价格买进石龟苗100只，养殖至今平均规格1千克左右，有病就按照书中的方法进行治疗，成活率100%。如按目前价格每千克2 600元出售，100千克石龟产值26万元，去除种苗成本5万元、饲料和加温成本等至多1万元，盈利20万元。这位读者最后说，感谢笔者的书对他的指导。

解惑是笔者的使命，受益是读者的期望。本书为达到这一目的，竭尽全力，将二十多年来的研究成果汇聚成本书，努力在创新性、实用性和收藏性方面达到最佳点，为中国龟鳖产业健康快速发展作出自己的贡献。不足之处难免，敬请读者指正。在此书付梓之际，衷心感谢我的老师姚宏禄、胡绍坤、王熙芳、朱光定和孙秀文。并感谢我的好友郑珂。

章剑

2013年7月18日

目 录

chapter 1

高端产业链

2012年中国龟鳖产量34万吨，其中鳖29万吨，龟5万吨。龟鳖产业链与所有龟鳖从业者息息相关，它包括高端产业链和基础产业链。位于龟鳖业产业链高端的构成主要包括：项目设计、种苗引进、饲料加工、仓储运输、商品销售、质量追踪，根据目前我国龟鳖业现状分析，这部分约占市场价值的90%，具有市场价格制定权。处于产业链低端养殖生产的产品要进入市场，自己可以还价或不卖，但不能决定价格，只能根据市场的变化决定什么时候出售对自己有利。目前，在所谓高端产业链中的各个环节中存在的最主要的问题是效率不高。比如种苗引进问题，从美国引进种苗到中国来，如果根据养殖者的需要适时供应，就能卖个好价钱，当养殖者不需要或者养殖者处于观望阶段的时候，再好的种苗引进到市场，都很难被养殖者认可。这实际上就是效率问题。项目设计同样面临这样的问题，你设计一个养殖场也好，设计一个饲料厂也好，都要根据市场需要和当地条件，尽快地拿出方案，一旦目标明确就必须坚持，以最快的速度完成。饲料生产是服务于养殖生产的，饲料的质量固然重要，但随着加工技术的不断成熟，关键还是效率，要跟踪养殖生产中的需求，及时将优质的饲料送到养殖生产者的手中。仓储运输效率的重要性更加明显，周转要加快，运输效率要高，一切围绕市场和基础产业链的需要。商品销售的根本目的是卖个好价钱，追求较高的附加值，在商品质量稳定的情况下，还是要注意效率，进入市场的商品是消费者最需要的，是市场欢迎的，肯定能卖好价钱。质量追踪，是出口企业必须做到的环节，在国内销售同样要注意产品质量的追踪，发现市场不能接受的产品就要进行反思，查找原因，及时改进。为什么高端产业链可以控制市场90%的份额？因为它具有市场价格决定权，它们的环节就有6个，每个环节都要赚钱，我们只要想一想，饲料上市，进入养殖生产前价格就已经定好，种苗引进前，价格也已经定好，商品进入市场前，就有一个市场行情供你参考，这些环节组合在一起，形成高端的产业链。对养殖生产来说，高端的产业链就好比“上层建筑”，而养殖生产属于“经济基础”。因此，提高高端产业链的效率是做大做强龟鳖业的重要途径。

chapter 1

第一节　项目设计

一、项目的概念

项目是指一系列独特的、复杂的并相互关联的活动，这些活动有着一个明确的目标，必须在特定的时间、预算、资源限定内依据规范完成。项目是解决社会供需矛盾的主要手段；是知识转化为生产力的重要途径；是实现企业发展战略的载体。

二、项目的可行性分析

1. 项目需求分析；

2. 现有工作基础；

3. 项目目标、任务与考核分解；

4. 项目实施计划、任务分解；

5. 项目概算；

6. 项目预期成果的社会经济效益，与国内外同类产品或技术的竞争分析，成果应用和产业化前景；

7. 项目实施的风险分析及对策措施；

8. 组织保障措施；

9. 其他需要说明的事项；

10. 有关附件。

三、项目设计的总体要求

1. 总体目标完整、集中、明确、可考核，要充分考虑经济、技术等方面的可行性；

2. 任务和内容重点突出；

3. 技术路线清晰，技术关键点与创新点明确；

4. 配套条件落实，管理措施具体，具备组织实施条件；

5. 经费概算依据充分，筹措有保障；

6. 风险分析全面，对策措施完备；

7. 相关证明文件等附件齐全。

四、项目设计

1. 项目提出的背景和必要性；

2. 国内外市场分析；

3. 项目主要开发和建设内容；

4. 项目实施的技术方案；

5. 项目实施的现有基础；

6. 项目组织机构和人员安排；

7. 项目实施进度计划；

8. 项目资金需求和来源；

9. 项目经济效益和社会效益分析；

10. 项目风险分析及应对措施；

11. 其他需要说明的事项；

12. 有关附件。

五、实例

（一）中华龟鳖文化博览园

吴遵霖教授与曾旭权主编的《中华龟鳖文化博览》中设计的中华龟鳖文化博览园，主要理念是传播龟鳖文化，促进龟鳖产业发展，以人为本，消费者至上，科技开路，人才竞争，市场导向，打造龟鳖为主题的人文景观（图 1-1）。其项目设计包括：

1. 选园思路和目标；

2. 选址与环境；

3. 景观设计风格；

图 1-1　中华龟鳖文化博览园（引自吴遵霖，曾旭权《中华龟鳖文化博览》）

4. 功能布局与构成规模：

（1）龟鳖养殖部分；

（2）龟鳖展示部分；

（3）龟鳖文史博览部分；

（4）科技会展部分；

（5）美食药膳部分；

（6）旅游客舍部分；

（7）龟鳖产品销售；

（8）门廊雕塑绿化及管理部分。

（二）浙江金大地省级龟鳖主导产业示范区

浙江金大地农业科技有限公司示范区经过精心设计，核心面积达 1 280 亩[1]，养殖水域集中连片（图 1–2）。建有亲本养殖区、品牌甲鱼养殖区、出口甲鱼

图 1–2　浙江金大地省级渔业主导产业示范区龟鳖池连片 1 280 亩（金大地集团提供）

[1] 亩为我国非法定计量单位，1 亩 ≈ 666.7 平方米，1 公顷 = 15 亩，以下同。

养殖区、恒温温室养殖区、休闲观光区（图 1-3），区块布局合理，功能完善，园区建有 500 亩中华鳖及日本品系亲鳖塘、3 000 平方米孵化房、60 000 平方米养殖温室（图 1-4）、400 亩品牌出口甲鱼养殖塘、2 100 平方米龟鳖博物馆和休闲餐厅、会议中心，25 平方米垂钓基地。在诸暨、杭州设立“稻田”牌甲鱼专卖店 15 家，年营业额 1 000 多万元。园区配套建设有监控系统和水质监测设备等，设施完善，景观雅致（图 1-5），道路通畅，电力及排灌设施科学合理。

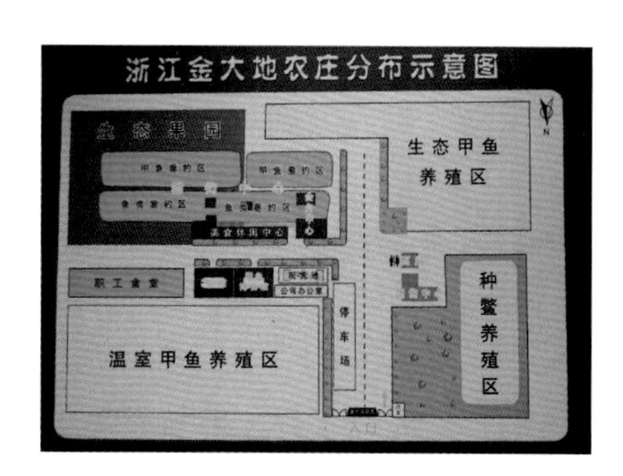

图 1-3　金大地农庄分布

示范区将日本鳖品系良种作为公司的立足之本，多年来严格执行亲本培育等相关标准，提供中华鳖、日本鳖生态化养殖技术，为各级养殖户提供良种亲本和优质苗种，年产日本鳖苗种 550 万只（图 1-6）、“稻田”牌鳖 50 万只、巴

chapter
1

图 1-4　浙江金大地公司龟鳖温室

图 1-5　浙江金大地休闲农庄一角

西龟苗种240万只、台湾草龟苗种50万只、鳄龟苗种10万只。

图1-6　金大地示范区生产的日本鳖（陆绍棨提供）

（三）北海宏昭公司龟鳖生态园

占地116亩的广西北海宏昭农业发展有限公司于2008年成立，现任北海市龟鳖业协会会长的公司经理王大铭依靠新思路和政府的扶持，打造一个集科研、示范、养殖、休闲、旅游观光于一体的原生态龟鳖综合基地（图1-7、图1-8）。项目设计后经过精心实施，目前年产生态龟鳖30多万只，龟鳖苗50多万只，商品龟鳖产量200余吨，年销售额1 000余万元，养殖品种60余种，主要有亚洲巨龟、斑点池龟、金钱龟、安南龟、黑颈乌龟、安缘龟、鳄龟、山瑞鳖、黑鳖、黄沙鳖、珍珠鳖等。产品销往国内观赏龟市场以及泰国、缅甸、马来西亚、印度尼西亚、越南、美国、日本、韩国等国家。公司采用“公司+基地+农户+市场”的产业化“保价销售”经营模式，带动周边500多户养殖户，免费发放龟苗并签订回收合同扶持农户133户。公司注重深加工，如龟鳖酒（图1-9）、全龟粉、全鳖粉、龟胶原蛋白精华提取等。笔者于2012年两次到该公司参观学习（图1-10），2012年12月19日中央电视台7套《致富经》栏目播出《王大铭养龟：珍稀龟背后的财富真相》。

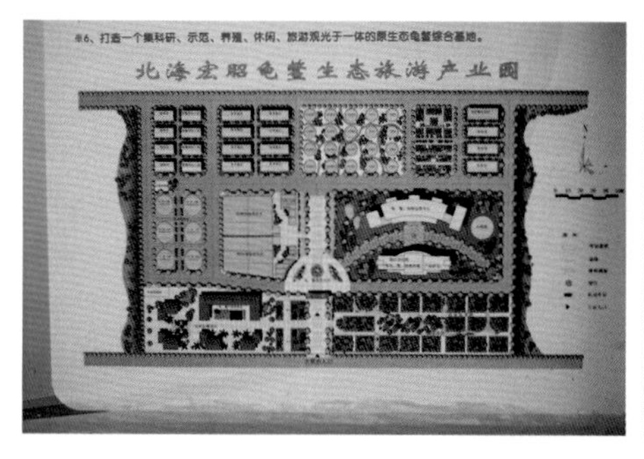

图1-7　北海宏昭龟鳖生态园项目设计

图1-8　北海宏昭龟鳖生态园场景

图 1-9　北海宏昭公司加工龟酒（红光提供）

图 1-10　笔者第二次来到北海宏昭龟鳖生态园

■ 第二节　种苗引进

在这一节中，主要介绍美国龟鳖农场和苗种如何从美国引进，这也是广大读者比较感兴趣和一直关心的问题。目前，国内有很多苗种从美国引进，主要品种有小鳄龟、大鳄龟、珍珠鳖、角鳖等。这些品种的引进，对我国龟鳖养殖结构产生了较大的影响，深受我国龟鳖市场和消费者的欢迎。其中，小鳄龟已被国家农业部确定为大力推广的优良品种之一。

一、美国龟鳖农场

1. 环境

这里介绍的是位于美国佛罗里达州的一家龟鳖农场。他们注重环境建设，

图 1-11　美国农场原生态池

图 1-12　龟鳖池设数个引坡便于龟鳖上岸产卵和休息

尽量保持原生态。池周有各种自然生长的植物，在池塘中配以小船，便于操作管理（图 1–11）。一般地，龟鳖池四周有两圈防护设施，里层开设数个口子，与池内相通，以便龟鳖上岸产卵和栖息（图 1–12）。池周设有宽阔的行车带，便于机械化投饵（图 1–13）。有些池中央与池边设置浮桥相连，便于观察与饲养管理（图 1–14）。

图 1–13　池边宽阔便于机械化投饵

图 1–14　浮桥通向池中央便于管理

2. 制种

农场采用野生龟鳖进行制种。他们收购的品种有：鳄龟、巴西龟、黄耳彩龟、珍珠鳖和角鳖等，这些野生龟鳖从野外运回来后进行分类，严格挑选，使用体型好、健康强壮和发育良好的龟鳖作为亲本，经过消毒处理后，放入池中进行培育（图 1–15 至图 1–18）。

图 1–15　美国农场收购野生龟鳖制种

图 1–16　野生鳄龟原种

图 1–17　挑选质量好的鳄龟做亲龟

图 1-18 发现一只角鳖

3. 投饵

他们采用机械化投饵方式。具体是抛洒投饵法，投饵机由汽车牵引，先在灌装的饲料台下定量装上饲料，投饵机随着汽车沿着池周慢慢行进的同时向池里抛洒饵料，当汽车绕池一周时投饵工作完毕（图 1-19、图 1-20）。因此，这种投饵方式轻松便捷，劳动强度低，生产效率高。

图 1-19 给投饵机内装上饲料

图 1-20 投饵机正在向池内抛洒饲料

4. 孵化

龟鳖产卵后，使用塑料箱进行孵化。在白色的塑料箱上开孔通气，箱内铺设大颗粒的蛭石作为孵化介质，在介质上按序排列龟鳖受精卵，孵化箱整体叠放在支架上，在孵化室内，通过温度计和湿度计观察，以便及时进行必要的调

图 1-21 孵化采用白色塑料箱叠放

图 1-22 鳖苗已孵化出来

节（图 1-21 至图 1-23）。由于佛罗里达州自然温度较高，孵化中，未见使用控温控湿设施。

图 1-23　孵化介质采用蛭石

5. 暂养

龟鳖苗孵出后需要经过暂养。设置互联的长方形暂养池，通过曝气增氧（图 1-24），活化水质，在水面上设置数个浮板（图 1-25），增加龟鳖苗栖息生态位（图 1-26 至图 1-28）。对需要出口的龟鳖苗进行消毒处理，保持良好的水质，出口前龟鳖苗尽量“不开口”，不使用开口饵料，以提高运输成活率。

图 1-24　龟苗暂养池使用前进行曝气处理

图 1-25

图 1-26

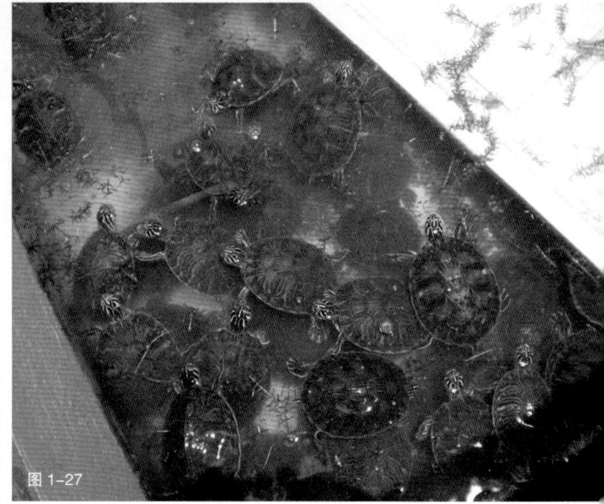
图 1-27

图 1-28

图 1-25　暂养池内放置数块浮板
图 1-26　孵化出来的珍珠鳖苗
图 1-27　暂养中的黄耳彩龟苗
图 1-28　孵化的小鳄龟苗

6. 出口

出口的龟鳖苗须经检验办证并进行科学包装。出口前，需要去美国农业部下设的动植物检疫机构办理卫生许可证，经过健康卫生检验合格，办证后才可出口（图1–29）。龟鳖苗的包装采用透气的塑料盒（图1–30），盒内放入缓冲保湿的纸巾，外套通气良好的硬质纸箱（图1–31），包装盒和包装箱上有很多通气孔，以保证龟鳖苗在运输过程中对氧气和散热的需要。包装箱上印有动物图标和不可颠倒的标志（图1–32）。进口许可证和卫生许可证随货接受查验，以便通关（美国龟鳖农场的图片由柴宏基提供）。

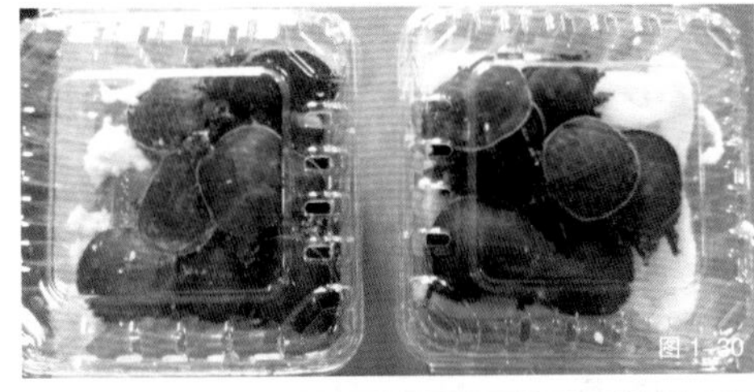

二、主要引进品种

1. 鳄龟

鳄龟一般是指“小鳄龟”，分为四个亚种，我国引进数量较多的是佛州亚种和北美亚种。鳄龟

图 1–29　美国农业部动植物检验办证服务机构
图 1–30　珍珠鳖苗包装在塑料盒内并放纸巾缓冲保湿
图 1–31　角鳖苗两层包装内层是塑料盒，外层是纸箱
图 1–32　外层包装采用通气的硬质纸箱并有动物标志

chapter 1

隶属于动物界（Fauna）、脊索动物门（Chordata）、脊椎动物亚门（Vertebrata）、爬行纲（Reptilia）、龟鳖亚纲（Chelonia）、龟鳖目（Testudormes）、曲颈龟亚目（Cryptodira）、鳄龟科（Chelydridae）、鳄龟属（*Schweigger*）。小鳄龟学名：*Chelydra Serpentina* sap.，英文名：Common Snapping Turtle，小鳄龟 4 个亚种分别是：①南美拟鳄龟（*C. S. acutirostris*），又称假鳄龟，南美亚种，产于巴拿马至哥伦比亚地区。下颌有 3 对须状突起，前 1 对大，后 2 对细小。颈部突起较钝。尾部 3 列突起明显。侧腹、四肢突起非常多。②佛州拟鳄龟（*osceola*），佛州亚种，它能增长到 17 英寸[1]、体重 45 磅[2]。产于美国佛罗里达半岛。颈部突起多且尖利。头部较尖细，眼睛距吻端较近。尾部中央突起较大。第二、三椎盾几乎等大。背甲呈长椭圆形，前窄后宽，后部呈明显锯齿状。③中美拟鳄龟（*rossignoni*），又称啮龟，罗氏亚种。是 4 个亚种中最稀少的亚种。产于墨西哥至中美洪都拉斯地区。头部较宽，头背部较平。下颌有 2 对须状突起。颈部突起尖锐。背甲近乎长方形。第三椎盾最大，占背甲长的 25%。腹甲前段占背甲长的 40% 以上。④北美拟鳄龟（*serpentina*），又称磕头龟，鳄龟的模式亚种。加拿大南部到美国南部东侧广泛分布。背甲近乎原形，后部几乎不成锯齿状。第三枚椎盾最大，可达到背甲长的 31% 左右。腹甲前段长应为背甲长的 38% 左右。小鳄龟雌雄区别：生殖孔位于尾部第一硬棘之内或与尾部第一硬棘平齐的为雌性，而生殖孔位于尾部第一硬棘之外的为雄性。

鳄龟是我国 20 世纪 90 年代后期从美国引进的新品种。2001 年开始大量引进。笔者参加了鳄龟的引进工作，分批引进到江苏、浙江、江西、湖南和广东等地。2002 年 3 月 11 日鳄龟亲龟引进到湖南益阳市（图 1–33 和图 1–34）；2002 年 5 月 12 日鳄龟亲龟引进到广东佛山南海区（图 1–35）；2003 年 9 月 7 日鳄龟苗引进到广州（图 1–36）；2004 年鳄龟苗引进到杭州（图 1–37）。

2005 年国家农业部发布第 485 号公告，认定鳄龟为适宜推广的从境外引进

[1] 英寸为我国非法定计量单位，1 英寸 = 2.54 厘米，以下同。
[2] 磅为我国非法定计量单位，1 磅 = 453.5 克，以下同。

上图 1-33　2002 年 3 月 11 日鳄龟亲龟从美国引进湖南益阳

右图 1-34　2002 年 3 月 11 日鳄龟从美国引进湖南益阳原包装

图 1-35　小鳄龟北美亚种于 2002 年 5 月 12 日引进广东南海

图 1-36　小鳄龟苗 2003 年 9 月 7 日引进到广州

的品种，但应控制在人工可控的水体中养殖。在公告中，鳄龟品种登记号为：GS03-001-2004。公告称：鳄龟为爬行动物，具有生长速度快、适应性强的特点，正常生活温度为 18~33℃，高于 33℃或低于 18℃则少活动，在自然环境下为肉食性，在人工饲养中可以摄食配合饲料，适宜在全国各地池塘、工厂化车间养殖。

图 1-37 小鳄龟苗 2004 年 8 月 19 日引进到杭州

目前，鳄龟已遍布我国自然温度较高的地区，即使在寒冷地区，养龟爱好者通过增加温度来饲养鳄龟已成为时尚，主要用于观赏。北美亚种在江苏及浙江一带养殖较多，养成商品龟销往广州集散市场，效益平稳；广东及广西地区喜欢养殖佛州亚种，这种品种经过技术创新，雄龟单养，雌龟人工控制交配，受精率很高，成熟早，产卵多，深受种苗市场欢迎，利润丰厚。笔者在浙江省湖州市东林镇了解到，这里每家饭店都有用鳄龟做的精美菜肴。

2. 佛州拟鳄龟

早期从美国引进的鳄龟中有不少是佛州拟鳄龟，或称鳄龟佛州亚种，在我国广东及广西地区简称佛鳄（拉丁名：*C. S. osceola*；英文名：Florida Snapping Turtle）。它体长能增长到 17 英寸、体重达 45 磅。国内养殖主要分布在广东、广西、江苏及浙江一带，海南、江西、湖南、湖北也有一些养殖，之后，随着观赏龟爱好者对佛州拟鳄龟的喜欢，养殖的人越来越多。一段时间，广东人来江浙收购佛州拟鳄，他们要求黄甲、头部爆刺。在养殖中发现佛州拟鳄龟成熟早，繁殖快，一年可以产3~4窝卵，很有发展前景。目前，佛州拟鳄龟在广东及广西分布多一些，在温度较高、技术成熟的地方进行养殖，如茂名、阳江、广州、钦州和南宁等地（图1–38）。

图1–38　佛州拟鳄龟在钦州养殖

一般认为，佛州拟鳄龟的典型特征是十字眼、短尾巴、清晰的背甲和较白的腹部。其实，十字眼不是佛州拟鳄龟的唯一特征，北美亚种鳄龟也有。“一字眼”、“扇贝壳”，是佛州拟鳄龟的重要特征。佛州拟鳄龟具体有哪些特征呢？①体型厚实，头部较大，尾部较小。头型较方，北美亚种较圆，杂佛头部偏瘦小。佛鳄尾部比北美亚种的小，鼻子没北美亚种的长。②体色不一定是黄甲、白头、白皮肤，灰色、黑色，褐色、深黄等体色都可以是佛州拟鳄龟。③佛州拟鳄龟最大的特征是爆刺，刺粗、刺细、刺长、刺短都不是确定佛州拟鳄龟的标准。从头刺看，有排列粗细的均匀程度，挺直度，部分佛州拟鳄龟头刺前倾塌陷。头刺可分为四类：一是颗粒型，基座圆，无尖锐感；二是倒钉型，基座圆，刺身有力，具爆炸感；三是鲨刺型，基座宽，刺身较扁；四是针尖型，极细，有飘逸的感觉。

目前，广东、广西地区在追求鳄龟的生产潜能，将佛州拟鳄龟与北美鳄龟杂交。繁殖出杂佛鳄龟，具颈刺和壳纹的，有佛州拟鳄龟基因的就是杂佛鳄龟，杂交的优势在于其生长繁殖快，产卵率能提高 4 倍左右，由原来的年产 10 枚卵上升到年产 40 枚左右，原来北美鳄龟在水里产卵，杂交后可以上岸产卵。杂佛鳄龟产卵至少 2 窝，而北美鳄龟只有 1 窝。

3. 大鳄龟

大鳄龟（拉丁名：*Macroclemys temmincki*；英文名：Alligator Snapping Turtle），上颌似鹰嘴状，钩大，头部、颈部、腹部有无数触须，背甲上有 3 条凸起的纵走棱脊，褐色，每块盾片均有突起物，腹甲棕色，具上缘盾，尾较长，口腔底部有一蠕虫样的附器，常静伏于水中，张着嘴，借附器诱食附近鱼类。雌雄区别：大鳄龟雌性的背甲呈方形，尾基部较细，生殖孔距背甲后缘较近，雄性的背甲呈长方形，尾基部粗而长，生殖孔距背甲后缘较远。

大鳄龟在美国的分布：自然分布在墨西哥湾一带，主要分布在接近美国中部的密苏里州。地形上，密苏里州境内大部分都是平缓的平原与丘陵，密苏里河与密西西比河分别流经该州的西境与东境。密苏里州是个内陆州，其位置非

chapter 1

常接近美国的地理中心点（在西边的堪萨斯州境内）。行政区位上，密苏里州北边与爱达荷州相邻，西边由北到南分别是内布拉斯加州、堪萨斯州与俄克拉何马州，南邻阿肯色州，东边由北至南则分别是伊利诺伊州、肯塔基州与田纳西州。在墨西哥湾，最低温度为12℃，出现在2月份，由此推断，大鳄龟在冬季越冬时最低温度需要保持在10℃以上。

平均寿命：大鳄龟的平均寿命为60年。但研究人员发现有80年的大鳄龟，并推测其年龄可达100岁。

成体规格：大鳄龟的成体壳长15~26英寸，大鳄龟的成体重量为35~105磅，在密苏里州发现最大的大鳄龟体重128磅，是世界上最大的淡水龟。

成熟年龄：大鳄龟的成熟年龄为11~13年，多份资料显示都是这一结果。据广州市花都区的“天道酬勤”反映，在广州，大鳄龟11年成熟，开始产卵。

雌性区别：雄性大鳄龟尾巴比雌性长，并且雄性大鳄龟体重至少比雌性重两倍，其他资料也显示，大鳄龟确实有雄性大于雌性的生物特征。此外，有资料说，似乎巨型龟类都有这一特征，都是雄性大于雌性，而对于小型龟类，则雌性大于雄性，如地图龟。

产卵孵化：在美国，大鳄龟每年的产卵时间在5—6月份，每只雌龟隔年产卵一次，每次产卵16~56枚。卵白色，圆形，硬壳。产卵时雌龟从离水爬上岸寻找合适的产卵场，而雄龟则在水里无动于衷。在自然温度下，大鳄龟的孵化期为11~16周，合77~112天。与其他龟类相似，孵化温度决定大鳄龟的性别，高温下孵化雌性的比例较高。

生活习性：大鳄龟白天很少从水中爬出来进行晒背，喜欢在夜晚出来活动，雌性亲龟只有在产卵时才爬出水面寻找合适的产卵地。

食性：喜欢摄食鱼虾等水生动物，常常张开嘴巴，利用口中特殊的像蠕虫一样的舌头不断进行蠕动，以引诱小鱼上钩，使它们变成自己的美餐。由于大鳄龟缺少攻击性的摄食习性，被动摄食的原因造成幼鱼时期生长速度较慢。

大鳄龟在美国是受保护的动物，因此其种苗引进我国的数量有限，目前在浙江温室中大鳄龟的养殖有一定的数量（图1-39）。开始引进时发现几乎都

图 1-39 浙江温室中大鳄龟养殖有一定数量

是雌龟，后来引进多了才出现雄龟。由于其性成熟年龄较晚，在我国大鳄龟繁殖才刚刚开始，随着技术突破，解决了种苗的瓶颈问题，使得大鳄龟的养殖很有发展前途。

4. 珍珠鳖

珍珠鳖，学名是佛罗里达鳖（拉丁名：*Apalone ferox*；英文名：Florida softshell turtle），是美国鳖中生长速度比较快、深受市场欢迎的品种之一。我国最早是在 1993 年 6 月 18 日由福建省水产养殖公司厦门分公司引进，通过阶段性养殖试验取得每天增重 1.25 克的结果。2006 年，由北京的一家公司从美国佛罗里达进口珍珠鳖受精卵，在北京孵化成苗后发往全国，笔者参与了珍珠鳖的引进推广工作。此后，该公司每年从美国进口大量鳖卵，年孵化苗 20 万只，在市场上供不应求（图 1-40）。

图 1-40　珍珠鳖苗一般从美国引进鳖卵到中国孵化

图 1-41　采用工厂化控温养殖的商品珍珠鳖

随后，上海创办了珍珠鳖繁殖场，该场从美国直接引进种鳖 1 500 只，年繁殖鳖苗 2 万只，主要销往江苏及浙江一带。之后，美国人在广东顺德创办了珍珠鳖养殖场，利用美国的种源优势和广东的气候条件进行珍珠鳖繁殖，目前年出苗量达到 20 万只左右，不再需要进口。加上零星繁殖场，种苗供求基本平衡。珍珠鳖在我国分布地区主要有海南、广东、广西、江苏、浙江、湖南、湖北、江西、安徽、山东、北京等地。国内繁殖珍珠鳖的地区主要是广东、广西、海南、江苏、浙江、上海等地；养殖商品鳖的地区主要在江苏及浙江一带，实行工厂化养殖（图 1-41）。

珍珠鳖是滑鳖属中个体最大的种，主产区在美国佛罗里达州，其次是亚拉巴马、佐治亚、南卡罗来纳州；常年栖息在水中，仅繁殖季会上岸进行产卵；主要以鱼和水生的小型脊椎动物为食。背甲为橄榄绿色或灰褐色，有珍珠似的黑色斑点，椭圆形，背甲前缘有数列疣粒，背甲边缘淡黄色。雄性背甲长15.1~32.7 厘米，雌性背甲长 27.7~49.8 厘米，腹甲灰白色，头部较小，两侧具淡黄色条纹，吻突较长，四肢有角质肤褶，指、趾间蹼发达。珍珠鳖反应敏捷，在野生状态下，人为惊动可使上岸休息的珍珠鳖迅速逃窜，跑入水中。

5. 角鳖

别名：刺鳖（拉丁名：*Apalone spinifera*；英文名：Spiny Softshell Turtle）。角鳖的重要特征是体型圆扁，裙边特宽。分布于北美的东部。体形较大，体长可达 45 厘米。吻长，形成吻突。背甲椭圆形，上有散落的小疣。角鳖体色多变，温室角鳖一般灰褐色；露天角鳖以橄榄绿色为主。具有黑色眼斑状斑纹，背甲前缘有棘状突起，故又称“刺鳖”。亚成体背部分布大小不均的斑点，成体后消失。在甲壳的边缘有条暗线和阴暗的斑点。四肢较扁，指、趾间蹼发达，具爪。头和颈可完全缩入甲内。适应水栖，以甲壳动物、软体动物、鱼、昆虫等为食。在岸上产卵。卵产于泥沙松软、背向阳、有遮蔽的穴中。卵圆形，白色。幼鳖孵出约需 2 个月。10—11 月份开始冬眠，至翌年 3 月份开始出蛰。

我国从美国引进的角鳖苗比珍珠鳖要少很多，苗价高一些。笔者曾参加角鳖的引进工作。角鳖苗主要在江苏及浙江一带温室中饲养（图 1–42），养成商品规格（图 1–43）供应广州市场。角鳖生长速度比珍珠鳖慢一点，年增重 1 500 克左右。胆小，不喜欢晒

图 1–42　角鳖苗主要养殖在浙江一带的温室中

图 1–43　角鳖在温室中养成商品规格

背，杂食好养。但雄性比例较小，雄鳖生长很慢，交配时雌鳖追逐雄鳖并发生撕咬现象。

角鳖口感比珍珠鳖还要好，每 500 克价格比珍珠鳖贵 15 元左右，温室养殖的角鳖一般价格为 80 元 / 千克左右。市场价格不断变化，这个价格只是参考。

6. 日本鳖

2000 年 6 月，笔者在杭州皇冠大酒店参加全国健康养鳖协作网会议，期间展示了一个新品种，使大家眼前一亮，当时暂定名“日本中华鳖”，由浙江绍兴首先从日本引进。后来逐渐推广，最终定名为“日本鳖”。这种鳖目前主要分布在江苏及浙江一带。

日本鳖体形偏圆，青背白肚，背部和头部布满白色小斑点、腹部白底块状花斑，裙边厚，性温顺，生长快，抗病力强，营养价值高（图 1–44）。

日本鳖与中华鳖对比养殖试验优势明显。据江苏常州的周叔超介绍：一般日本鳖苗在温室中饲养，从 8 月份开始进温室，至翌年 5 月份出温室，成活率为 85%，平均规格达到 500 克，如果移到露天池继续饲养到 10 月份，规格可达到 1 100 克左右。同样条件下饲养中华鳖，在温室中达到的平均规格 250 克，成活率为 60%，移到室外继续饲养到年底规格仅 500 克，由于中华鳖好斗，撕咬裙边，次品率达 20% 左右。日本鳖饲养饵料系数在温室为 1.2，在室外为 1.5~1.6。日本鳖对温度的要求不高，稚鳖期至幼鳖期要求 30~31℃，幼鳖期至成鳖期只需要 28℃。如果饲养技术好，500 只日本鳖苗 8 月份放养到温室，翌年 5 月份

图 1–44　背部和头部布满白色小斑点是日本鳖的主要特征

出温室时的产量可达 275 千克。

7. 中南半岛大鳖

中南半岛大鳖又名亚洲鳖，俗称中南半岛巨鳖、“黑鱼”（黑色的水鱼）。是近年来从印度尼西亚引进的新品种，2006 年引进到浙江进行温室养殖试验，目前在广西北海等地已有养殖。其雌性比例高，病害少，生长速度快，在国内和国际贸易中主要作为食用鳖，市场价格较高，前景广阔。

（1）生物学特性

拉丁名：*Amyda cartilaginea*（Boddaert，1770）；英文名：Asiantic softshell turtle；中文名：中南半岛大鳖；别名：亚洲鳖。分类地位：潜颈龟亚目 – 鳖科 – 软鳖属 – 中南半岛大鳖。

分布：这个品种出现在印度东北部和缅甸，穿过泰国、马来西亚半岛、新加坡、越南至苏门答腊岛、爪哇和婆罗洲。

形态特征：沿着背壳的（在脖子）后面位于前部的边缘分布瘤状小颗粒，成体头部、肢和背壳上具黄色小斑点，背部颜色灰白棕色到黑色不等，野外多呈绿色，腹部灰白，裙边发达，雄性通常更大和有更长裙边。幼体鼻部、头部和四肢黑底色，上面有米黄色斑点，腹部灰白，背部底色有黑色和黄色两种，各占 1/2，并有黄色斑点分布，特别明显的是背部不规则地分布有 4~7 个黑斑。在背部并有纵向分布的数条“疣粒带”。头颈能反转到背部，但攻击性不强。

中南半岛大鳖是最常见的鳖之一，长着猪一样的吻部，包覆着皮肤的甲壳和圆形或椭圆形的背甲。背甲的表面呈灰绿色或橄榄色，有时伴有黄色边缘的黑色斑点或放射状的条纹，随着生长会渐渐消失。和马来鳖不同，这个品种的背甲边缘为圆形（不是笔直）且头部相对更窄。在众多的分布地中，它和马来鳖一同出现，看起来在湿地上取代了它，还可出没在大型的混浊的江河、湿地和沼泽中。两个品种的成年雄性都长有相对更长的尾部，超过背甲边缘。此外，这种鳖雄性的腹甲为白色，雌性的为灰色。

个体大小：稚鳖规格 13~25 克（参考：佛罗里达鳖 8~14 克，中华鳖 3~5 克），成体最大个体长 70 厘米。

生活环境：生活在湖泊、河道、池塘等淡水生活环境中。喜欢湿地生态，常出没在大型的混浊的江河、湿地和沼泽中。

食性：杂食性，喜食鱼、昆虫、蟹、尸体的腐肉、水果和两栖动物等。喜夜行，捕食鱼、青蛙、小虾和水生昆虫。

繁殖习性：性成熟年龄 20 个月左右，年产卵 3~4 次，每次 5~30 枚。其巢穴挖在河岸上，经测量卵直径为 21~33 毫米。自然条件下，孵化大约需要 4 个半月。

（2）养殖概况

引进时间：2006 年 9 月第一次从印度尼西亚引进到中国，稚鳖数量 500 只，在浙江温室试验养殖后取得初步成效，长势较快。2007 年 6 月 10 日再次引进稚鳖 600 只，年引进总数 2 000 只，在浙江进一步试验养殖（图 1-45）。目前，中南半岛大鳖已引进北海进行露天养殖（图 1-46）。

养殖方法：目前，采取温室养殖，最佳恒温控制，使用配合饲料，一般需要养殖 3 年才能上市，因为苗种价格较高，2007 年稚鳖价格每只 230 元，2012 年稚鳖价格每只 180 元，商品鳖太小上市不合算。

生长速度：第一年增重 1 500 克左右，第二年增重为 5 000 克左右，与佛罗

图 1-45　中南半岛大鳖苗

图 1-46　中南半岛大鳖（王大铭提供）

里达鳖生长速度相当，但最终个体比佛罗里达鳖大，中南半岛大鳖最大个体的体长可达70厘米，而佛罗里达鳖最大66厘米。在温室养殖中最大的亮点是雌性比例高，个体差异小，这一点与佛罗里达鳖完全不同。但由于种苗价格较高，要养殖3年才能上市。

市场行情：在广州市场，中南半岛大鳖市场价格较高，最高可达120元/千克左右。从市场走势分析，广东及广西两地的消费者喜欢大甲鱼，喜欢裙边发达的甲鱼，中南半岛大鳖符合市场需要，因此，深受市场欢迎。

（3）讨论

关于种名的讨论：中南半岛大鳖尽管头部和四肢为黑色并有“黑鱼”之称，但不是黑鳖，在盾鳖属中确有黑鳖的种名，它的分类地位为潜颈龟亚目－鳖科－盾鳖属－黑鳖，拉丁名：*Aspideretes nigricans*（Anderson,1875），英文名：Black softshell turtle，原产地为孟加拉吉大港附近的人工湖，但在2001年已被有关国际组织确认野外绝迹。中南半岛大鳖（软鳖属）与黑鳖（盾鳖属）在分类上不同属，地域分布也不同。濒危野生动植物种国际贸易公约（CITES）第十三届缔约国大会已对CITES附录I、II作出修订，新的公约附录自2005年1月12日起正式施行，在该附录中将中南半岛大鳖列入CITES附录II。因此，准确的中文学名应为中南半岛大鳖。

与佛罗里达鳖从外形上比较：两者外形接近圆形，裙边发达，稚鳖和幼鳖期，裙边具黄色边缘，个体较大，生长速度快。不同之处在于头部花纹不同，中南半岛大鳖头部的黑色底色上有黄色点状分布，而佛罗里达鳖头部布有黄色条纹状。更主要的不同点是，中南半岛大鳖雌性比例高，个体差异小；而佛罗里达鳖雄性比例高，个体差异大，一般雄性比例达到55%左右，在温室条件下，年增重不到1 000克，而雌性佛罗里达鳖在温室中平均年增重1 500克以上，最快的能达到4 500克。

从生长速度上比较：由于其引进时间较短，养殖时间不长，现在还不能证明其生长速度到底有多快。根据经验，在引进稚鳖时可以从腹部颜色来判断雌雄，青灰色的为雌性，白色的为雄性，以此作为参考依据有一定的商业价值。

从市场价值比较：目前，广州市场已见少量进口的中南半岛大鳖上市，价格最高在120元/千克元左右，与佛罗里达鳖相当，均处于较高的市场价位。由于其商品规格较大，裙边发达，深受市场欢迎。

8. 大青头石龟

石龟是黄喉拟水龟在广东、广西和海南地区的俗称。常见的石龟分为三种：越南石龟、台湾大青头石龟、江浙一带的石龟。石龟，中文名原为黄喉拟水龟（赵尔宓，1997）。1842年由Cantor依据在浙江舟山采集的标本命名。拉丁名为*Mauremys mutica*，英文名为Asian Yellow Pond Turtle，别名为石金钱、水龟、香龟、黄板龟、黄龟。隶属于龟科、拟水龟属。在我国，除乌龟外，黄喉拟水龟的分布最广，数量最多，主要分布于安徽、福建、台湾、江苏、广西、广东、云南、香港等地；在国外，主要分布于越南等国。目前，在人工饲养条件下，已能大量繁殖，广东、广西、海南、福建、江苏、浙江等地养殖较多。

大青头石龟，主要分布于福建和台湾。目前主要从台湾引进。大青头石龟最鲜明的特征是背壳黑色铮亮，无明显黑色脊棱。腹甲底色浑浊，放射状黑色斑纹指向腹部中央。头部圆形，青灰色。面部花纹不清晰，瞳孔为圆珠形。四肢黑褐色。颈部具共性黄色。大青头石龟个体较小，成体平均重800克，常温养殖3年重达600克，在食用龟市场价格较越南石龟低，此龟苗和龟种价低，适合资金少、场地大的养殖者饲养。

大青头石龟主要优点是：①引种便宜，从台湾引进的大青头价格最高时2 600元/千克（2011年），2012年时为1 000元/千克，价格趋向回归价值（图1–47）。②食用性强，因为种苗相对便宜，养殖成本低，养成商品后可以直接输送到终端市场。③生长繁殖速度介于南种石龟与北种石龟之间，采用规模化养殖，可以取得较高的规模效益。

对于南石、大青和小青三种石龟的鉴别，读者觉得会有难度。南石的主要特征有四个方面，一是看背线是不是完整，向前后延伸；二是看苗期腹部黑斑

图 1–47　从台湾引进的大青头石龟

是不是互联，成体是不是呈大块黑斑；三是看头部是不是呈三角形，眼睛不鼓；四是看是否有完整的眼线。纯度高的头顶部有梅花斑。不管黄壳、黑壳还是红壳，只要满足上述大多数特征，就是纯度较高的南石。大青的主要特征是背线不能前后延伸到顶端；腹部黑斑较大，多呈放射状；头部不是三角形，眼睛比较鼓；有眼线，但不完整。小青的主要特征是无背线；腹部有较小的黑斑，有时斑纹模糊；头部不呈三角形，眼睛鼓出；无眼线。

9. 台缘

台缘是黄缘盒龟台湾种群的简称，在台湾，称为食蛇龟（Yellow margined box turtle）。台缘引进大陆已有好多年，近年来引进数量较大。因此，随处可见台缘，由于台缘物美价廉，目前养殖者众多。台缘引进到大陆，在运输、暂养、冲洗等各个环节中产生了多次累积应激，造成引种后养殖初期成活率不高。要减轻风险，必须通过科学方法，创造优良的生态环境，让台缘静养，对症给予药物治疗，逐渐解除应激，使其恢复健康，回到正常的养殖状态。

台缘主要有两种：一种是高背脊线不连黑脖型；另一种是低背脊线相连红脖型（图 1–48）。此外，有极品型，其性状与安缘很接近，难以区别，但这种台缘比例很小（图 1–49）。有些台缘经过一段时间的驯化养殖后，体型和体色

图 1–48　普通台缘分高背和低背两种

图 1–49　台缘中的极品

chapter 1

图 1-50　真正的安缘集高背、细纹、红脖等优点于一身

都会有一定的改变，变得像安缘，因此市面上许多所谓的安缘实际上是驯化过来的，不是真正的安缘，真正的安缘集高背、细纹、红脖等优点于一身（图1-50）。皖南缘不一定红脖，但不会出现断色，呈现渐进灰色，或灰底泛红。

台缘的主要特征：台缘头部和面部发青，眼后黄线呈柠檬黄色，黄线一般没有黑线包围，但有些台缘具有淡淡的黑线，甚至断断续续的黑线包围着黄线，但也有部分台缘黄线外有黑线包围，这就给台缘的鉴别带来困难。台缘的背甲纹路像是垒上去的，不像安缘好似刻上去的。台缘的体型偏长，背部最高处在中间。台缘的腹甲颜色呈烟黄色，常常是泛白色与烟黄色相间，当然也有部分台缘底色是多纹路的，也有褐色的。因此，鉴别台缘需要综合评估，而不是看其中一两个性状。

■ 第三节　饲料加工

饲料加工是龟鳖产业链中的重要一环。龟鳖在适宜温度下，每天都需要摄食，如果说“环境、饲料和应激”是龟鳖养殖三要素，那么饲料是关键要素之一。龟鳖通过摄食饲料，满足其对营养和生长繁殖的需求。

为什么要使用配合饲料？在传统的龟鳖养殖生产中，养殖者习惯使用鱼虾等动物饵料，虽然这些饲料有一定的营养，来源丰富，价格便宜，但由于其营养不均衡，氨基酸不平衡，电解质不平衡，长期摄食会给龟鳖带来诸多问题，如生长速度缓慢，繁殖不稳定，容易出现畸形，水质污染严重，制作鱼糜和频繁换水使用人工较多，龟鳖发病率较高。而使用配合饲料可以避免上述问题，因为配合饲料是根据龟鳖营养需要进行科学配置的，不仅氨基酸平衡、电解质平衡，还添加了免疫增强剂，提高龟鳖抗病力。在配合饲料中，蛋白质、氨基酸、不饱和脂肪酸、碳水化合物、维生素、矿物质等一样都不少，满足了龟鳖生长繁殖过程中对各种营养的需求。使用配合饲料，不仅节省人工，污染减轻，病害减少，最重要的是提高了其生长速度和繁殖能力。

龟鳖配合饲料一般采用优质鱼粉、α－淀粉、谷朊粉、膨化大豆、复合维生素、复合矿物质、免疫增强剂、天然诱食剂等原料进行配合。在制作膨化饲料时，还要添加高筋面粉、肝末粉、饼粕类、啤酒酵母等。目前，饲料的种类繁多，如浙江金大地饲料公司生产的龟鳖饲料种类有：甲鱼粉状料、甲鱼膨化料、乌龟膨化料、鳄龟膨化料、石龟膨化料等（图 1-51 至图 1-54）。金大地是国内第一家开发出石龟专用料的厂家，供应广东、广西地区。

图 1-51

图 1-54

图 1-52

图 1-53

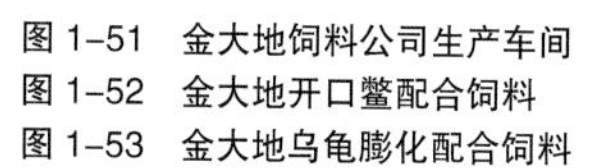
图 1-51　金大地饲料公司生产车间
图 1-52　金大地开口鳖配合饲料
图 1-53　金大地乌龟膨化配合饲料
图 1-54　金大地鳄龟配合饲料

■ 第四节　仓储运输

仓储运输是龟鳖产业链中的一环，原料、饲料、药物等物资都需要仓储管理和运输管理。如配合饲料，表面体积大，易受温度、湿度、昼夜温差与天气变化等因素影响，可能引起结块、发热、霉变和生虫等。因此，配合饲料厂家、运输人员、饲料经销商、养殖户要相互配合，做好仓储运输两大环节工作。下面以饲料为例，谈谈仓储运输的管理问题。

一、仓储管理

饲料的变质主要是仓储不当引起的，仓储的中心工作是：防雨淋，防受潮，常检查，保新鲜。具体要求如下。

① 仓库：隔热、防潮、防漏雨、通风、密闭。隔热，以防仓内外温差过大，引起饲料结块。防潮，水泥地面放置垫板或油毛毡。防漏雨，检查屋顶、窗门有无漏雨。通风，以便排除仓内湿气和降低仓内温度。密闭，以防外界湿度大时侵入仓内。

② 小堆垛放，确保通风。

③ 存放要有计划性。梅雨季节颗粒饲料存放时间不要超过 10 天，粉状饲料不要超过 7 天。

④ 做好进出仓记录。以先进先出先用为原则。

⑤ 做好仓库通风、干燥、降湿和密闭、防潮、防热的检查管理工作。

⑥ 饲料成品和原料避免混堆，以免意外的虫体侵害成品。经常清扫，以免生虫污染成品。

浙江金大地饲料有限公司在仓储管理中有着非常严格的要求和质量理念。金大地饲料仓库内挂着的条幅是：“质量是一种态度，质量是一种标准，质量是一种承诺”（图 1-55 ）。

图 1-55　浙江金大地龟鳖饲料仓储

二、运输管理

在运输管理中，主要工作是防雨淋、防受潮和防破包。具体要求如下。

① 严格清除车厢底板积水和尖锐物品，并铺上干燥垫料，以防破包和水分入侵饲料。

② 随身携带性能好的遮盖物品，特别是梅雨季节，气候多变，晴雨无常，须及时对饲料进行严密覆盖和捆扎，尤其注意装卸过程中不被雨淋，在运输过程中，经常检查遮盖情况，以防意外。

chapter 1

■ 第五节　商品销售

对于龟鳖养殖者，商品销售是指龟鳖生产者通过货币结算出售所养殖的商品，转移所有权并取得销售收入的交易行为。对于经销商，是将收购的龟鳖商品进入市场销售终端，对外出售获得附加值。

目前，龟鳖的商品形态呈现多样化。①外观没有改变的商品（图 1-56、图 1-57）；②分割小包装的商品（图 1-58、图 1-59）；③深加工的商品（图 1-60、图 1-61）。无论是哪一种形态，都是为了适应市场需求，通过市场取得龟鳖本身的价值和附加值。养殖者一般是直接上市原形态的龟鳖，根据市场变化，适时上市才能取得养殖报酬。龟鳖通过收购商进入市场后，经销商适当提高价格，以取得合理的销售利润。

商品销售是龟鳖业的终极行为，是产业链的终端，是产业健康发展的根本。一些炒种行为与正常的商品销售背道而驰，炒种是养殖—养殖；商品销售是养殖—市场。产业的发展要靠良性循环，而不是靠炒种。炒种的结果使处于底层的散户和小户养殖者受害，最终造成整个产业的不稳定。炒种得益的是处于提供种苗的团体和个人，尤其是制定游戏规则的那些人。因此，在养殖过程中，新手不要盲目加入，应慎重选择品种，观察该品种的商品是否走向市场，从而避免给自己造成较大的经济损失。

图 1-56　巴西龟上市

图 1-57　甲鱼上市

图 1-58　巴西龟小包装上市（沈子兴提供）

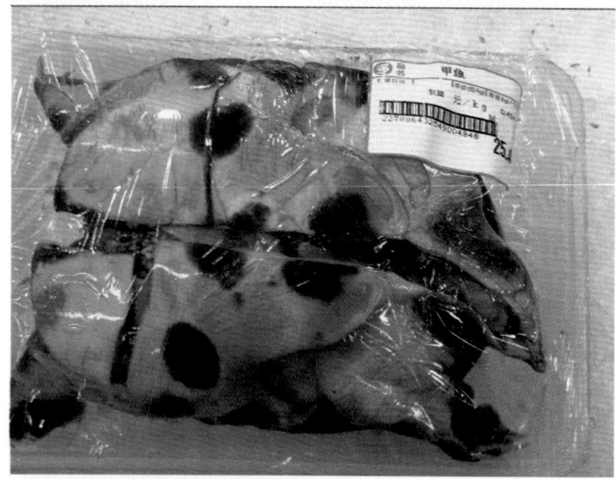

图 1-59　甲鱼小包装上市

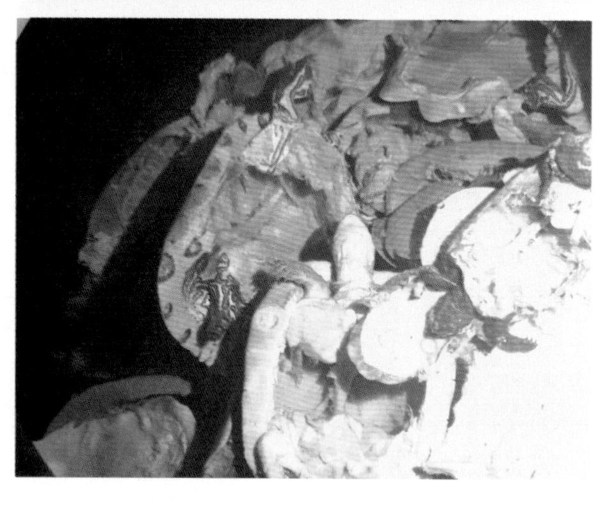

图 1-60　制作龟酒上市

图 1–61 制作龟苓膏上市

■ 第六节 质量追溯

龟鳖业企业需要制定产品标识、质量追溯和产品召回制度，确保出场（厂）产品在出现安全卫生质量问题时能够及时召回。过去是出口食品生产企业商检才有这样的要求，现在是国内龟鳖业企业都要有质量追溯的规范程序。已经取得无公害农产品、绿色食品、有机农产品和农产品地理标志认证或认定的龟鳖生产企业，更要自律，建立质量安全追溯体系，提高市场竞争力。龟鳖产品质量安全追溯的目的是确保龟鳖上市时成为有身份证的水产品，以便接受国家相关部门的检查，并接受消费者的监督。

质量追溯要实现产品从采购环节、生产环节、仓储环节、销售环节、流通环节和服务环节的全程覆盖。在生产过程中，每完成一个工序或一项工作，都要记录其检验结果及存在问题，记录操作者及检验者的姓名、时间、地点及情况分析，在产品的适当部位做出相应的质量状态标志。这些记录与带标志的产品同步流转。需要时，很容易区分责任者的姓名、时间和地点，职责分明，查处有据，这可以极大地加强职工的责任感。

结合最新的条码自动识别技术、序列号管理思想、条码设备（条码打印机、条码阅读器、数据采集器等）有效收集管理对象在生产和物流作业环节的相关信息数据，跟踪管理对象在其生命周期中流转运动的全过程，使企业能够实现对采、销、生产中物资的追踪监控、产品质量追溯、销售串货追踪、仓库自动化管理、生产现场管理和质量管理等目标，向客户提供一套全新的信息化管理系统。还可建立龟鳖动物防疫追溯体系，每只龟鳖都有二维码“名片”，通过扫描可见：龟鳖来源，防疫用药种类和时间，停药期等，一清二楚。如果发现某件商品出了问题，马上可以追查到问题出在哪个环节。2012 年 8 月 17 日，日本厚生劳动省发布食安输发 0817 第 4 号通报，严格检查从中国进口鳖中的残留药物“恩诺沙星”，因此，质量安全追溯十分重要。

目前，龟鳖业产品质量追溯还处于初级阶段，如金大地龟鳖饲料企业出厂

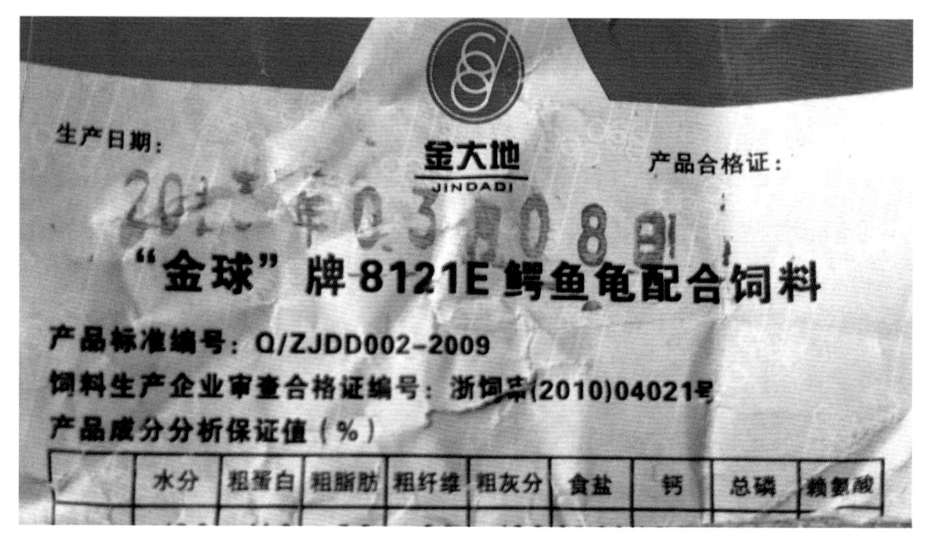

图 1-62　按照生产日期进行质量追溯

的饲料包装上有质量追溯的标志，但这种标志比较简单，按照生产日期来进行质量追溯（图 1-62）。也可以结合防伪标志进行质量追溯，如杭州辰庚科技有限公司设计的防伪标志（图 1-63），在防伪标志中加入质量追溯的内容。广东绿卡实业有限公司生产的鳖产品上贴有的水产品质量溯源标签主要标有养殖种类、产品规格、出池日期、养殖证号、养殖池号、养殖单位等信息，除此之外还有自动生成的一维条码和汉信码。市民购买带有该标签的水产品后可以查询追溯条码的真伪和所购买水产品的基本信息。浙江德清县农业局针对甲鱼安全生产定期开展专项整治活动，要求建立完善质量安全可追溯机制，指导督促甲鱼养殖单位（户），按规定如实填写并保存生产、用药和产品销售记录，加快推行产品标志和质量安全可追溯制度。

图 1-63　杭州辰庚科技有限公司设计的防伪标志

chapter 2
养殖产业链

在基础产业链中，或者说在养殖生产里，我们最需要注意什么呢？前面已经讲过，是质量。不错，确实是这样，但不完整，应该是稳定的质量。解剖基础产业链，它可以分成四个部分：①稳定输入；②多元流程；③精密控制；④信息反馈。

■ 第一节 稳定输入

所谓养殖生产，实际上是通过各种物质、能量的投入，使用养殖技术，制造成市场接受的商品，在产出大于投入的情况下获得利润。在这一过程中，首先要关注的是稳定的输入，包括温度、水质、种苗、饲料、药物等生产要素都要确保稳定的质量，以种苗为例，引进的种苗最好是“头苗”和“中苗”，规格

图 2-1 体健活泼的鳖苗

大而均匀，体健活泼，养殖成活率较高（图 2-1）。如果是“尾苗”，大小不均，体质较弱，断尾、畸形较多，养殖后出现生长缓慢的“老人头”的比例较高。同理，温度不稳定容易产生应激反应，体质下降，发生疾病；水质不稳定，摄食量减少，皮肤病易发率增大，生长受抑制；饲料质量不稳定，直接影响受饲动物的生长发育，饲料系数增加，成本上升（图 2-2、图 2-3）；药物的质量不仅要求稳定，还必须符合国家绿色食品生产的要求，做到无公害，无残留，效果好。稳定的输入不仅是这批投入品质量好，还必须保证每个批次都好。苏州有个养鳖户进行露天池生态养鳖，开始投喂杂鱼时注意质量，但有一次将 3 500 千克变质的海杂鱼投入到池里，结果 2 个月后鳖发病，病鳖浑身浮肿，无药可救，因而造成很大损失。

图 2-2　投喂质量稳定的饲料

图 2-3　作为鳖饲料的螺肉品质稳定

chapter 2

第二节 多元流程

接下来，我们要注意多元流程，就是将生产过程分割成多元的工艺流程，并对每个流程进行质量控制，才能取得优质高效的产品。在养殖生产中，我们要将其过程分割成环境调控、结构调控、生物调控，具体可分割成水质、温度、种苗、饵料、药物、防治、巡池、调整等环节，并一一加以质量管理和控制。其工艺流程分得越细，越有利于标准化生产，追求最佳效果。其实，国家制定标准就是为了实施，控制每个生产环节符合标准化要求，以“制造”出合格的产品。

第三节 精密控制

精密控制，在养殖生产中很重要，再好的技术标准和产品标准如果不能在生产中进行精密的控制，就不会产出符合市场要求的一流产品，也不可能获得

图 2-4 对孵化温度的精密控制

较高的生产报酬。比如，一般温室养鳖最佳温度控制在 30℃，有些品种最佳温度可能是 31.5℃，还有的品种需要控制在 28℃。又如龟鳖性别受孵化温度控制，一般认为在 28~30℃的情况下，雌雄比例几乎均等，低于 28℃时雄性比例较高，而高于 30℃时雌性比例较高（图 2–4）。

■ 第四节　信息反馈

在养殖生产中，还必须注意市场信息的反馈，根据市场动向调整生产结构和出售产品的时机，所以在养殖生产中始终存在物流、能流、价值流和信息流。

信息反馈，在养殖过程中作用较大，如果发现养殖中龟鳖“浮头”，就要查找原因，发生在温室内，可能是氨浓度较高，需要通风或进行充氧，及时换水并可使用微生态制剂调节生态平衡。在露天池发现龟鳖摄食减少、沿池边缓游、趴在食台上不动等现象（图 2–5），都要及时进行分析并找出原因，实施整改措施。

信息反馈是经常发生的，可针对市场变化进行分析。中国龟鳖网群友“小艾哥”，2013 年 3 月 11 日提出问题：“温室鳖养殖遭遇寒流，价格首次跌破最低成本价。自 2013 年 3 月初开始，温室商品鳖价格首次跌破最低成本价（不包括人工工资、折旧、利息等费用），目前成交价 23 元 / 千克。据分析，温室鳖在正常养殖情况下，最低养殖成本价在 25 元 / 千克左右，而在养殖技术较差的情况下，每千克商品鳖所需投入的成本超过 28

图 2–5　对鳄龟趴在食台上不动的现象

元，如果按照目前的价格出售，每养殖 1 万千克商品鳖需亏损 2 万 ~5 万元。”

笔者认为：“温室鳖的价格历史上跌过这么低，甚至更惨的情况都遇到过，是正常的市场反应。鳖的市场早已成熟，产能有些过剩，但市场能够慢慢消化。鳖市场变冷，只是阶段性震荡，以后会逐渐好转。”

■ 第五节 养殖技术

中国龟鳖业常见的养殖方式主要有控温养殖和常温养殖（图2-6、图2-7），控温养殖分为系统加温和局部加温（图 2-8、图 2-9）。系统加温又称整体加温，是对整个温室进行加温；局部加温是对养殖箱进行加温。系统加温主要分布在

图 2-6 龟鳖温室养殖

图 2-7 龟鳖常温养殖

图 2-8　龟鳖温室系统加温

图 2-9　龟鳖养殖箱局部加温

图 2-10　温室养殖与常温养殖相结合

chapter 2

江苏及浙江一带，而局部加温主要分布在广东、广西地区。常温养殖主要用于品牌战略，结合绿色食品的开发，生产品质较高的龟鳖商品投放到市场，在龟鳖身上“挂牌”上市，以提高产品附加值。还有温室养殖与常温养殖相结合的方式（图 2–10），这种方式可以提高龟鳖品质，产出半仿野生龟鳖，以取得较高的收益。

目前，中国龟鳖产业中主要养殖品种有金钱龟（图 2–11）、石龟［南石（图 2–12）、大青头（图 2–13）、小青头（图 2–14）及越南石龟（图 2–15）］、安南龟（图 2–16）、黑颈乌龟（图 2–17）、亚洲巨龟（图 2–18）、佛鳄龟（图 2–19）、北美鳄龟（图 2–20）、巴西龟（图 2–21）、乌龟（图 2–22）、珍珠龟（图2–23）、黄缘盒龟［安缘（图2–24）、台缘（图2–25）］、山瑞鳖（图2–26）、珍珠鳖（图 2–27）、角鳖（图 2–28）、日本鳖（图 2–29）、台湾鳖（图 2–30）、黄沙鳖（图 2–31）、墨花鳖（图 2–32）、黄河鳖（图 2–33）、中南半岛大鳖（图 2–34）等。

龟鳖养殖场选址要求环境安静、水源卫生、交通方便。满足这三个条件，

图 2–11　金钱龟

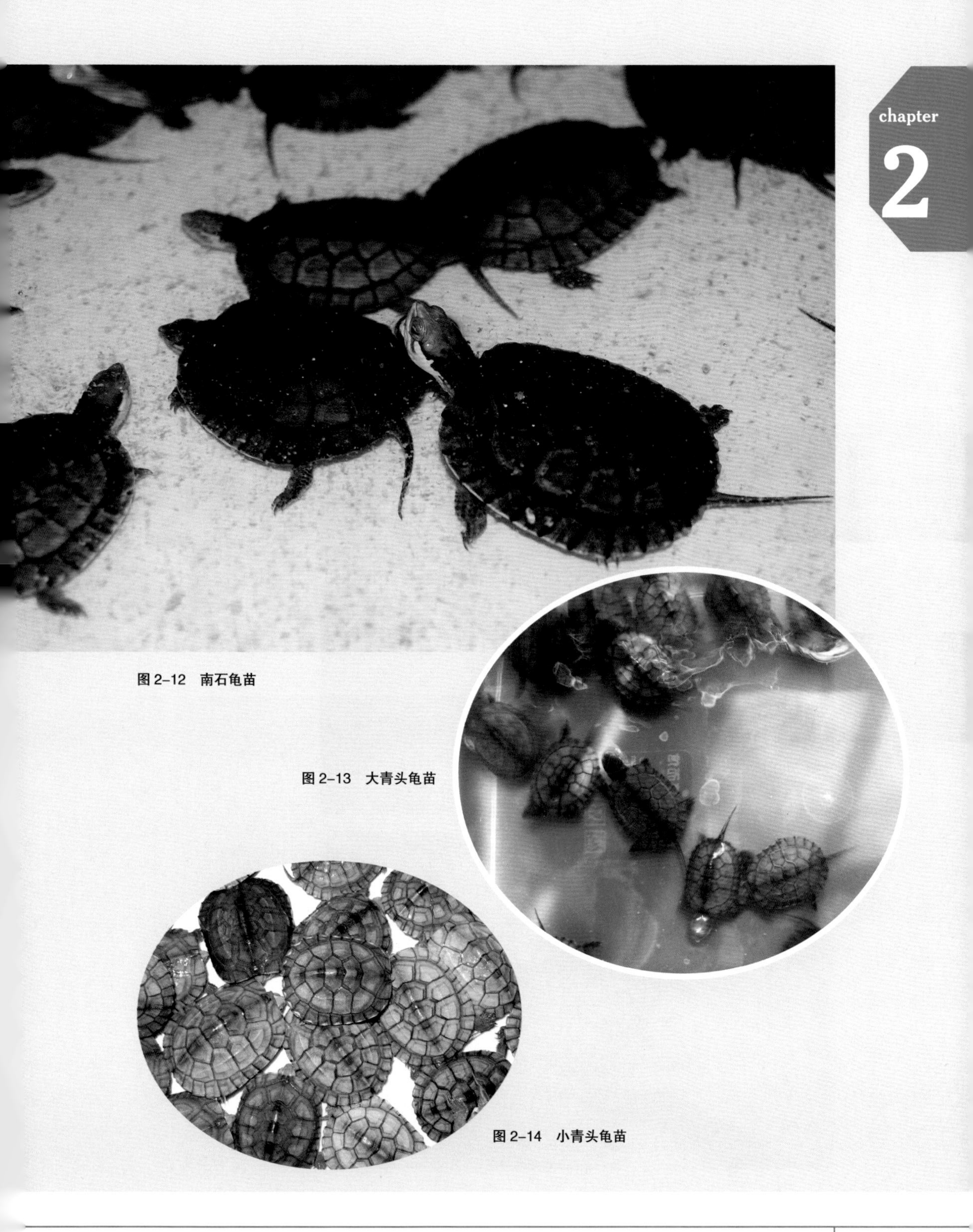

图 2-12　南石龟苗

图 2-13　大青头龟苗

图 2-14　小青头龟苗

chapter 2

图 2-15　越南石龟

图 2-16　安南龟（胡国威提供）

图 2-17　黑颈乌龟

图 2-18　亚洲巨龟

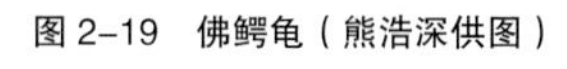

图 2-19　佛鳄龟（熊浩深供图）

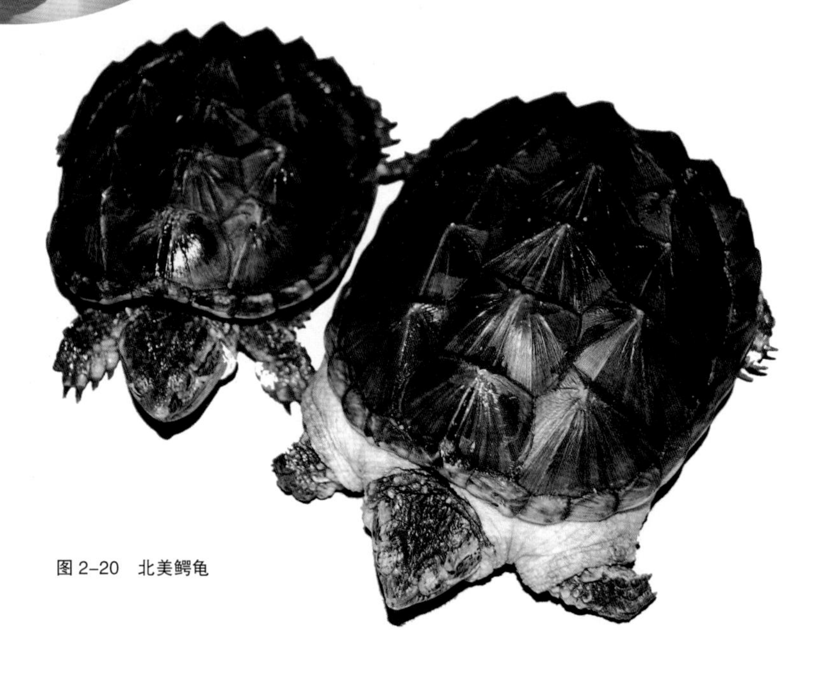

图 2-20　北美鳄龟

chapter
2

图 2-21　巴西龟

图 2-22　乌龟

图 2-23　珍珠龟

图 2-24　安缘

图 2-25　台缘

图 2-26　山瑞鳖

图 2-27　珍珠鳖

图 2-28　角鳖

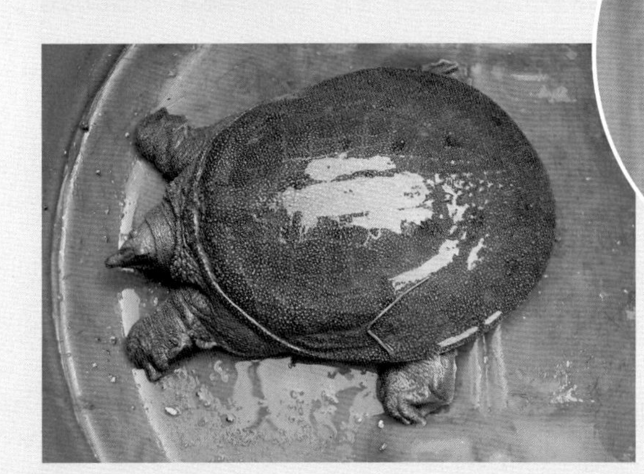

图 2-29　日本鳖

图 2-30 台湾鳖

图 2-31 黄沙鳖

图 2-32 墨花鳖

图 2-33 黄河鳖

图 2-34 中南半岛大鳖

就可以建场。建场之后，要尽可能为龟鳖创造良好的生态环境，让龟鳖在舒适的生态环境中生长繁殖，提高产能。水质要符合国家渔业标准，在养殖过程中注意等温换水，等温投饵，还要注意等温放养。龟鳖病害是困扰养殖者的问题，不仅常见病不断出现，而且疑难病不断增加，所以做好防病工作是第一位的，关键是要注意应激性疾病的控制，因为应激性疾病占疑难病的 90% 以上，很多传染性疾病都是在龟鳖遭受应激后，自身免疫力下降，病原感染发生的。什么是应激？应激是指龟鳖体内平衡受到威胁所做出的生物学反应。什么是疾病？疾病是龟鳖生态系统失衡的表现。龟鳖养殖的最高境界是不用任何药物，为什么我们很难做到？是因为我们不了解“环境”、“病原”和“龟鳖”相互作用的发病机制，未掌握“环境”、“饲料”和“应激”防病技术的核心要素。整洁优美的生态环境（图 2–35）、营养卫生的龟鳖饲料（图 2–36）和生态平衡的应激控制是我们龟鳖养殖制胜的三大法宝。

图 2–35　优美的养殖环境

图 2–36　营养卫生的鳖软颗粒饲料

chapter 3
观 赏 产 业 链

chapter 3

观赏龟养殖产业链和经济类龟鳖养殖产业链一起构成基础产业链。在观赏龟领域，有很多不为人知的事情。笔者经常接到许多养龟爱好者打来的电话，说家里的观赏龟生病了，笔者给以指导，治好后很是开心和感谢。有些病龟因到了病情晚期而无法治疗，龟主痛苦万分，难以与爱龟分别，毕竟主人与龟已有深厚感情。观赏龟分高端、中档和低端，有国产的也有进口的，不同种类都有人养。也有专门的观赏龟养殖场，如北海的宏昭龟鳖生态园，里面养殖了60多种中外观赏龟。随着人们生活水平的逐渐提高，欣赏龟类的人群越来越多。龟的寿命一般较长，伴随主人一起到老是一种享受，也是一种意境。

第一节　常见品种

一、常见国内品种

在观赏龟界，高端龟一般不常见，主要分布在收藏爱好者家中通过申办驯养许可证合法饲养，极少见于观赏龟市场。

常见的高端龟有金头闭壳龟（图3–1、图3–2、图3–3）、百色闭壳龟（图

图3–1　金头闭壳龟背部（朱成提供）

图3–2　金头闭壳龟腹部（朱成提供）

3-4、图 3-5）、金钱龟（图 3-6、图 3-7、图 3-8、图 3-9、图 3-10、图 3-11）、潘氏闭壳龟（图 3-12、图 3-13）、周氏闭壳龟（图 3-14）、黑颈乌龟（图 3-15）等。

图 3-3　金头闭壳龟苗

中档龟主要有鹰嘴龟（图 3-16）、黄喉拟水龟（图 3-17、图 3-18、图 3-19）、眼斑水龟（图 3-20）、锯缘摄龟（图 3-21、图 3-22）、齿缘摄龟（图 3-23）、地龟（枫叶龟）（图 3-24）、黄缘盒龟（图 3-25）、黄额盒龟（图 3-26、图 3-27）、安布闭壳龟（图 3-28）、凹甲陆龟（图 3-29、图 3-30）、缅甸陆龟（图 3-31）等。

低端龟主要有巴西龟（密西西比红耳龟）（图 3-32）、乌龟（墨龟、金线

图 3-4　百色闭壳龟（背部）

chapter
3

图 3-5　百色闭壳龟（腹部）

图 3-6　越南种金钱龟

图 3-7　海南种金钱龟

图 3-8　广西种金钱龟

图 3-9　广东种金钱龟

图 3-10　越南种金钱龟（侧面）

图 3-11　越南种金钱龟（腹面）

图 3-12　潘氏闭壳龟（莫燚提供）

图 3-13　潘氏闭壳龟

图 3-14　周氏闭壳龟

图 3-15　黑颈乌龟

图 3-16　鹰嘴龟（绿谷提供）

图 3-17　南种石龟

图 3-19　小青头石龟（张琦提供）

图 3-18　大青头石龟（梦云提供）

图 3-20　眼斑水龟（莫燚提供）

图 3-21　锯缘摄龟（莫燚提供）

图 3-22　锯缘龟苗（北京水生野生动物救治中心 陈春山提供）

图 3-23　齿缘摄龟

图 3-24　枫叶龟

图 3–25　黄缘盒龟

图 3–26　黄额盒龟

chapter 3

图 3–27　黄额盒龟（王大铭提供）

图 3–28　安布闭壳龟

图 3–29　凹甲陆龟（杨春提供）

图 3–30　黑靴陆龟卵一窝41枚（王大铭提供）

图 3-31　缅甸陆龟（黄东晓提供）

图 3-32　巴西龟

龟）（图 3-33、图 3-34）、珍珠龟（图 3-35）等。

杂交龟：艾氏拟水龟（黄喉拟水龟与金钱龟杂交）（图 3-36）、腊戎龟（乌龟与黄喉拟水龟杂交）（图 3-37、图 3-38）、巴西龟与火焰龟杂交（图 3-39）等。

变异龟鳖：白化乌龟（图 3-40）、变异石龟（图 3-41、图 3-42）、白化鳖

图 3-33 金线龟

图 3-34 乌龟

图 3-35 珍珠龟

图 3-36

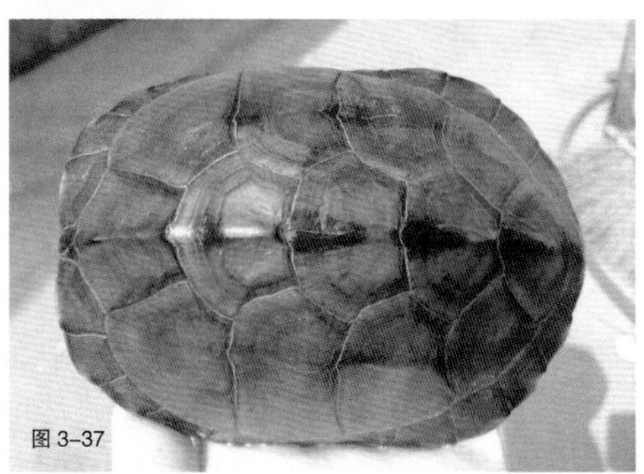

图 3-37

图 3-38

图 3-39

图 3-36 艾氏拟水龟
图 3-37 腊戎龟背部（“中国杰”提供）
图 3-38 腊戎龟腹部（“中国杰”提供）
图 3-39 巴西龟与火焰龟杂交（王大铭提供）

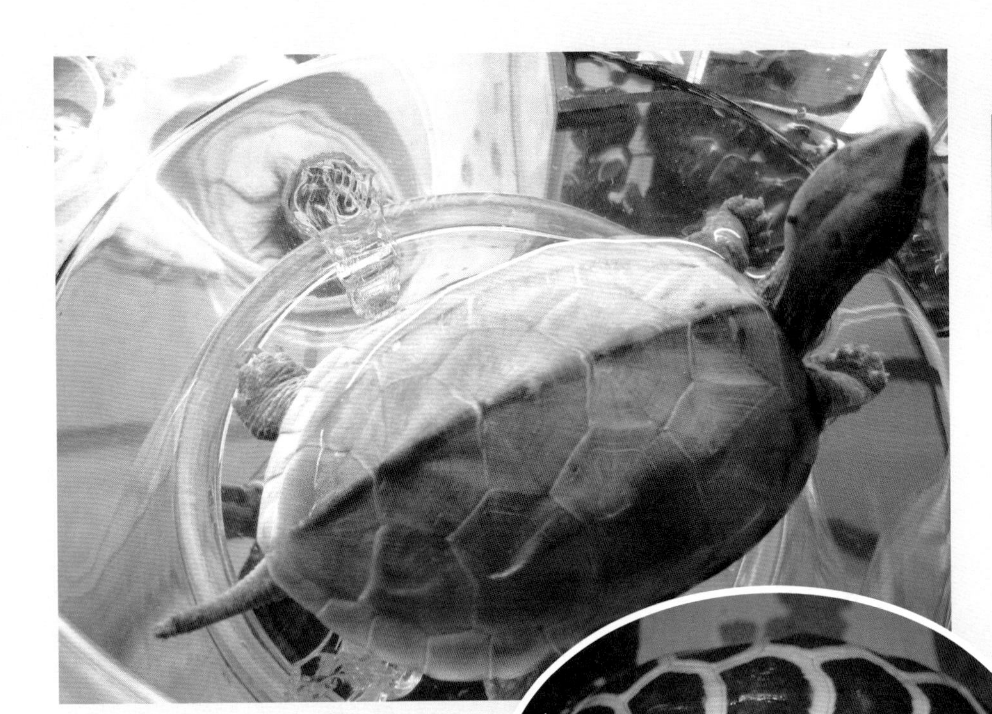

图 3-40　白化乌龟

图 3-41　变异的打印石龟

图 3-42　变异的白头石龟

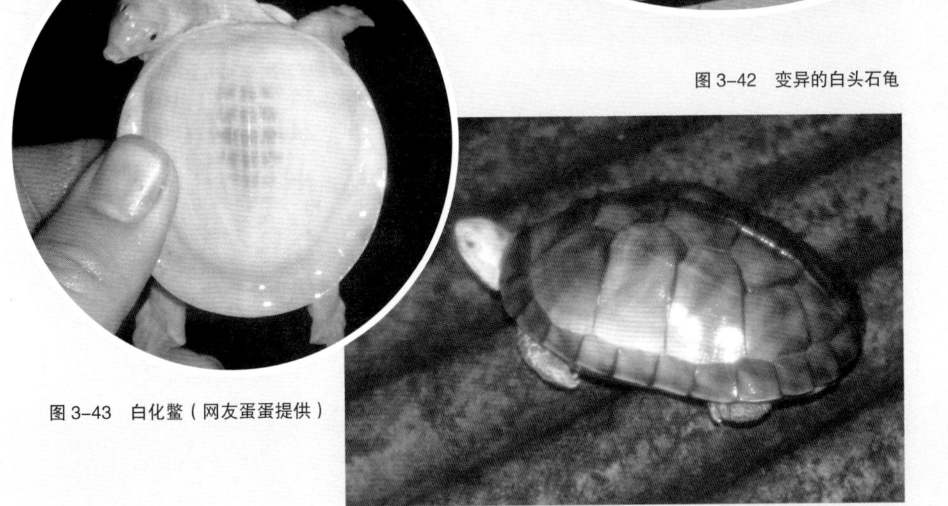

图 3-43　白化鳖（网友蛋蛋提供）

（图 3-43）、双头石龟（图 3-44）等。

畸形龟：畸形金钱龟（图 3-45）、畸形石龟（图 3-46）等。

图 3-44 双头石龟（网友“阳光女孩”提供）

图 3-45 畸形金钱龟

图 3-46 畸形石龟

二、常见国外品种

国外观赏龟鳖种类很多，最常见的品种有：地图龟（图3–47）、纳氏伪龟（图3–48）、黄耳彩龟（图3–49）、河伪龟（优雅伪龟、甜甜圈）（图3–50）、佛罗里达红腹龟（图3–51）、锦龟（图3–52、图3–53）、安南龟（越南拟水龟）（图3–54）、钻纹龟（图3–55）、箱龟（图3–56）、麝香龟（图3–57）、星点池龟（图3–58）、大鳄龟（图3–59）、小鳄龟（图3–60）、亚洲巨龟（图3–61、图3–62）、庙龟（图3–63、图3–64）、木雕水龟（图3–65、图3–66）、玛塔侧颈龟（枯叶龟）（图3–67）、锯缘东方龟（太阳龟）（图3–68）、缅甸山龟（图3–69、图3–70）、欧洲泽龟（图3–71）、辐射陆龟（图3–72）、苏卡达陆龟（图3–73）、红腿象龟（图3–74）、印度星龟（图3–75）、印度金边龟（图3–76）、墨西哥巨蛋（图3–77）、黄头侧颈龟（忍者神龟）（图3–78）、斑点池龟（图3–79）、红腹侧颈龟（圆澳龟、红腹短颈龟、红肚侧颈龟）（图3–80）、扁头侧颈龟（图3–81）、佛罗里达鳖（图3–82）、角鳖（图3–83）、滑鳖（图3–84）、中南半岛大鳖（图3–85、图3–86）等。

图3–47　地图龟

图 3-48 纳氏伪龟（陆义强提供）

图 3-49 黄耳彩龟（柴宏基提供）

图 3-50 甜甜圈

图 3–51　佛罗里达红腹龟

图 3–52　锦龟

chapter 3

图 3-53　西部锦龟与东部锦龟

图 3-54　安南龟（丰收供图）

图 3-55　北部大花钻纹龟（引自 Susan）

图 3-56　东部箱龟
（引自 Susan）

图 3-57　麝香龟

图 3-58　星点池龟
（莫燚提供）

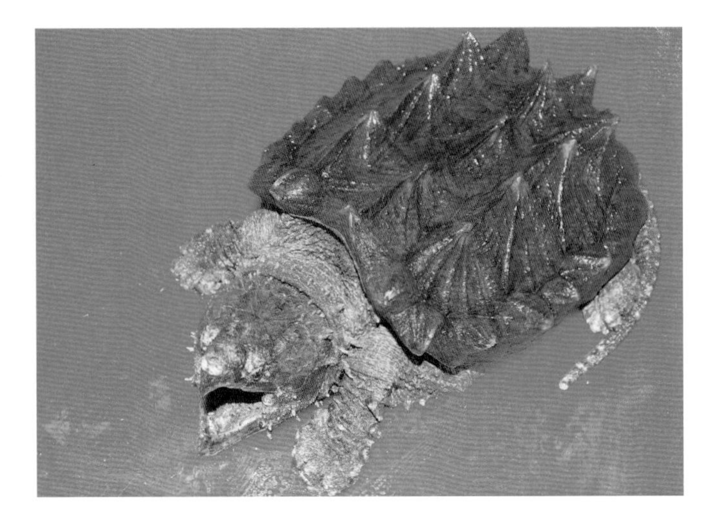

图 3-59　大鳄龟

图 3-60　小鳄龟

图 3-61　亚洲巨龟

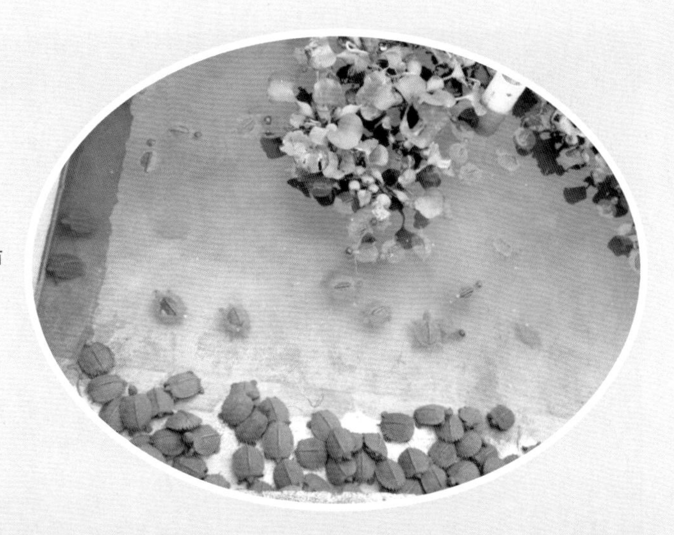

图 3-62　亚洲巨龟苗
（王大铭提供）

图 3-63　庙龟的背部

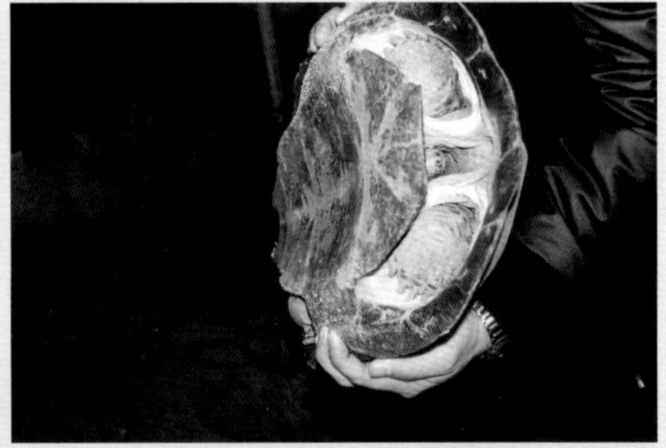

图 3-64　庙龟的腹部

图 3-65　木雕水龟背部（引自 Stephen V.Silluzio)

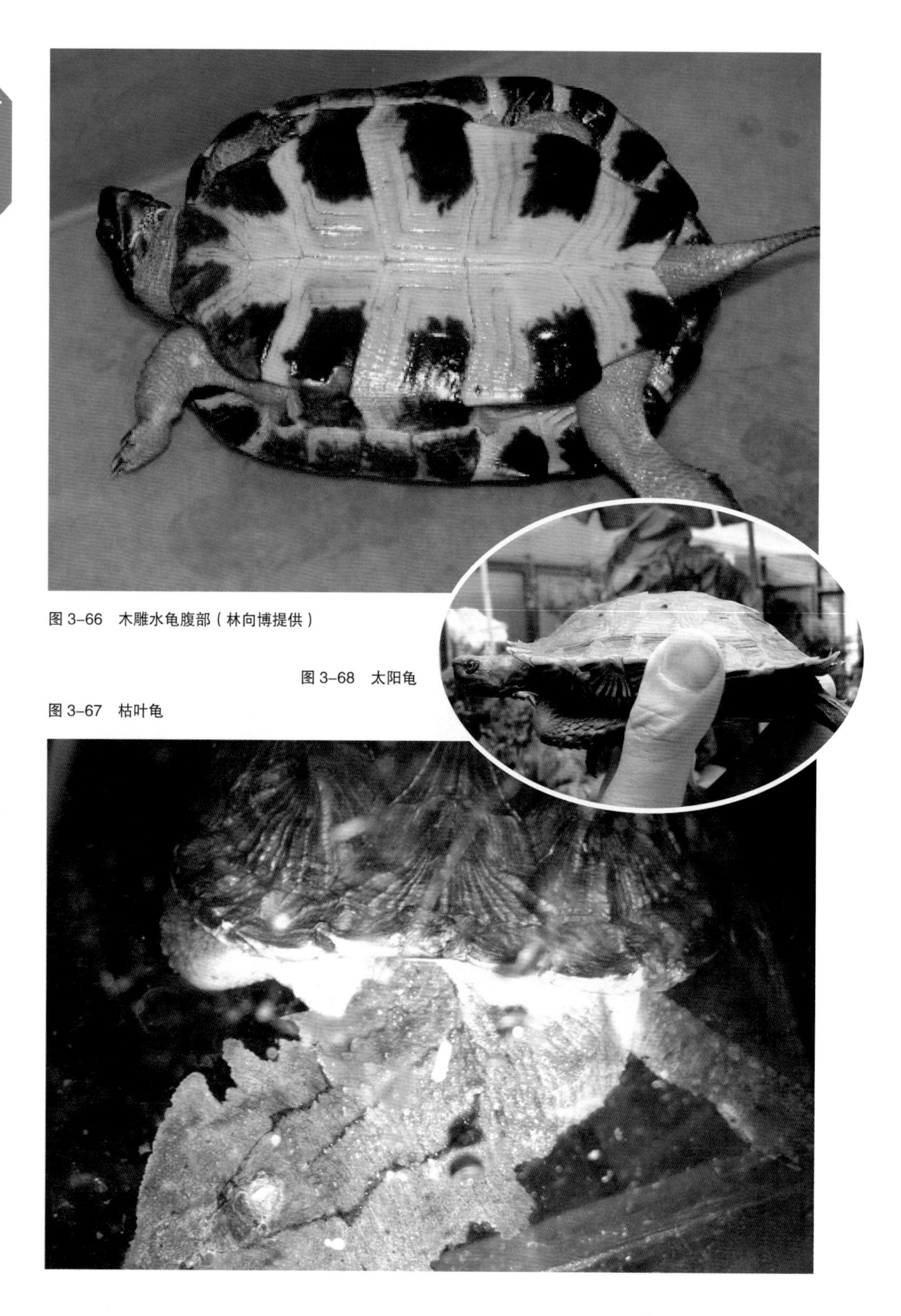

图 3-66 木雕水龟腹部（林向博提供）

图 3-68 太阳龟

图 3-67 枯叶龟

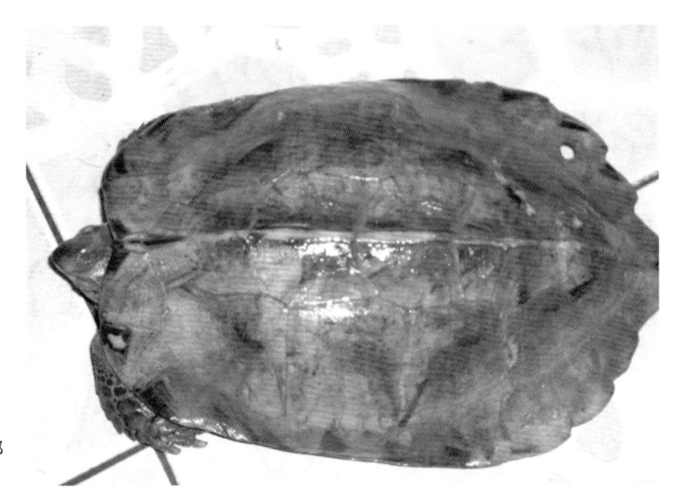

图 3-69　缅甸山龟背部
（“Fswing”提供）

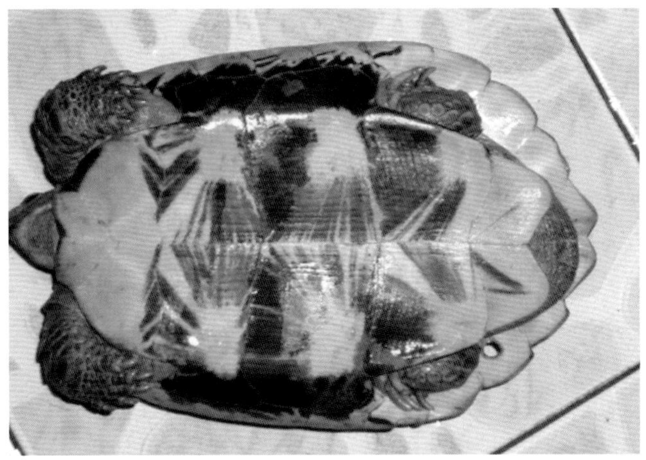

图 3-70　缅甸山龟腹部
（“Fswing”提供）

图 3-71　欧洲泽龟

图 3–72　辐射陆龟

图 3–73　苏卡达陆龟（海风提供）

图 3–74　红腿象龟（穆毅提供）　图 3–75　印度星龟

图 3–76　印度金边龟（龙源提供）

图 3–77　墨西哥巨蛋

chapter 3

图 3-78 黄头侧颈龟（忍者神龟）

图 3-79 斑点池龟

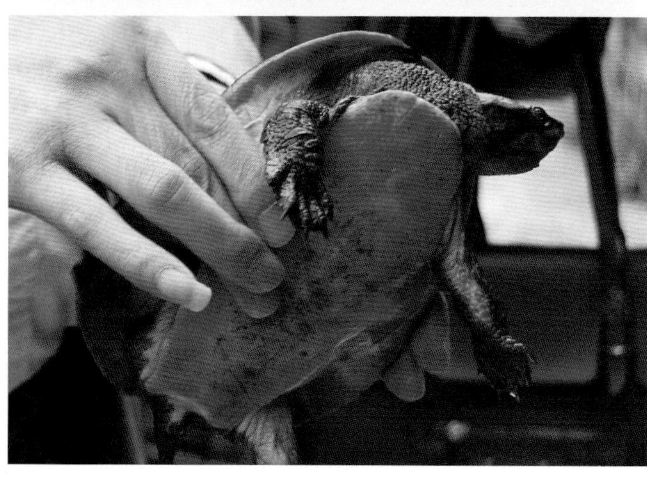
图 3-80 红腹侧颈龟

图 3-81　扁头侧颈龟

图 3-82　佛罗里达鳖

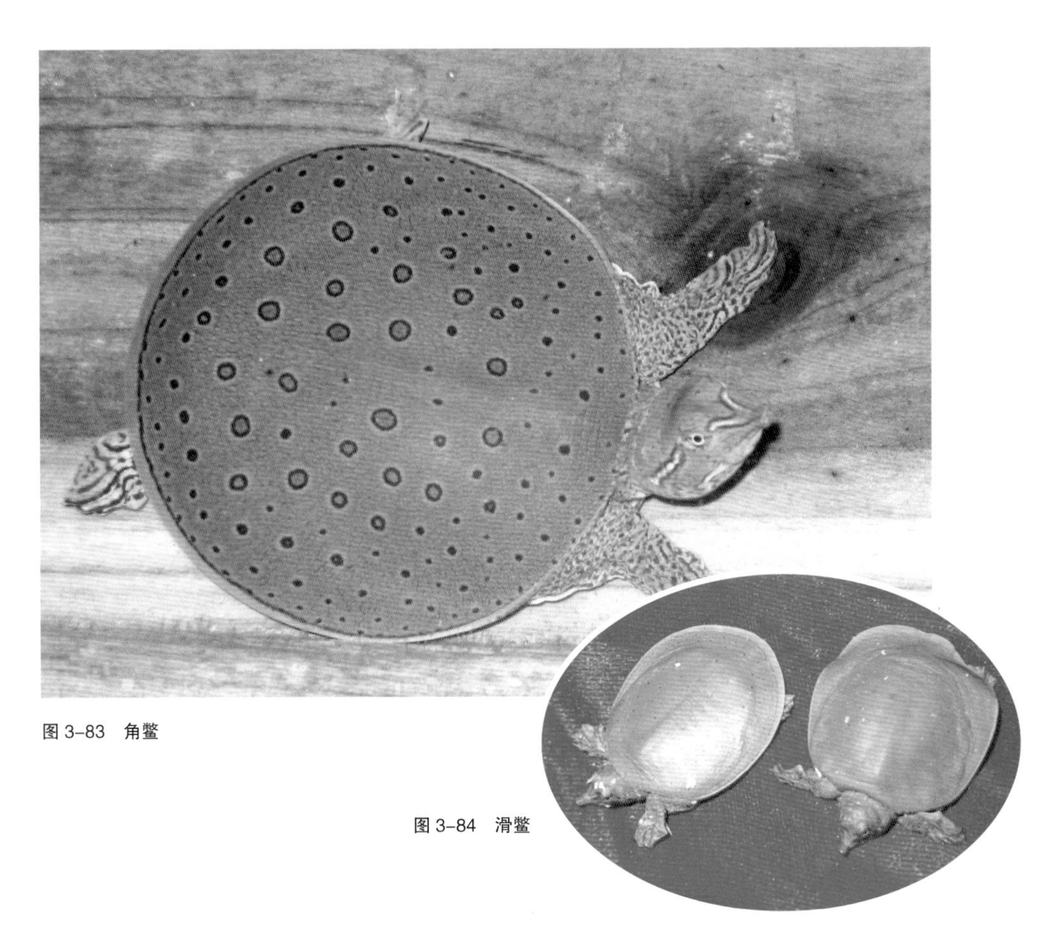
图 3-83　角鳖

图 3-84　滑鳖

图 3-85　中南半岛大鳖

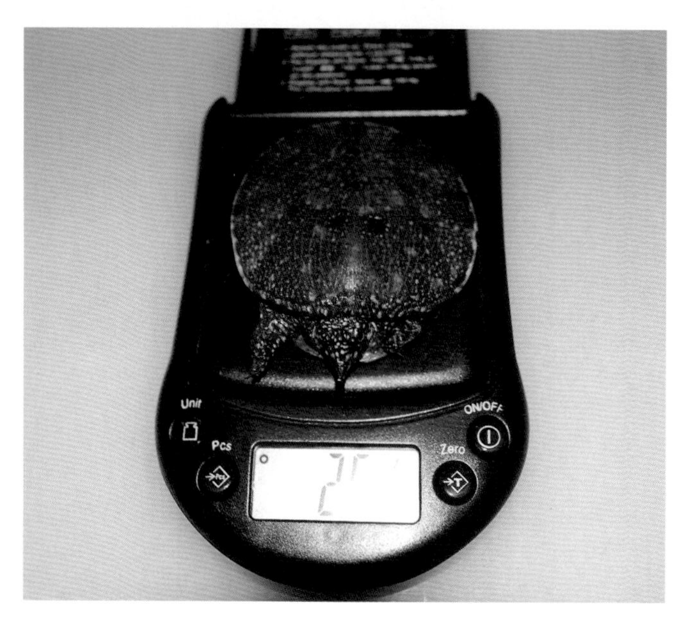

图 3-86　中南半岛大鳖苗称重

第二节　观赏价值

人与龟的交往，是一种机遇和缘分，在赏龟玩龟中产生乐趣，享受快乐的人生。观赏龟爱好者林向博认为：“人生事不如意十之八九，一生中能有多少安静而美好的时光与一个和你种族完全迥异的小生物进行目光对视、心灵交汇？如此修心的静谧时光，如此感悟生命之美的爱好，世上少有！生命短暂，美好之事真的不会太多。”庄锦驹说：“我有一只草龟公，很有灵性，一见到我就会像箭一样飞到我身边。其他龟都是我喂的时候才走过来，这只无论喂与不喂，我去观察，它一见我就会飞到我这儿。”那乌主人说：“我家墨龟不但飞过来，现在通过训练，能坐起来了。”

一、那乌主人的驯龟秘笈

有人听说过驯马，驯虎，驯狗，听说过驯龟吗？在现实生活中就有这样的“驯龟师”。在广州，工作中的她是雕刻模具大师，生活中的她是“驯龟大师”，喜欢与龟同吃同住。各种龟在她眼里都是艺术品，都有塑造的潜能，龟在她的驯化下能站立起来，不止是墨龟那乌，其他的龟个个被她驯化得服服帖帖，站一会儿才能去摄食。人有潜能，没想到龟也有，也能被驯化出来。奇迹出现了，生活乐趣就多了。乔乔龟岛是她的梦想，她开着新车，心里装着龟，包里放着单反相机，开向乔乔——梦中的龟岛。她，就是那乌主人（图3-87至图3-89）。

图 3-87　那乌主人

那乌主人的驯龟秘笈：①龟健康，食欲要旺盛，因材施教。②多和

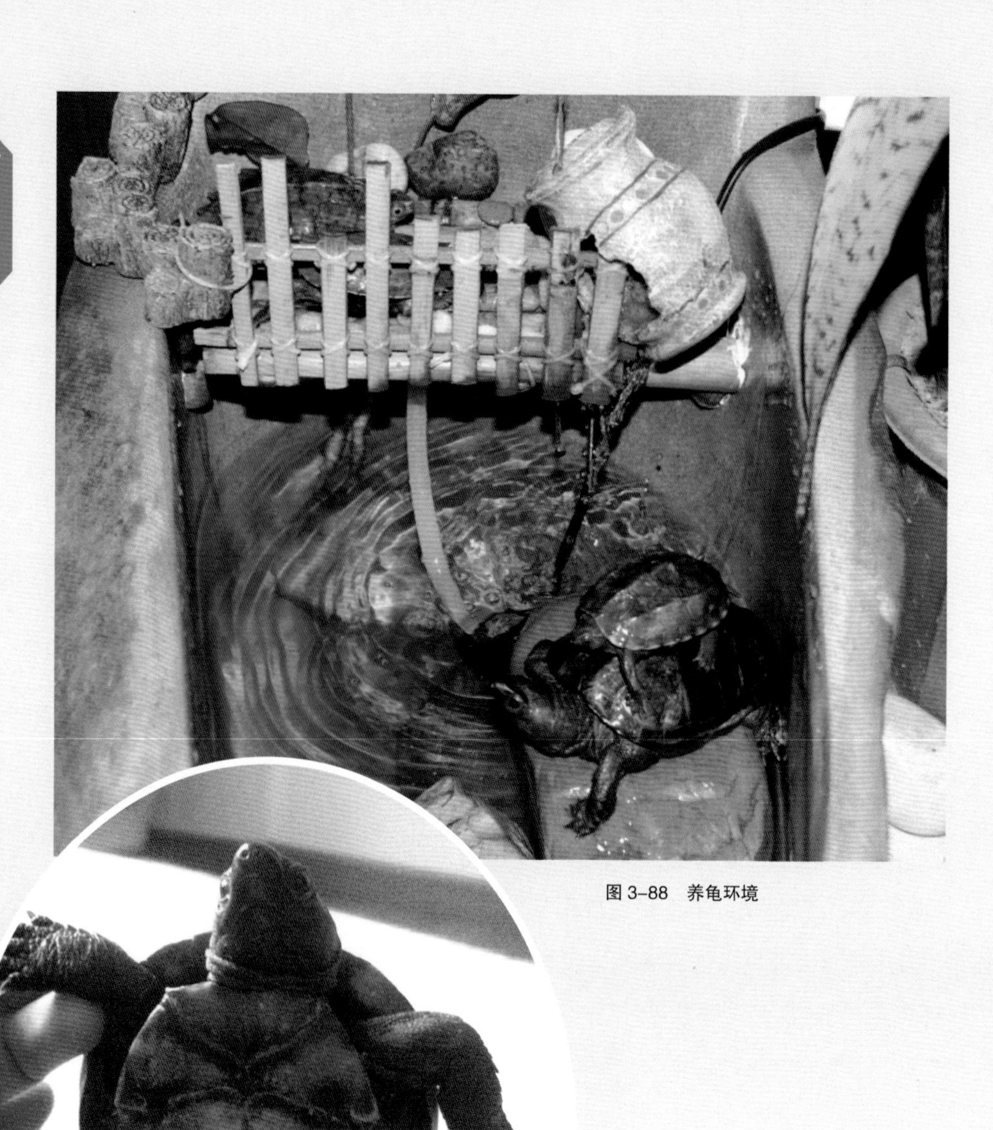

图 3-88　养龟环境

图 3-89　驯化站立

它沟通，抚摸它的头，往它鼻孔里吹气，多和它说话，哪怕是大喝一声，尽量引起它的注意力，然后再赏赐食物。③耐心的食物教导，培养追寻食物的能力。④主动过来讨食物时，要尽量给它可口的食物。

二、黄缘盒龟在美国很受欢迎

黄缘盒龟一生美丽，不仅中国人喜爱，在美国也受欢迎。根据留美学生的反馈，在美国网站上，黄缘盒龟常被称为“中国盒龟”。描述为：中国盒龟是盒龟中最酷的一种，来自中国南部、台湾省和琉球群岛，栖息在附近有溪流和池塘的草丛中。这种龟观赏性强，底板具有铰链状的裂缝，用以闭合，酷似美国的箱龟。又称“黄缘盒龟”，头部有黄色的斑纹，在隆起的背壳脊棱上有独特的黄色条纹。

黄缘盒龟小龟在美国主要采用网上交易的形式出售，爱好者可以通过网上订购。2011 年 4 月 22 日标价为每只 195 美元（图 3–90），实际购买时，如果买一只是 199 美元（图 3–91），买 3 只是每只 189 美元。一位来自中国烟台的留学生在美国奥马哈市网购到 1 只黄缘盒龟苗，以每只 199 美元的价格下单，加上 10% 的税，再加 49 美元的快递费，到手时 267.9 美元，按汇率 6.5 折算为 1 741.35 元人民币。在美国网购小龟，采用 UPS 的一天到达或者 Fedex 的次日早晨到达的快递方式，因为美国法律规定，只要是活体邮寄，不能超过 1 天。这只龟下午 5 点邮出，第二天上午 10 点到达。这位留学生还养有 1 只黄喉拟水龟和 2 只剃刀龟，并给它们安装了摄像头。

图 3–90　从美国网站上购买黄缘盒龟

图 3–91　美国网购黄缘盒龟苗

在美国，三线闭壳龟、黄缘盒龟、猪鼻龟、中华鳖、中华草龟、苏卡达龟、红腿象龟等都很受欢迎。美国也有宠物店，以狗为主，兼营爬虫，美国人喜欢蛇、蜥蜴之类的小动物，在店里小龟不好卖，但网上购买很方便。一般使用的龟粮是“ZOOMED”。2013年5月6日，美国龟友“静静等待”来中国龟鳖网群里（QQ群号：199700919）交流，告诉笔者，在美国网购海南种群的三线闭壳龟苗价格是1995美元，折成人民币1.2万元左右，比中国的还便宜。

三、人龟情未了

人世间，人与人相处时间长了，感情会加深。人与动物也是，如果主人不在了，狗会几天不吃不喝。人与龟之间的感情也一样，一旦失去爱龟，主人的心情也会难以平静。在山东就出现了这样一件事，爱龟“圆圆”随主人去游泳，因龟受凉感冒，当地无人能治，“圆圆”走了，主人一时无法接受，难过至极。主人写道：

今天是2012年6月8日，我的圆圆死了，这次佛没有显灵。是我饲养不当，经过治疗它还是离我而去，无奈地恋恋不舍地走了。7年了，它已经是我的家庭一员，它能听懂我的话语，听见我呼唤就走出来，饿了就在我的脚边走来走去、眼巴巴地看着我，会和我一起看电视。我和圆圆建立了感情，早上上班走的时候告诉它等我回来，咽气的时候是我下班回来，灌了药，也许是灌呛了它？等带它到宠物医院打针的时候，发现它已经死了。我顾不上别人的笑话，失声哭了，宠物医生是个小伙子，他也流泪了。

总是忘不了它最后看我的眼神，忘不了它下的蛋，忘不了它捉泥鳅，我不该带它去公园游泳，因为它刚产了蛋。忘不了它旁若无人地满地遛达，忘不了我吃饭时它嘴馋的样子，我忘不了……

晚上把它埋在门前的松树下，挖了一个坑，上面用泡沫隔板盖着，圆圆的身上身下都盖着布，儿子把它用过的盆子、冰箱里的虾，属于它自己的东西全都一起埋了……睹物伤心。在它身体周围放了薰衣草。填土的时候儿子终于忍不住哭出了声。

圆圆还在我的院子里，我可以天天看到它……

整个晚上我都在小区瞎遛达……

黛玉葬花，我葬圆圆，心情彼此……

当我告诉好朋友我的龟死了，我哭了，她笑了，说我不可理喻，不就是一只龟，她不能理解我。她还说你这个人太多愁善感。是的，我多羡慕她豁达的性格，什么事情即可从心里拿掉，自己心里不拧得难受，不受伤，不生病，可我没有那个本事呀。

圆圆是一只龟，是通人性、有灵性、有感情的，而且是纯洁的，比人可能更忠诚，没有尔虞我诈，没有勾心斗角。

圆圆，安息吧！同屋相处的缘分已尽，但是思念的缘分到永远……

■ 第三节　市场前景

观赏龟不仅有观赏价值，还具有较高的经济价值。随着人们生活水平的进一步提高，观赏龟已通过市场进入经济领域。在我国，几乎每个城市都能见到观赏龟的踪影，在花鸟市场，可以见到观赏龟专卖店（图 3-92），买龟人常常络绎不绝，尤其是小孩，走到店门口，对着龟目不转睛，就是不想走。有很多来城市的打工者也做起了观赏龟小买卖，从

图 3-92　广州观赏龟市场

图 3-93 哈尔滨大学生养殖的大鳄龟发生应激（王瀚霆提供）

观赏龟店里批发小龟去零卖，赚的钱比上班还要多。一些家庭养殖观赏龟，很多商店的玻璃箱中常见观赏龟，甚至在学校的宿舍里也会见到观赏龟。哈尔滨的一名大学生在宿舍里养殖大鳄龟，因为经常夜里停电，冬季不能给龟加温，结果龟应激发病了，后来在笔者的指导下治愈（图 3-93）。这些都说明，大多数人天生爱龟。因此，在我国人口众多的社会里，观赏龟养殖前景广阔，观赏龟市场会越来越兴旺。

观赏龟养殖，通过流通与市场交换，获得经济效益。北海宏昭龟鳖生态园养殖有 60 多种观赏性龟鳖，主要提供给上海、杭州等花鸟市场，主人王大铭主动走出去，到我国台湾及泰国等地取经，获取市场信息，接待参观学习者（图

图 3-94 王大铭会长接待参观学习者

3-94）。海南有一家观赏龟养殖场规模较大，品种较多，养殖的观赏龟可供给广州、上海、杭州、苏州等全国各地的花鸟市场。

目前，养殖鳖类产能过剩，给观赏龟发展带来机遇。一方面产能过剩，另一方面部分养殖龟加入炒种行列，赚取不当利润。比如石龟、安南龟、黑颈乌龟、佛鳄龟四大炒种品种，作为新的投资人和散户要保持警惕。总之，从养殖到养殖是不正常的，而从养殖到商品龟市场进入终端消费，才是健康发展之路。针对养殖类产能过剩的现状，需要一部分养殖者向尚未饱和的观赏龟领域转移，加入观赏龟市场的竞争，挖掘观赏龟的市场潜力（图 3-95）。

图 3-95　观赏龟市场潜力巨大

chapter 4
核　心　技　术

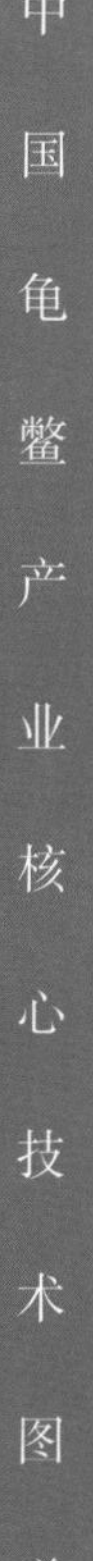

chapter 4

■ 第一节　打破龟鳖冬眠核心技术

核心提示：

川崎义一著．蔡兆贵，单长生译．甲鱼——习性和新的养殖法．湖南科学技术出版社，1986 年 2 月第 1 版。

1985—1988 年，杭州水产研究所锅炉加温养鳖，经 14~16 个月，稚鳖养成 400 克商品鳖；

1987—1988 年，湖南水产研究所利用地热水养鳖，养殖 13 个月，平均单只重达 300 克左右。

20 世纪 80 年代甲鱼新的养殖法从日本传入，这一技术解决了“吃鳖难”问题，同样可以解决“吃龟难”的问题；

核心技术在于最佳恒温控制；

温室一般采用全封闭整体加温方法。江浙一带采用整体温室系统加温；

广东、广西采用局部加温方法养龟，从节能的角度考虑是可行的；

有效地提高单位面积产能和效益。温室养殖的效益是自然养殖的 5 倍左右。因此，提高了土地利用率；

缩短养殖周期，降低龟鳖商品价格，提高市场均衡供应率，四季上市，满足不同层次的消费需求。

早在 1970 年，日本就开始研究打破鳖的冬眠技术，采用最佳温度，控制水温恒定在 30℃，合理投饵，使鳖在最佳环境中获得最快速的生长，从出壳开始 1 年内可长到 750 克，缩短养殖周期，提高生产潜能。该项技术最早是由日本东京大学加纳康彦教授引入我国的，他利用来中国讲学的机会赠送了有关书籍和资料。川崎义一 1981 年所著的《甲鱼——习性和新的养殖法》，通过蔡兆贵、单长生翻译，1986 年由湖南科学技术出版社出版（图 4-1）。这一技术的突破，使得“吃鳖难”成为过去，是养鳖史上的一次技术性革命，极大地提高了生产率和土地利用率。该技术在 20 世纪 80 年代传入我国，1985—1988 年，杭州水产研究所锅炉加温养鳖，经14~16个月，稚鳖养成400克商品鳖；1987—1988年，湖南水产研究所利用地热水养鳖，养殖13个月，平均单只重达300克左右。杭州市水产科研所孙祝庆主持“工厂化养鳖技术示范推广”，项目设计了适合国情的控温控湿稚鳖强化培育温室，在鳖的人工繁殖、稚鳖强化培育、成鳖养殖及配合饲料研制方面取得了重大进展，实现了鳖养殖技术、工艺与工程有机结合的工厂化养殖。荣获了1991年杭州市科技进步一等奖、浙江省科技进步三等奖。1992年笔者代表苏州市郊区农业局在深圳举行的中国国际渔业博览会上用视频展示了养鳖科技。20世纪90年代这一技术在我国有条件的地方迅速发展，鳖的高价在技术革命面前不堪一击，很快鳖成为百姓餐桌上的一道普通菜，紧跟其后，龟的控温养殖迅速崛起，已成为不少地方的经济发展支柱产业。

图4-1　川崎义一著《甲鱼－习性和新的养殖法》

迄今为止，江浙一带采用全封闭温室养殖，整体系统加温，不仅产能提高，应激控制很好，在最佳温度和水质控制下，龟鳖养成商品的模式在全国具有一定的先进性，领先于其他加温模式（图4-2、图4-3）。在江浙的温室养鳖中，目前养殖品种主要有台湾鳖、日本鳖以及杂交鳖。如2013年从台湾引进的品种为日本鳖与台湾鳖杂交一代称为“庆丰收”，这种鳖需要的最佳温度是31℃，在加温中怎样控制恒温呢？其核心技术是通过空气加温间接控制水温，为保证最佳水温31℃恒定，一般在温室的温度未达到32.5℃时开始加温，达到33.2℃时停止加温。而在广东及广西地区，由于自然温度较高，他们以控温养龟为主，并进行控温养殖山瑞鳖和黄沙鳖，养龟品种主要是石龟，也有其他品种，如安

chapter 4

图 4-2　整体加温
图 4-3　温室内部

南龟、黑颈乌龟、鳄龟和金钱龟等。因此，广东、广西地区选择的是局部加温方法，采用加温箱，内设陶瓷加温灯或普通灯泡连接控温仪进行控温养殖（图4-4）。其节能效果明显，但应激不易控制，所以这种方法在养殖过程中出现很多应激性疾病，这是由于在换水过程中冷热空气交换给龟带来的不稳定环境引起的。

自然条件下的仿野生龟鳖养殖，不影响控温养殖模式的继续发展。其实，温室养殖属于设施渔业的一部分，结合控温养殖和自然养殖各自的优点，也是目前普遍采用的养殖方式，龟鳖苗冬、春季在温室中生长，龟鳖幼体夏、秋季在露天生态池中养成商品鳖（图4-5），既可以缩短养殖周期，又能改善龟鳖品质，满足不同层次消费者的需求。品牌战略是利用露天生态养殖的求质技术，提高产能采用的是温室养殖的求量技术，在中国人口众多且大多数人群属于低层次消费的现状下，继续采用打破冬眠的养殖技术，让龟鳖成为普通消费者都能承受得起的大众水产品，通过打破冬眠技术普惠大众。“吃鳖难”的问题早已解决，目前需要积极发展控温养龟，让龟走入普通家庭。已经出现亮点的是鳄龟，这一品种从美国引进，得到中华人民共和国农业部的肯定，并发出公告，

图4-4　局部加温（刘志科提供）

chapter
4

图 4–5　露天养殖

chapter
4

将鳄龟列为大力推广的水产品种之一。近年来，鳄龟养殖发展加速，产能不断上升，价格逐渐下降，未来有可能成为“水产猪肉”，将个体较大的鳄龟分割成小包装上市（图 4-6），百姓买得起、吃得香，成为菜篮子里的一个新亮点。

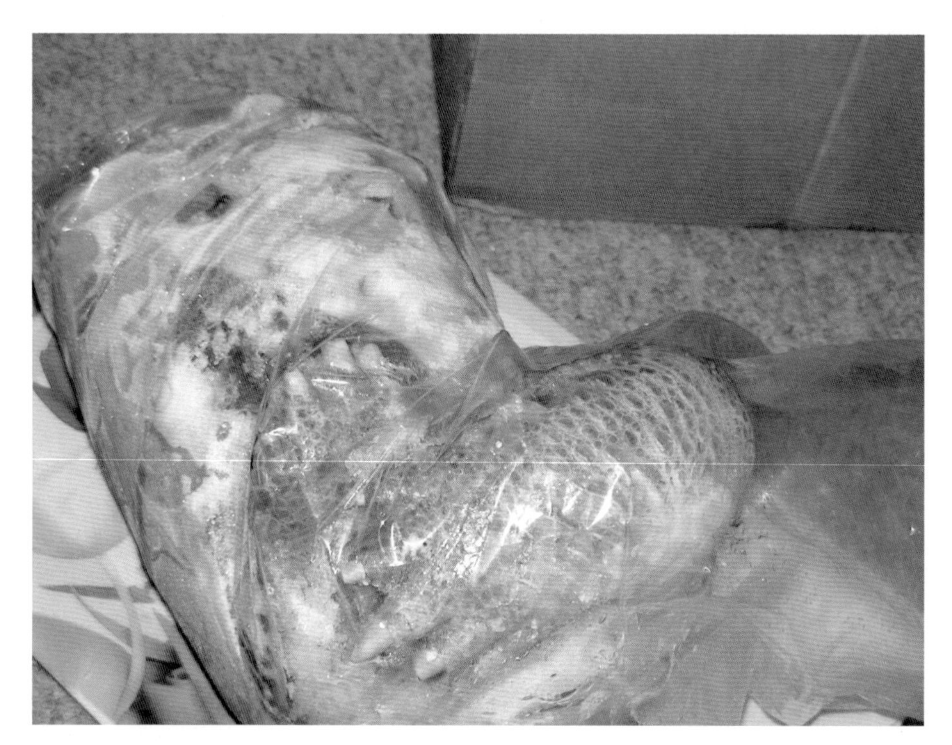

图 4-6　美国鳄龟肉分割小包装（Ni Tony 提供）

■ 第二节　无沙养鳖新工艺

无沙养鳖是一种创新。无沙养鳖之前的养殖方式为铺沙养鳖，就是在池底铺上一层沙，适应鳖的钻沙栖息习性。这种方式使鳖的粪便与沙混合在一起，不利于清洗，排污困难，粪便与沙混在一起，鳖的排泄物、残饵在换水时难以冲洗清除，长期积累形成“黑沙”、“臭沙”，水体及温室空气中出现恶臭。尽管可以对水中增氧，但水中的有毒气体（氨、甲烷、硫化氢等）随之排放到空气中，冬天因担心降温，温室内门窗不轻易打开，更加速了温室内环境的恶化，导致鳖病发生。出现最多的是白斑病、白点病、穿孔病、鳃腺炎，且不易治疗，死亡率高。无沙养鳖新工艺的出现，很好地解决了这一问题。

无沙养鳖新工艺，池底不再铺沙，鳖在无沙环境下会发生不安，解决的途径是从生态学研究中的满足动物生态位的理论角度，在鳖池中设置多个生态位，这里的生态位不是抽象的，是具体的，采用什么样的生态位呢？我们繁殖鱼类的时候，常使用杨树根须，设置在池塘边，鱼类会在杨树根上产卵，基于这一思路，无沙养鳖方法采用架、绳线、支脚和网团。框架上设置若干绳线，网团设在绳线上，网团采用网布结扎而成且呈伞状。可成多种方式，伞状或片状；固定或吊挂；沉式或浮式。一般在养鳖池内设置多个网巢，这些网巢采用无结网片制作，网巢之间留有空隙，鳖会钻进网巢里，也有的趴在网巢上栖息，鳖有了安全感，从而形成了无沙养鳖新工艺。在实践中发现，这种方法行之有效。目前已普遍采用这一核心技术。

“鳖巢”的制作：鳖巢材料选用塑料密眼无结网片制作鳖巢，简便易行，便于冲洗，可反复使用。材料来源广，可大批量生产和购买。在水中不易腐烂，不影响水质。制作时，采用网目直径为 0.8~1.5 厘米的无结网，按需要裁下若干边长为 40 厘米 ×80 厘米长方形网片。将网片中心局部抓起，并用细绳紧扣，让网片四边下垂形成“鳖巢”（图 4–7）。每千克无结网可制作 4 平方米鳖池所需要的鳖巢，因此鳖巢制作成本低。无沙养鳖新工艺，既适用于温室养鳖，也适用于露天水泥池高密度养殖成鳖。

图 4–7　网巢制作

“无沙养鳖新工艺”克服了“铺沙养鳖”的缺点，

chapter 4

鳖的病害明显减少，生长良好。江苏泰兴市的周萍应用此工艺后，养鳖换水少，鳖生长快，成活率高达 99%。具体要求：水泥池壁和池底抹光，在食台外原铺沙处，距池底 20~30 厘米的平面用自来水管、木条或竹竿搭成框架。再在框架上每隔 30 厘米平行牵直径为 5 毫米的尼龙纲绳数根。自制“鳖巢”，结在纲绳上，让“鳖巢”垂散在水中，每隔 20~30 厘米挂一巢（图 4-8）。由于无沙，鳖栖息时自行钻进巢里面或鳖巢上面，摄食时会钻出游至食台。巢与池底留有 10 厘米左右的空间，因此鳖不易擦伤表皮。从生态意义上讲，鳖巢就是鳖的生态位（狭义）。

图 4-8　无沙养鳖应用

■ 第三节　仿野生养殖技术

仿野生养殖技术是基于品牌战略的需要，是基础产业链中的一次革新，是延伸产业链，实现龟鳖商品附加值的有效途径。这种技术在浙江最为典型，各种品牌应运而生，通过品牌辐射全国，取得丰厚的利润。有些省份实施仿野生养殖技术，但不太注重品牌。如果申报无公害和绿色食品，必须先注册商标，形成品牌。

仿野生养殖技术包括两种工艺，一种是龟鳖从苗期开始放入露天池塘进行仿野生养殖至商品龟出售；另一种是龟鳖苗在温室中养殖至幼期，再将幼体龟鳖移入露天池塘养殖至商品规格。前者称全仿野生，后者称半仿野生。在饲料结构上，使用动物饲料与配合饲料搭配比较科学合理，因为单一饲料营养不均衡，容易败坏水质，可能产生畸形，产软壳卵，病害增加。使用大厂品牌过硬的饲料甚至全价的配合饲料，不会影响龟鳖的品质，在饲料中适当添加17%的玉米蛋白粉，可以有效地改善龟鳖的肉质和脂肪的颜色。

仿野生养殖技术是针对温室养殖的一种工艺改进，也是利用露天池的优势改善龟鳖品质的重要途径，所以温室养殖和露天养殖是紧密结合在一起的。无论在温室养殖发达的江苏、浙江一带，还是广东、广西地区都有这样的工艺流程。很多品种仅在苗期加温，不会影响龟鳖的品质，不要放弃龟鳖温室养殖缩短养殖周期的核心技术，利用温室养殖技术提前上市，利用露天养殖改善品质，相得益彰，从而提高生产潜能和经济效益。进入市场终端的龟鳖商品身带品牌，提升身价，满足高层次消费者对品牌龟鳖的需要。因此获得整体效应，养殖者得到更好的效益，消费者得到营养的满足，使得经济效益、生态效益和社会效益有机结合。改进养殖工艺，推广仿野生养殖技术和无公害养殖技术，适应社会发展需要。

浙江金大地公司养殖的日本鳖采用品牌战略，商品鳖全部扣上品牌，进入市场。基地建有400亩品牌出口甲鱼养殖塘，年产“稻田”牌鳖50万只，在杭州、诸暨等地设立专卖店，满足市场需求，企业获得品牌知名度和实惠的经济

图 4–9 金大地“稻田”牌日本鳖（陆绍桀提供）

图 4–10 苏州仿野生中华鳖

效益（图 4–9）。苏州高新区镇湖养殖户从吴江引入温室中华鳖幼鳖，移入到露天池塘中进行仿野生养殖，产出的商品鳖体色通透、裙边发达，品味改善，深受市场欢迎（图 4–10）。

实例还有很多，如杭州西湖区周浦镇灵山村卢纯真女士，是《龟鳖高效养殖技术图解与实例》的忠实读者，2010 年 7 月开始第一次养殖日本鳖获得成功，2011 年年底商品鳖全部上市，取得年利润 30 万元的好成绩，在当地养鳖户中胜出。她的养殖方法是采用温室与露天池配套养殖，就是分期养殖，鳖苗到幼鳖在温室内养殖；幼鳖到成鳖在露天池实施仿野生养殖。日本鳖体形偏圆，青背白肚，背部和头部布满白色小斑点、腹部白底块状花斑，裙边厚，性温顺，生长快，抗病力强，营养价值高，目前在江苏及浙江一带养殖较为普遍。她的温室建筑面积540平方米，使用面积480平方米，2010年7月放养鳖苗12 000只，每平方米放养鳖苗25只。养殖至2011年5月移出温室时成活率75%。温室鳖移到外塘后，至2011年9—11月陆续上市时，基本无死亡。出售雌鳖4 400只，雄鳖4 600只。雌鳖平均价格为48元/千克，雄鳖为64元/千克。摄食配合饲料共10吨，其中温室养鳖使用饲料4吨，露天池养鳖使用6吨，使用的是绍兴金大地生产的稚鳖饲料和幼鳖饲料，未使用成鳖饲料，平均饵料系数为1.4。成活率达到75%，当地养殖日本鳖一般成活率为70%左右，最好的80%，但极少，成活率极高的养殖户已经有10多年的养殖经验。她养殖的日本鳖成活率比一般水平高出5%，经济效益显著，作为第一次养殖较为成功。在养殖过程中，遇到的难题主要是鳖病，出现水霉病、白斑病、烂颈烂脚病、肠胃炎、生殖器外露等，幼鳖从温室移出到露天池必须逐渐降温，防止应激，她紧紧依靠科学，经常翻看《龟鳖高效养殖技术图解与实例》，并向作者虚心请教，攻克了一个个技术难关，她的成功与认真学习和科学指导是分不开的。2011年9月已进入第二个养鳖周期，她再次投入日本鳖苗12 000只，对养鳖致富更有信心了。

■ 第四节　黄缘盒龟种群区别与养殖技术

黄缘盒龟一生美丽。从稚龟出壳到成体各个阶段，都十分惹人喜爱（图4-11、图4-12、图4-13）。由于其分布较广，环境各异，造成种群间有不同的生物学特征，但共同点是背部较高，故称盒龟；脖红或灰或黑；背部金黄色脊线明显相连或不连；头部从暗黄到青色，眼后线黄色；背甲边缘黄色，背壳暗红呈

图 4-11　徽黄缘盒龟苗

图 4-12　黄缘盒龟幼龟

图 4-13　笔者养殖的黄缘盒龟亲龟

古朴色，腹部黑色或褐色；背甲纹路粗细两类，规则分布，细如刀刻，粗纹叠起，年轮隐藏其中。所有这些构成迷人的体型和色彩，吸引了无数的缘迷。黄缘盒龟具有很高的观赏价值、食用价值和药用价值，市场前景广阔，养殖者日趋增多，由于种群繁多，互相之间性状既有相似之处，又有一些差异，但不是很明显，所以难以区别，加上养殖技术有一定的难度，很多初学者望而生畏，引种和养殖中出现死亡比较常见，需要加强这方面知识的学习。

一、种群区别

1. 常见三大种群

为方便读者对常见的黄缘盒龟种群进行大概识别，笔者特地将安徽种群、台湾种群和琉球种群单列加以分析，找出它们之间的差异。大家知道，黄缘盒龟主要有安徽种群（Cistoclemmys flavomarginata sinensis）、台湾种群（Cistoclemmys flavomarginata flavomarginata）和琉球种群（Cistoclemmys flavomarginata Evelynae），前两种较为常见。黄缘盒龟一般特征：头部光滑，颜色丰富多彩，侧面是黄色或黄绿色，头顶是橄榄油色或棕色。吻前端平，上喙有明显的钩曲。背部为深色高拱形的，上有一条浅色的带状纹，有些有中肋纹，中肋线的颜色会随年龄增加而褪化。每片盾片上的年轮清晰可见，缘盾的颜色是黄色的，它的学名由此而来（Yellow-margined box turtle）。腹部黑褐色，边缘黄色。胸腹盾之间具韧带，前后半可完全闭合，四肢上鳞片发达，爪前五后四，有不发达的蹼，尾适中。三大种群的判别主要根据体型偏圆或偏长、背部高与低、脊棱黄线连或断、壳面纹路密与疏、颈部的颜色渐进或断色、眼后黄线色调与黑框、盾片上玫瑰红或古朴色等外部特征进行判断，笔者研究认为可从 12 个方面进行区别（表 4-1）。就安徽种和台湾种，简单地判别看龟的眼后黄色条纹颜色，安徽种群是哑黄色，有黑框，台湾种群是柠檬黄，无黑框。

表 4-1　黄缘盒龟三大种群的主要区别

种群 生物特征	安徽种群	台湾种群	琉球种群
体型	偏圆	偏长	偏长
头部背面	古铜色	青色	青灰色
眼后 U 线	哑黄色，黄黑色带区分明显，呈细长形状	柠檬黄色，黄黑色带区分不明显，呈细长形状	哑黄色，黄黑色带区分明显，呈细长葫芦状
面颊	黄色或橘红色	橄榄色，部分龟黄色甚至红色	黄色，部分橄榄色或青灰色
脖颈	颈部黄或红色，脖子褐色泛红	高背龟颈部黄，脖子黑色，形成“断色”；低背龟颈脖全红	颈部黄，脖子黑色，形成“断色”
背甲形状	隆起较高，且位置靠后，俯视前端微窄的椭圆形	一般隆起较低，且位置居中，俯视呈椭圆形，部分龟隆起较高	一般隆起较低，且位置居中，俯视呈椭圆形
甲壳纹理	生长纹理细密深刻	生长纹理较粗，层叠状	生长纹理较粗，层叠状
背甲颜色	较深，棕褐透着暗红，呈古朴色	较浅，棕褐透着暗黄，部分龟暗红，多数盾片现“玫瑰红”	较浅，棕褐透着暗黄；部分龟较深，盾片中央现“暗黄”
背部脊棱黄线	一般相连，部分断续	高背龟不连，低背龟相连	一般相连，部分断续
背甲纵棱	1 条	1 条或 3 条	3 条
腹部颜色	一般黑色	一般暗黄色，部分龟黑色	灰黑色
四肢颜色	灰黑色	灰色	黑色

chapter 4

2. 细分八大种群

黄缘盒龟到底有多少种群？经过笔者多年研究和大量资料分析，发现主要有8种：皖南种（图4-14）、皖西种（图4-15）、河南种（图4-16）、湖北种（图4-17）、浙北种（图4-18）、浙南种（图4-19）、台湾种（图4-20）和琉球种（图4-21）。其中，台湾种群还可以分南种和北种（图4-22、图4-23），为避免过于复杂合并在一起研究

图4-14 皖南种群（“雷”提供）

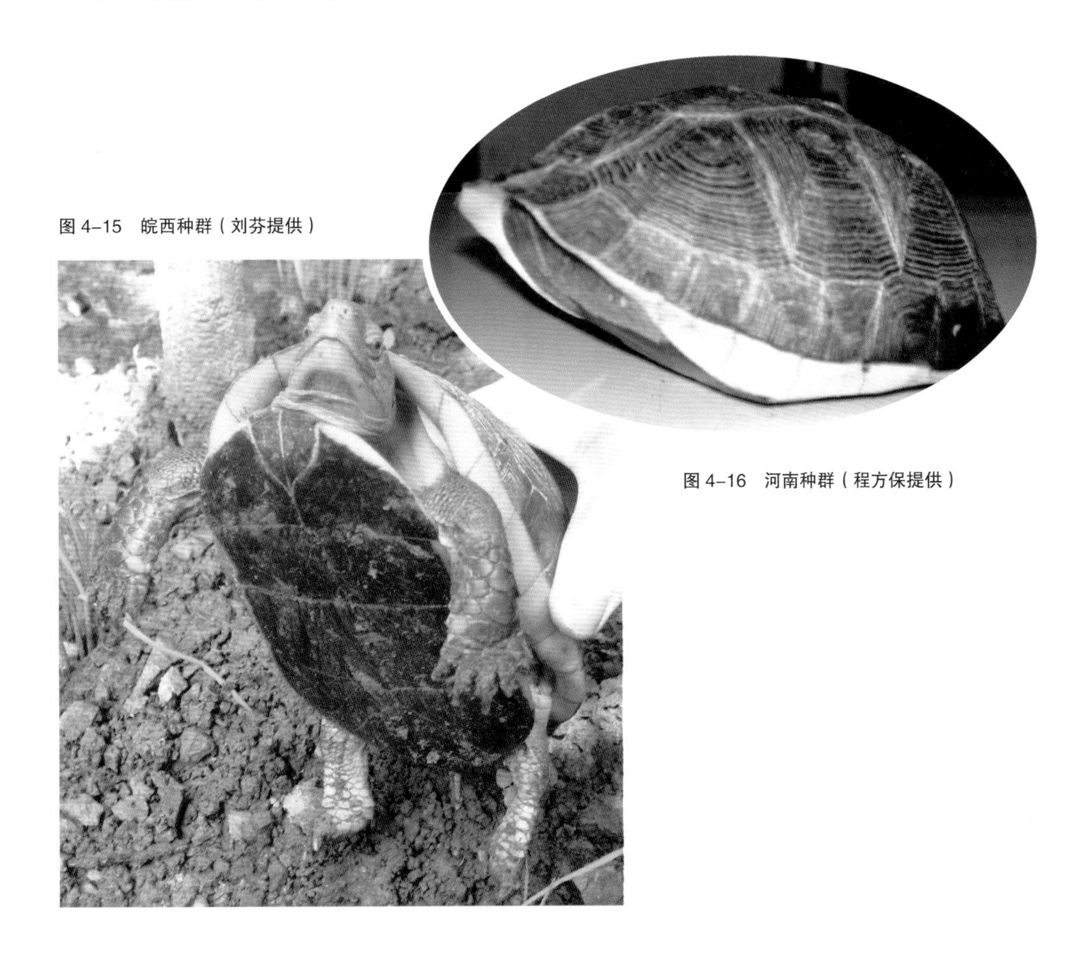

图4-15 皖西种群（刘芬提供）

图4-16 河南种群（程方保提供）

图 4–17　湖北种群（莫焱提供）

图 4–18　浙北种群

图 4-19　浙南种群

图 4-20　台湾种群

图 4-21　琉球种群

图 4-22　台缘南种低背红脖型

图 4-23　台缘北种高背断色型

图 4-24　武汉小种（莫焱提供）

和区别。此外发现有南京种、荆州种和武汉小种等（图 4-24）。常见的 8 种黄缘盒龟种群区别方法已经足够读者应用，这八大种群区别的资料也是首次公开（表 4-2）。黄缘盒龟尽管种群复杂，共同点较多，但仔细观察相异之处还是有的，从表中可以一目了然。经过对照，就可查明你拥有的黄缘盒龟属于哪一种黄缘盒龟种群。由于种群不同，有些习性相异，市场价格也不同，经过种群判别，对于引种、养殖和销售都有一定的帮助。

表 4-2

种群 生物特征	皖南种群	皖西种群	河南种群	湖北种群
体型	偏圆	偏圆	偏圆	偏圆
头部背面	古铜色	古铜色	古铜色	古铜色
眼后 U 线	哑黄色，黄黑色带区分明显，呈细长形状	哑黄色，黄黑色带区分明显，呈细长形状	哑黄色，黄黑色带区分明显，呈细长形状	哑黄色，黄黑色带区分明显，呈细长形状
面颊	黄色或橘红色	橘黄色	橘红色	橘黄色
脖颈	颈部黄或红色，脖子褐色泛红	颈部红色，脖子褐色泛红	颈部红色，脖子褐色泛红，部分龟嘴形钩曲	颈部红色，脖子褐色泛黄
背甲形状	隆起较高，且位置靠后，俯视前端微窄的椭圆形	隆起较高，且位置靠后，俯视前端微窄的椭圆形	隆起较高，且位置靠后，俯视前端微窄的椭圆形	隆起较高，且位置靠后，俯视前端微窄的椭圆形
甲壳纹理	生长纹理细密深刻	生长纹理较细密深刻	生长纹理细密深刻	生长纹理细密深刻，个别较粗
背甲颜色	较深，棕褐透着暗红，呈古朴色	较深，棕褐透着暗红，盾片中央现“暗黄”	较深，棕褐透着暗红，呈古朴色，部分龟盾片中央现“玫瑰红”	较深，棕褐透着暗红，盾片中央现“玫瑰红”
背部脊棱黄线	一般相连，部分断续	一般相连	一般断续，部分相连	一般断续，部分相连
背甲纵棱	1 条	1 条	1 条	1 条
腹部颜色	一般黑色	一般黑色	灰黑，显现暗黄，多数有底纹	灰黑，或全黑，多数有底纹
四肢颜色	灰黑色	灰黑色	灰黑色	灰黑色

黄缘盒龟种群判别

浙北种群	浙南种群	台湾种群	琉球种群
偏长	偏长	偏长	偏长
深黄色	青灰色	青色	青灰色
哑黄色，黄黑色带区分明显，呈细长形状	哑黄色，黄黑色带区分明显，呈细长葫芦状	柠檬黄色，黄黑色带区分不明显，呈细长形状	哑黄色，黄黑色带区分明显，呈细长葫芦状
橘黄色	橘红色，部分橘黄色	橄榄色，部分龟黄色甚至红色	黄色，部分橄榄色或青灰色
颈部黄色，脖子褐色泛黄	颈部红，脖子褐色泛黄	高背龟颈部黄，脖子黑色，形成“断色”；低背龟颈脖全红	颈部黄，脖子黑色，形成“断色”
隆起较高，且位置居中，俯视前端微窄的椭圆形	隆起较高，且位置居中，俯视呈椭圆形	一般隆起较低，且位置居中，俯视呈椭圆形，部分龟隆起较高	一般隆起较低，且位置居中，俯视呈椭圆形
生长纹理较粗，层叠状	生长纹理较粗，层叠状	生长纹理较粗，层叠状	生长纹理较粗，层叠状
较浅，棕褐透着暗红，多数盾片现“玫瑰红”	较深，棕褐透着暗黄；部分龟较浅，盾片中央现“玫瑰红”	较浅，棕褐透着暗黄，部分龟暗红，多数盾片现“玫瑰红”	较浅，棕褐透着暗黄；部分龟较深，盾片中央现“暗黄”
一般断续，部分相连	一般断续，部分相连	高背龟不连，低背龟相连	一般相连，部分断续
1 条	1 条	1 条或 3 条	3 条
一般黑色	黑色，多数有底纹	一般暗黄色，部分龟黑色	灰黑色
灰黑色	灰黑色	灰色	黑色

二、养殖技术

自然条件下，黄缘盒龟喜欢栖息在雾气环绕的一片竹林、树林的落叶堆或是灌木丛里，常隐藏在烂树叶内，以摄食其中的有机碎屑为生（图 4-25）。在养殖时发现，黄缘盒龟喜欢用鼻子顶着墙面休息，寻求安全感。这些现象表明黄缘盒龟有回归自然的习性。因此，在养殖环境中模拟自然生态，使用沙土地面，栽种草坪和小树林，有利遮阴降温，设置龟窝、泡澡池和产卵床，给予其足够的活动空间，为龟创造良好的生态位（图 4-26 至图 4-29）。

图 4-25　皖南黄缘盒龟原产区

图 4-26 黄缘盒龟养殖环境（雷生提供）

图 4-27 黄缘盒龟养殖环境小树林

图 4-28　黄缘盒龟龟窝
（雷生提供）

图 4-29　黄缘盒龟饮水池

1. 食性观察

黄缘盒龟为杂食偏动物食性动物，最爱摄食牛肉、黄粉虫和野草莓。常见食物还有蚯蚓、牛肝、瘦猪肉、馒头、米饭、香蕉、西红柿和配合饲料等。从稚龟到成龟均喜欢的食物是黄粉虫。一般用黄粉虫或配合饲料作为稚龟的开口饲料。对于亲龟，可以用龟的膨化饲料部分代替动物性饲料。对于各个阶段的龟可用鳖的粉状配合饲料制作成软颗粒投喂（图 4-30 至图 4-32）。采用食物转化的方法，增加食物营养，使用苹果、奶粉或配合饲料喂黄粉虫，再用黄粉虫喂龟。采用食物链加环的方法，使用牛粪培育蚯蚓，再用蚯蚓喂龟，因牛粪不能直接喂龟，加入蚯蚓这一环节，可使龟获得高蛋白饵料。

图 4-30　黄缘盒龟喜食野草莓

图 4-31　黄缘盒龟摄食场面（雷生提供）

图 4-32 黄缘盒龟摄食配合饲料

chapter 4

2. 记忆识别力

黄缘盒龟具有一定的记忆力。发现这一特点的是苏州的王来生，他在自家天井里散养黄缘盒龟多年，习惯在吃晚饭的时候将餐食扔到门外地上，让龟自行摄食，成为习惯后，数十只黄缘盒龟每天下午 5 点准时来到餐厅门口寻食，完毕后自行散去，数年如此，现在已不再散养（图 4-33）。雷生也证实这一点，野生黄缘盒龟引进后，它会记住第一次给予食物的地方，下次还会到这里来觅食。黄缘盒龟具有一定的识别力，能对食物进行鉴别。人工养殖时发现，对有毒的野果它不会去摄食。在野外，黄缘盒龟对山上野果是否有毒具有高度的敏感性，在香蕉、精猪肉等食物中添加药物，它一般也不会摄食。

3. 产卵习性

安徽种群黄缘盒龟产卵时间一般为 5 月中旬至 7 月中旬，因气候变化等原因，产卵期会相应改变，开始产卵最早于 5 月 7 日，最晚于 6

图 4-33　苏州王来生养殖黄缘盒龟环境

月 1 日。产卵次数一般为 2 次，如果培育得好，可以产 3 次，两次间隔时间为 15~20 天。第一次产卵 3~5 枚，其中产为 4 枚几率高，约占 60%~70%；第二次产卵 2~3 枚；第三次产卵 2 枚。每窝产卵数量越多，受精率越高；产卵数量越少，受精率越低；如果一窝产卵只有 1 枚，基本上不受精。一般来说，当年产卵多的龟下年停产，每年约有 80% 的龟产卵，20% 的龟停产。野生龟引进后，当年一般产卵 2 枚左右，5~6 年适应环境后，达到高峰产卵期。两个种群产卵习性不同：安徽种群产卵具有一定的规律，一般来说，产卵从傍晚 5 点到 9 点，如果是雨天，湿度较大的天气，产卵会提前，从下午 1 点到 5 点。台湾种群就没有这一规律，整天都会产卵。台湾种群还有一个特点，最迟产卵可以延续到 9 月 20 日，而安徽种群一般在 7 月 15 日左右结束产卵期（图 4–34）。

图 4–34　黄缘盒龟产卵（雷生提供）

4. 提高繁殖率

湖州梅会康养殖黄缘盒龟多年，品系为安徽种群。为提高繁殖率，2011 年，他根据笔者提供的配方，在饲料中添加促进产卵和调节平衡添加剂，以满足亲龟发育对营养的需要。8 只亲龟，雌雄比例为 1∶1。产卵 31 枚，受精卵 29 枚，出苗 29 只，受精率 93.5%，出苗率为每只雌亲龟产苗 7.25 只。而一般水平为每只黄缘盒龟年产苗 3 只左右。提高繁殖率的具体方法是：给予鲜活蚯蚓，鳖配合饲料，将粉状料制作成软颗粒。在饲料中添加二氢吡啶（Dihydropyridine）150 毫克 / 千克（提高动物的繁殖性能）、低聚糖（Oligosaccharides）3 克 / 千克（促进肠道内有益菌增殖）、氟哌酸 1 克 / 千克（预防肠胃炎），前两种长期添加，后一种定期添加，通过生物调控，产卵率和产苗率均较高（图 4–35 至图 4–37）。

图 4–35　黄缘龟卵孵化

图 4–36　黄缘盒龟龟苗出壳

图 4–37　通过生物调控提高黄缘盒龟繁殖率

5. 温度需求

黄缘盒龟对温度有一定的需求，反应敏感。在最低活动、冬眠临界、越冬死亡、冬眠苏醒、春天开食、夏眠等各阶段，对温度的要求都有一定规律性。观察发现，安徽种群和台湾种群对温度的要求不一样，年摄食生长期和停食冬眠期也不同，观察项目有13项，得到的数据对养龟生产非常重要（见表4–3）。最低摄食温度、最低活动温度和停止活动温度等是对龟冬眠前的行为观察。安徽种群与台湾种群的最低活动温度（12℃，20℃）、停止活动温度（10℃，18℃）和冬眠临界温度（8℃，15℃），两者相差均为8℃左右。安徽种群与台

表 4–3　黄缘盒龟生态习性观察

观察项目	安徽种群	台湾种群	种群差异
最低摄食温度 /℃	20	25	5
最低活动温度 /℃	12	20	8
停止活动温度 /℃	10	18	8
冬眠临界温度 /℃	8	15	7
越冬安全温度 /℃	4	8	4
最低生存温度 /℃	–1	4	5
越冬死亡温度 /℃	– 4	3	7
冬眠初醒温度 /℃	10	16	6
普遍苏醒温度 /℃	22	18	4
春天开食温度 /℃	24	20	4
夏眠临界温度 /℃	35	—	—
年摄食生长期 / 天	170，苏州	250，中山	80
年停食冬眠期 / 天	195，苏州	115，中山	80

湾种群最低摄食温度（20℃，25℃），两者相差 5℃。研究表明：安徽种群和台湾种群对安全越冬温度范围分别是 4~8℃和 8~15℃。研究结果有助于在生产中随时根据黄缘盒龟的生态习性中对温度的需求，确定安全越冬温度范围，采取必要的技术措施，以符合其生态习性，提高越冬成活率。

黄缘盒龟活动摄食不仅取决于当天的气温，更主要是取决于它所需要的积温。为什么开春之后，有时中午温度达到 30℃，黄缘盒龟还是懒得动，在窝里不出来，是因为开春后的积温不够。黄缘盒龟在达到一定积温之后，还需要当天的温度必须达到 20℃才会出来活动摄食，其中摄食比活动需要的积温高，如果黄缘盒龟主动外出下水泡澡，接着就会全面开食。秋天气温下降时，黄缘盒龟需要最低活动温度 12℃，当气温下降到 10℃时才停止活动，那是因为积温使它慢慢进入冬眠期，与春天需要的温度不一样。秋天已有一定的积温，而春天积温不够。

6. 安徽种群

回归自然是黄缘盒龟的生态习性之一。在自然环境中，黄缘盒龟适合亚热

图 4–38　黄缘盒龟栖息在丘陵山区的林缘、杂草、灌木丛中

带气候，栖息在丘陵山区的林缘、杂草、灌木、树根底下和石缝等僻静的地方，活动在阴暗、潮湿、近溪水之处（图 4–38、图 4–39）。在野外发现，黄缘盒龟喜欢隐藏在烂树叶内，以摄食其中的有机碎屑为生。在养殖时发现，黄缘盒龟喜用鼻子顶着墙面或头部钻进石缝内栖息，寻求安全感。这些现象表明黄缘盒龟有回归自然的习性。因此，当黄缘盒龟全身轻微肿胀时，一些有经验的养殖者将黄缘盒龟埋在土里 20~25 天静养，结果部分病龟自愈了。这是基于对黄缘盒龟栖息时喜欢将鼻子顶住墙面时的习性，顺应其习性采取的土方法。这种方法在其他龟类上也得到印证，广东茂名的郭金海反映，他的巴西龟自己钻进泥

图 4–39　黄缘盒龟活动在阴暗、潮湿、近溪水之处

chapter 4

土里几个月后，发现脱了一层壳，以前的腐甲没有了。广东茂名的李文忠告诉笔者，有一只野生三线闭壳龟满屋爬，很少管它，几天才给点吃的，冬眠从不理它，也不知道它跑哪儿去冬眠，都养了十多年了，依然那么健康。雷生反映，有养殖者将黄缘盒龟病龟吊挂在井内水位上面一段时间，有些病也能自愈。表明其具有一定的免疫力和自愈力。嵊州的叶剑初将孵化出的黄缘盒龟苗放在烂树叶中，不喂食，结果龟苗也能长大，这是模拟自然生态中黄缘盒龟苗在烂树叶中以有机碎屑为食的方法，结果生长良好。此外，武汉莫焱在越冬时将黄缘盒龟放在烂树叶上面，再在龟身上覆盖稻草，模仿龟自然越冬，效果较好。一般，仿生态自然越冬，地面铺沙，上面盖树叶，是黄缘盒龟越冬的好方法（图 4-40）。这些方法均表明黄缘盒龟养殖需要回归自然。因此，创造假山、林缘、草坪和溪水等自然景观，在养殖环境中适当给予土质活动场所，采取各种顺其自然的方法，是生态养龟的精髓（图 4-41）。

图 4-40　黄缘盒龟仿生态自然越冬

图 4-41　笔者采用顺其自然的生态环境养殖的黄缘盒龟

7. 台湾种群

在台湾地区，台湾种群被称为黄缘闭壳龟（Cuora flavomarginata），俗称“食蛇龟”（snake-eating turtle）。台湾学者陈添喜研究认为，其早期被认是半水栖种类，但后来的研究皆发现属陆栖性淡水龟；主要栖息在海拔较低丘陵地区之阔叶林或次生林及其边缘环境，部分靠近海边之海岸林亦可发现，气候干燥或冬季时会于湿度较高的溪旁活动。活动属日行性，于气温较高的夏季偏向晨昏性。其活动与栖地利用有明显季节差异，春末及夏季（产卵季），雌龟会迁移至树林边缘，产卵季过后又回到树林底层活动。通常活动范围并不大，且极为固定。过去山上常见到食蛇龟，每回下雨天拿着水桶外出，几乎可以捡回一整桶食。后来山产店盛行，山上开始出现捕龟人，捕捉食蛇龟贩卖，还训练“猎龟神犬”捕龟。后来山中梯田开辟为果园，到处开挖马路，龟类的栖地遭到破坏，在几年时间内数目急剧减少，现存的龟类数量已经不到过去的三分之一。台湾成功大学蔡继锋硕士研究认为，食蛇龟整年均在森林内部活动，并且避免进入开阔地区（槟榔园或废耕地），从 3 月到 10 月间，个体多使用灌丛和落叶层作为活动的栖地，进入 11 月份以后，多数则被发现迁移进溪谷且以其作为度冬的场所。

8. 解除应激技术

野生黄缘盒龟，无论是何种群，引进初期一般会发生应激，如不及时解除，会引发各种症状，甚至死亡。因此，掌握应激解除技术，有助于提高黄缘盒龟的成活率，减少经济损失，顺利投入生产，最后达到养成的目的。

应激原分析：应激是动物生态系统受威胁所做出的生物学反应。造成野生黄缘盒龟的应激，主要有抓捕、转群、暂养、饲料、包装、运输、冲洗、堆积、感染等应激环节，其中温差突变、恶劣环境、粪便污染、凉水冲洗、操作失误等是致命的应激原。多因应激、累积应激可能会转化为急性应激、恶性应激，导致各种应激症状表现出来，如眼神黯淡、眼肿紧闭、白眼钙化、呼吸困难、口吐白沫、四肢无力、腐甲腐皮、排泄物恶臭、内脏变性、器官衰竭等。具体解除应激技术如下：

（1）挑选健康的黄缘盒龟

体型偏圆、高背暗红、纹路细密、脖子偏红、眼睛有神、活泼好动、反应敏捷、体表完整、无内外伤；

（2）给予良好的生态环境

建立安静、整洁、散光的生态系统，模仿自然，营造绿化，遮阴降温，增加生态位。龟窝、食台、泡澡池、产卵床、活动场所必须干净卫生。严格要求“三等温”：等温放养、等温投饵、等温换水，不断调节龟与环境生态平衡；

（3）采用药物解除体内应激

新龟引进初期，注意观察龟的活动，减少人为干扰，帮助龟尽早适应新环境。进一步解除体内应激，可采用浸泡、注射药物等方法。① 对所有的新龟在开始 3 天内，也就是黄金 72 小时，注射抗菌消炎药物和维生素 C，每天 1 次，连续 3 天，每千克龟使用头孢曲松钠 0.2 克进行肌肉注射，具体方法：将头孢曲松钠1瓶1克加入维生素C 5毫升，摇匀后，抽取1毫升注射，浸泡药物采用青霉素160万个国际单位和链霉素160万个国际单位加入5千克水体，对龟进行浸泡，每天换药1次，浸泡时间不限。② 对长期不开食的龟，注射头孢噻肟钠，剂量为每千克龟0.2克加维生素B_6 1毫升，每天1次，连续6天；对重症应激，注射药物中加地塞米松，每千克龟加0.25毫克。③ 一旦发现肠胃炎，使用氧氟沙星注射液（0.2克：100毫升）注射，剂量为2毫升/千克，每天1次，连续注射3次即可痊愈。

实例1：江西丰城读者徐先生在笔者的指导帮助下，成功地解除黄缘盒龟的应激。

他回忆，2011年引进的台湾黄缘盒龟解除应激过程，颇有体会：这年他分两次引进台湾黄缘盒龟，共计31只亲龟，第一次引进21只，夭折3只，其中2只难产；第二次引进10只，夭折1只。两次平均成活率87%。针对个别慢性应激、难以开食的台湾黄缘盒龟，解除应激时间最长进行了8个疗程的注射治疗，终于开食。每个疗程3天，一个疗程后休息7天继续下一个疗程（全程73天）。前6个疗程采用头孢曲松钠0.2克/千克，肌肉注射，每天1次，连续3天；后2个疗程采用头孢噻肟钠0.2克/千克，肌肉注射，每天1次，连续3天。发现解除台缘应激，最短一个疗程就可开食。

图4-42　黄缘种龟引进当年就产苗4只（徐兆群提供）

chapter 4

结果，引进当年就产苗 4 只（图 4–42），亲龟越冬后健康状况良好。

实例 2：2012 年 5 月 29 日，广东佛山读者陈勇强反映，他养殖的一只台湾黄缘盒龟，其体重 600 克，养殖在楼顶，前日情况良好，能摄食西红柿和米饭，并有追咬手指的活泼状态。5 月 28 日的一场暴雨后，发现龟无力，头部上扬，一会又下垂，呼吸急促，5 月 4 日凌晨发现食物呕吐现象。泡澡和饮水等使用温水。经笔者诊断：天气突变引起的温差应激，致使上呼吸道感染。提出

图 4–43　黄缘应激发病头部低垂（陈勇强提供）

图 4–44　黄缘应激性疾病在笔者指导下治愈（陈勇强提供）

解除应激的方法为：头孢曲松钠 1 克加氯化钠注射液 5 毫升，摇匀，用 5 毫升一次性针筒抽取 0.6 毫升肌肉注射病龟，每天 1 次，连续 6 天为 1 个疗程。多余的药液加 1 千克水浸泡病龟。每天换新药和新针筒。经过笔者指导，对症下药，龟主反映，经过 3 针治疗，龟已有精神，恢复摄食（图 4-43、图 4-44）。

注射部位与方法：注射部位为龟的后肢大腿基部内侧中间凹陷的肌肉处，进针角度 30°，深度 0.5~1.0 厘米，右手食指顶住针头，控制深度，左手推针筒，完毕后立即用左手按住注射部位，约 30 秒后移开（图 4-45）。

图 4-45　笔者指导注射部位（徐兆群提供）

■ 第五节　佛鳄龟早繁技术

佛鳄龟是鳄龟中的一个亚种，是佛州拟鳄龟的简称，常称“佛鳄”和“纯佛”。它能增长到 17 英寸（43.18 厘米）、体重 45 磅（20.41 千克）。产于美国佛罗里达半岛。颈部突起多且尖利。头部较尖细，眼睛距吻端较近。尾部中央突起较大。第二、三椎盾几乎等大。背甲呈长椭圆形，前窄后宽，后部呈明显锯齿状。典型特征是十字眼、短尾巴、清晰的背甲和较白的腹部。最大的特征是头部爆刺。引种初期，我们并未注意区分佛罗里达亚种和北美亚种，后来被广东及广西养龟人注意到了，并利用当地自然温度较高的优势进行繁殖，结果发现佛鳄龟具有很多优点：一是成熟早，稚龟养殖 3 年就可成熟产卵；二是上岸产卵；三是繁殖率高，多次产卵。因此，纯种佛鳄龟在广东及广西地区很快被炒起来，苗价居高不下，达到每只 300~500 元左右，亲龟价格一度涨到每 500 克 750~1 000 元。巨大的利润，促使佛鳄龟养殖技术不断提高。

2012 年 3 月，笔者去广东阳江考察佛鳄龟早繁技术。其核心技术是雌雄分开，雄龟单只独池养殖，雌龟需要交配时人工移入雄龟池，雌雄比值可高达 7 左右，当发现雌龟怀卵时，将雌龟移入温室控温养殖，以加快发育，达到提早产卵的目的（图 4-46、图 4-47）。广东最早的产卵时间出现在 2011 年 12 月 8 日（茂名），较早的产卵时间为 1 月 8 日（阳春）。这项技术能促进佛鳄龟多次

图 4-46　佛鳄龟雄龟单独养殖

图 4–47　佛鳄龟雌龟多个养殖在一起

产卵，年产卵 2~3 次。在阳春，笔者在萧传浪的家里见到佛鳄龟正在产卵，主人亲自挖出 3 窝鳄龟卵，用灯光检查龟卵是否为受精卵，如果是受精卵就会看见卵的中间分有 2 层，下面比上面色深，上下交接的位置称“水线”，一旦见到水线便可确认为受精卵。发现全部受精，之后送入孵化房进行孵化（图 4–48 至图 4–54）。萧传浪说，谁会想到他养殖的 100 只佛鳄龟亲龟，一年可以创造 100 万元的经济效益。4 月底，天地潜龙的佛鳄龟产卵已经结束。他认真数了一下，76 个佛鳄龟雌龟产 4 500 个受精卵，平均每只雌龟产受精卵 59.2 枚，此外有 300 多枚卵是 15 只 2009 年的后备龟产的，也就是说 2009 年的稚龟经过 3 年培育开始产卵。

2012 年，广西钦州浦北县陈金全养殖佛鳄龟已有 8 年，经过千辛万苦，摸索出一套养殖新方法。他告诉笔者，2012 年繁殖佛鳄龟龟苗，他赚了 300 万元。现有 300 只雌龟，19 只雄龟，规格从几千克到二十多千克，雌雄比例他认为最

chapter
4

图 4-48

图 4-49

图 4-48　佛鳄龟挖坑产卵
图 4-49　从产卵窝中人工捡卵

图 4–50　已从龟产卵窝中捡到的卵

图 4–51　佛鳄龟卵收集

图 4–52　检查龟卵是否受精（小辉提供）

图 4-53　将受精卵送入孵化室

图 4-54　佛鳄龟受精卵排列整齐进入孵化阶段

好是 1∶(15~20),每次产卵最多可产 73 枚,一般为 25~50 枚。比如 2012 年 11 月 21 日,一只几千克的雌龟产卵 25 枚;2012 年 11 月 22 日,一只 14 千克的雌龟产卵 50 枚,全部受精。产卵时间从 11 月下旬到第二年的 7 月份。一般产卵 3~4 窝,其中产卵 4 窝的占 5% 左右。开产时间一般在第一次冷风吹来之后就会产卵。2013 年他的 300 只雌龟可以出苗 15 000 只。2012 年 11 月 22 日,钦州自然温度中午最高 30℃,水温 24℃,自来水温度 26℃。佛鳄龟养殖在室内,温度比较稳定。自然温度较高,佛鳄龟繁殖能力较强。饥饿的培育方法是他的主要养殖经验。具体方法是:每个 4 平方米的池里面放养雌龟 6 只,雄龟单养,将 4 平方米池分隔成 6 格,每格放养 1 只。秋天,将雌龟移入雄龟池,交配完成后将雌龟送回原池。雄龟每天交配 1 次,第 11 天开始,每 2 天交配 1 次。产完卵后,第一个月,每天喂 1 次;第二个月,每 3 天喂 1 次;第三个月每 5 天喂一次,一直到冷空气来临之前停喂,多在阴历 9 月 9 日开始停喂。一般喂鲤鱼,没有鲤鱼就喂小杂鱼,因为鲤鱼对佛鳄龟性腺发育有利。饥饿培育方法的思路是:投喂鲤鱼,控制投喂次数,只要能满足卵发育需要的营养就可以了,过多的营养容易引起佛鳄龟过肥,不利于性腺发育和产卵。佛鳄龟的显著特点是头部爆刺,长一点的爆刺才正宗,接下来看背部盾片上的放射纹呈所谓的 180°,就是能弓起来的。按当时的市场价格,佛鳄龟亲龟 1 040 元 / 千克左右,好的佛鳄龟 1 200~1 400 元 / 千克。陈金全到市场收购亲龟,即使每只 700 元他也收购。苗价低于 330 元 / 只不卖,自己养殖 3 年后又可以繁殖,不断扩大种群,计划 3 年后达到 10 万只。并计划通过雄佛鳄龟与普通鳄龟杂交,繁殖出黄色的杂佛鳄龟,开多家宠物龟店,获取更大的利润。佛鳄龟出现的常见病是肠胃炎,主要原因是佛鳄龟摄食鱼类后消化不好引起的肠胃炎。他采用的方法是通过注射药物治疗。发病时泄殖孔排出果冻状的絮状物,治愈后排出清水。

将佛鳄龟与北美鳄龟杂交成“杂佛”,具有增重快、繁殖多、效益高的优点。具颈刺和壳纹的,有佛鳄龟基因的就是杂佛鳄龟(图 4–55)。杂交优势在于其生长繁殖快,产卵率能提高 4 倍左右,由原来的年产 10 枚卵上升到年产 40 枚左右,原来北美鳄龟在水里产卵,杂交后可以上岸产卵。杂佛鳄龟产卵至少

图 4-55 杂佛鳄龟

2 窝，而原来只有 1 窝。对于“杂佛”，茂名读者“锋”有自己的养殖经验。他养殖了 200 只杂佛亲龟。概括起来，杂佛鳄龟有以下几个特点：①生长快。喂配合饲料加鱼，当年苗年底就能长到 1 千克左右，成体增重很快。②产蛋次数多，产苗数量大。年产卵 2~3 次。试蛋第一年产苗 15 只，老龟一年产 80 只苗以上。在广东茂名、阳江一带，一般 3—4 月开始产卵，个别地方 1 月开始产卵。③效益可观。一只雌性亲龟年产苗 80 只，以 300 元 / 只出售，年收入 24 000 元，成本只有100元。建议还是从龟苗开始养殖。

肇庆读者陆海证实，杂佛鳄龟苗养殖3年开始产卵。他家的杂佛鳄龟是2010年6月的头苗。第一年温室养殖，第二年7月放入外塘养殖，至2013年4月还不满3年就产卵了，开产受精率为40%，现有亲龟150只，平均体重7千克，最大的重10千克。

■ 第六节　疑难病害防治技术

龟鳖病发生后，对龟鳖医生来说，有三种不同的看病方法。第一种是用手看病；第二种是用脑看病；第三种是用心看病。

用手看龟鳖病，就是看病不看龟鳖。这种方法是不用看龟鳖，根据主人对病征的描述，提出用药方法。有时龟鳖的主人来电咨询，网上提问，无任何图片，更别说看活体。或在现场按主人所讲病症就马上用药，好像药到病除。在治疗的过程中，也懒得看龟鳖的发病症状和表现，称为“目无龟鳖”。

用脑看龟鳖病，就是看病又看龟鳖。这种方法在看病的时候，首先要观察龟鳖的外表症状，瘀血内伤，神态表现，大便形态，查找病原体，察看养殖环境。远程看龟鳖病时，一定要看发病龟鳖的图片，甚至视频文件，对已夭折的龟鳖进行解剖分析。通过诊断，对症下药。但这种方法在诊治龟鳖过程中，不去询问主人的养殖方法，不研究发病背景，简单地从环境、病原体和龟鳖三者的关系中找原因，一般喜欢去化验发病龟鳖和水质，因此称为“目中无人”。

用心看龟鳖病，就是看病，看龟鳖，还要看主人。这是看龟鳖病的最高境界。在看龟鳖病的时候，不仅看症状，看龟鳖的表现，还要了解主人的养殖方法，龟鳖病的发生背景，仔细查找发病原因，是否有不当的操作方法等。一般从养殖环境、饲料卫生，等温控制方面找应激原，还要从龟鳖与外界、龟鳖自身两个生态系统找失衡因子，龟鳖的生态系统受威胁的根源。最后确诊，对症

chapter 4

治疗。同时，根据发病原因，制定预防措施，以防为主，防治结合，注重生态平衡，只有这样才能治标又治本。

一、龟类疑难性疾病

1. 龟氨中毒

龟发生氨中毒，一般温室养殖较为常见。主要原因是温室内换水不及时，水质恶化所致，水体中有毒的氨氮和亚硝酸盐含量升高，引起龟氨中毒，严重时会发生死亡。龟死亡时一般前肢弯曲，因此，又称“曲肢病”。

2012 年 9 月 12 日，浙江湖州市下昂社区一家养殖户发生鳄龟氨中毒，并造成死亡（图 4-56）。2012 年 4 月 16 日广州读者“天道酬勤”反映，

图 4-56　浙江鳄龟氨中毒

图 4–57　广州鳄龟氨中毒（“天道酬勤”提供）

他养殖的鳄龟发生氨中毒，并造成部分死亡（图 4–57）。他采用的是局部加温方法，每次换水一半。病发后，龟主咨询笔者。笔者建议：及时换水、注意等温、泼洒维生素 C，浓度为 5 毫克 / 升。结果病情缓解，不再出现死亡。

2011 年 4 月 3 日，广东茂名读者谢斌反映：第一次养龟，去年引进石龟苗 200 只，采用局部加温方法，现在已经长到 200~300 克。最近两天死亡 2 只，并有几只脖子发红、溃烂的样子。查找原因是使用深井水，水温 24℃，直接注入到加温箱中，尽管温箱中控温 30℃，在不打开盖子的情况下换进温度为 24℃的井水，可以很快升高到 27℃，再过十几分钟就可升到 30℃，有温控仪控制温度，采用陶瓷灯加温。但龟还是有应激反应。因为这是应激原之一，温差 6℃。第二是因为 2011 年 3 月深井第一次打得不深，井水不够用，结果换水由每天 2 次改为 1 次，4 月深井钻深了，达到 45 米，水够用了，每天换 2 次水。虽然这样做了，但 3 月时换水少感觉箱内较臭，氨中毒现象发生了，4 月病症表现出来，死亡的两只龟前肢弯曲，显示氨中毒典型症状（图 4–58）。笔者建议治疗方法：等温换水，并用维生素 C 10 毫克 / 升和罗红霉素 3 毫克 / 升分别泼洒。2011 年 4 月 19 日，谢斌反馈：石龟应激和氨中毒并发症被控制并已恢复正常摄食（图 4-59）。

图 4-58　龟氨中毒（谢斌提供）

图 4-59　龟氨中毒已痊愈（谢斌提供）

2. 龟白点病

2012 年 10 月 10 日，广西钦州读者行者反映，他养殖的乌龟发病，发来图片，诊断为乌龟白点与疖疮并发症（图 4-60）。发病原因是投喂食物过多，且吃剩的食物没有及时处理，造成水体污染，龟抢食时弄伤身体以致感染。

行者依照《龟鳖病害防治黄金手册（第 2 版）》对病龟进行治疗，具体过程如下。疖疮：用牙签挑除豆腐渣样物，在伤口涂抹甲紫溶液，干后涂抹金霉素眼药膏；白点：发病后彻底换水，用 0.4% 的食盐水全池泼洒，并投喂维生素 C 和土霉素。结果痊愈（图 4-61）。

图 4-60　乌龟白点病与疖疮病并发症

图 4-61　乌龟白点病与疖疮病治愈

3. 龟白皮病

2011 年 11 月 16 日，浙江绍兴读者陆阳反映，他养殖的 30 只黄喉拟水龟，2009 年以 2 000 元 / 千克的野生龟价格引进，现在规格 500 克左右。最近，发病龟一只，个体重 400 克，黄喉拟水龟四肢皮肤和尾部发白，疑似腐皮病，要求诊断，经笔者诊断为真菌性白皮病（图 4-62）。建议采用达克宁涂抹治疗。2 天后，龟四肢皮肤有所好转。3 天后，白色的表皮没有了，出现了新的表皮。2011 年 12 月 11 日，陆阳发来治愈的图片（图 4-63）。发病的原因也可能因为水质太清，温度适宜的条件下，真菌滋生繁殖，此时石龟容易受到感染。目前龟类“白皮病”属于首次命名。

2012 年 8 月 22 日，广东茂名市电白县沙琅镇读者“田夫野老”反映，他养殖的南石也出现了同样的疾病。从发病的部位来看，一般在龟的四肢上，病灶面积很大，不规则大小，与腐皮和白斑有一定区别，根据上一次浙江病例使

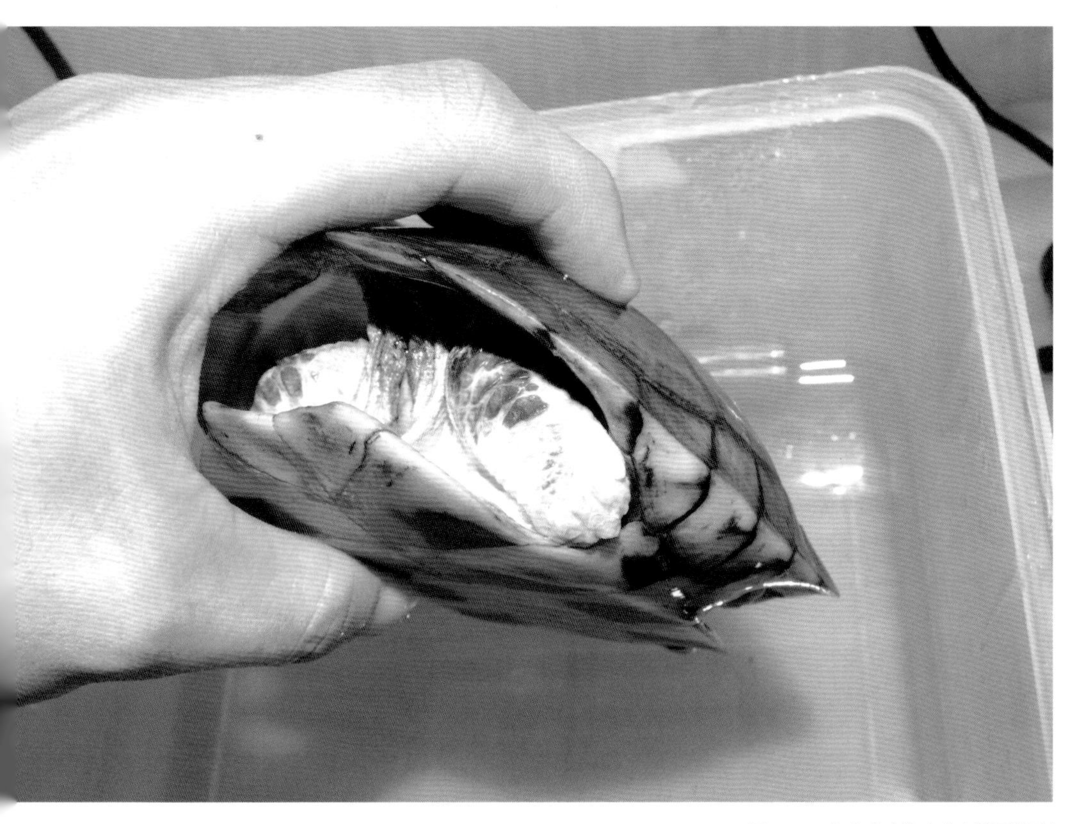

图 4-62　龟白皮病治疗前（陆阳供图）

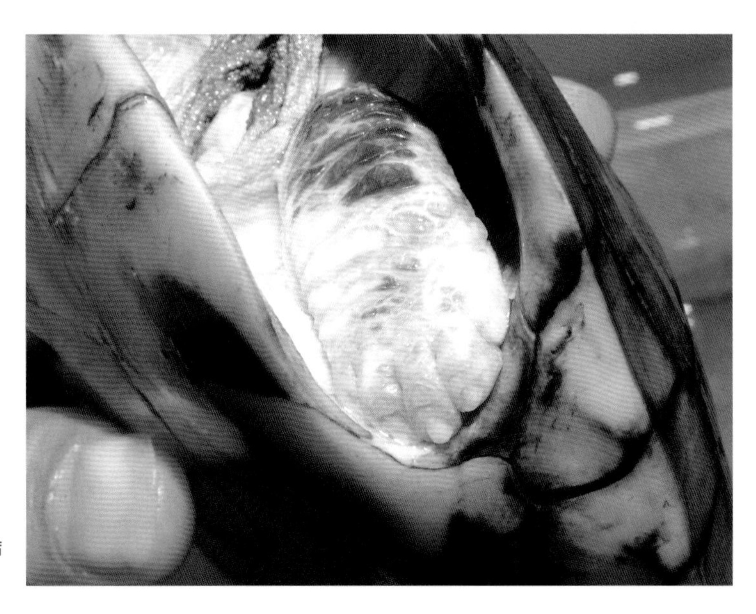

图 4-63　龟白皮病治疗后（陆阳供图）

用达克宁治愈的结果看，初步认为是一种真菌性白皮病。此次病例是南石，250克左右的规格，是2010年的苗养成的幼龟，主要发病部位在后肢，发病率为10%。据了解，与龟主直接使用温差较大的深井水，导致龟多次累积应激，刺激皮肤病变可能有一定的关系。深井水24℃左右，龟无论养在室内还是养在室外，龟主采用的室内外两种养殖方式，其龟池水温均达到30℃左右，采用温差6℃的水进行换水，必然产生应激，由于从小苗开始饲养，龟适应了应激，把这种应激转化为良性应激，但多次应激后，变成累积应激，会降低机体抵抗力，转化为恶性应激，尤其是低温的多次刺激，容易导致皮肤发生真菌性疾病。龟主采用每天投喂一次，晚上投喂鱼肉，早上换水的养殖方法。因此，采用相对应的治疗措施：采用等温水换水；使用达克宁涂抹，多次反复，直至痊愈，根据上次的治疗经验，一般3天左右有效，开始好转；对养龟水体使用亚甲基蓝全池泼洒，终浓度为3毫克/升。

图4-64 龟白皮病（巫世源供图）

2013 年 1 月 15 日，中国知名龟鳖专家钦州诊疗中心巫世源接诊石龟病例，石龟规格为 300~450 克，养殖数量 90 只，水温为 11℃，室温为 14℃，在房间内用两个 2 平方米胶托养殖，烂眼眶，鼻孔堵塞，有 2 只龟浮水了，有 3 只龟伸头出水面。直接用自来水换水，冬天不加温，当时是冬眠时间。先用氧氟沙星浸泡没有见效，反而严重多了，眼眶烂，鼻孔也烂。笔者通过图片进行远程诊疗，可以看到石龟的眼眶和鼻孔周围有白皮状病灶，疑似真菌感染性疾病。笔者诊断：疑似真菌性白皮病（图 4-64）。笔者提出治疗方法：①刮除病灶，并用生理盐水清洗干净；②在病灶处涂抹达克宁，反复多次，直至痊愈。最终一个疗程后石龟痊愈。

4. 龟穿孔病

2012 年 10 月 31 日，广东信宜读者红光反映，他养殖的鳄龟发生疖疮与穿孔并发症。从病灶上看，病情已近晚期，非常严重，鳄龟体瘦，病灶很多，有些已穿孔（图 4-65）。因此，建议治疗方法：清除疖疮和穿孔病灶，将病灶内腐败物质挖出，用清水冲洗干净；用青霉素和链霉素原粉注入穿孔里和病灶上面，外层用红霉素软膏涂抹；肌肉注射药物，每天 1 次注射头孢噻肟

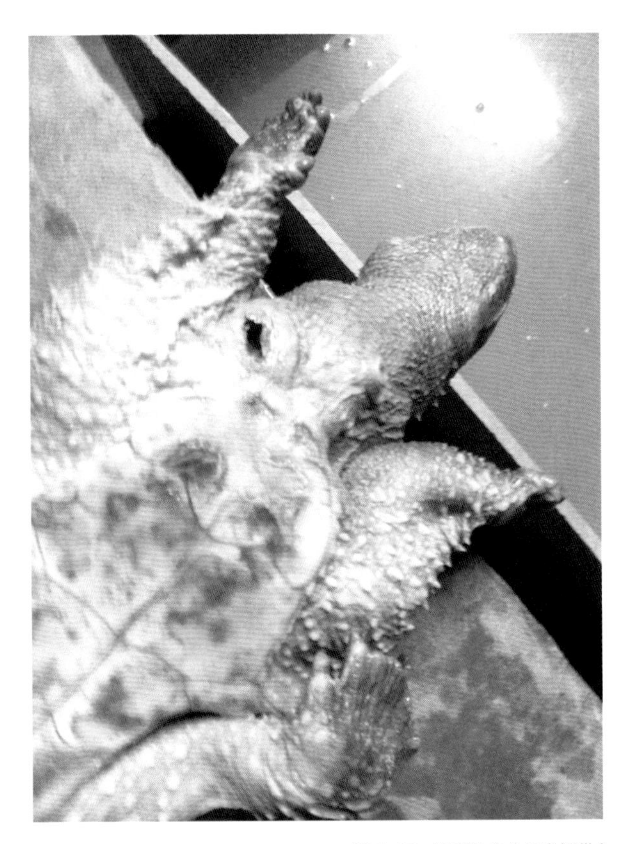

图 4-65　龟穿孔病（红光提供）

钠 0.1 克，加氯化钠注射液稀释至 1 毫升，连续注射 6 天。治疗期间干放，每天适当下水 1~2 小时。

5. 龟冬眠综合征

2012 年 3 月 12 日，山西晋城读者林向博反映，他养殖的黄喉拟水龟冬眠后苏醒，发现其眼睛、鼻孔周围红肿，并有局部腐皮症状（图 4-66）。初步诊断为：冬眠综合征。发病原因，冬眠长期处于低代谢状态下，龟的体质下降，加上环境污染，春天来临，病原菌活跃，龟容易导致细菌感染，表现为炎症。因此，笔者建议治疗方法：用头孢哌酮 1 克化水 1 千克，加上地塞米松（1 毫

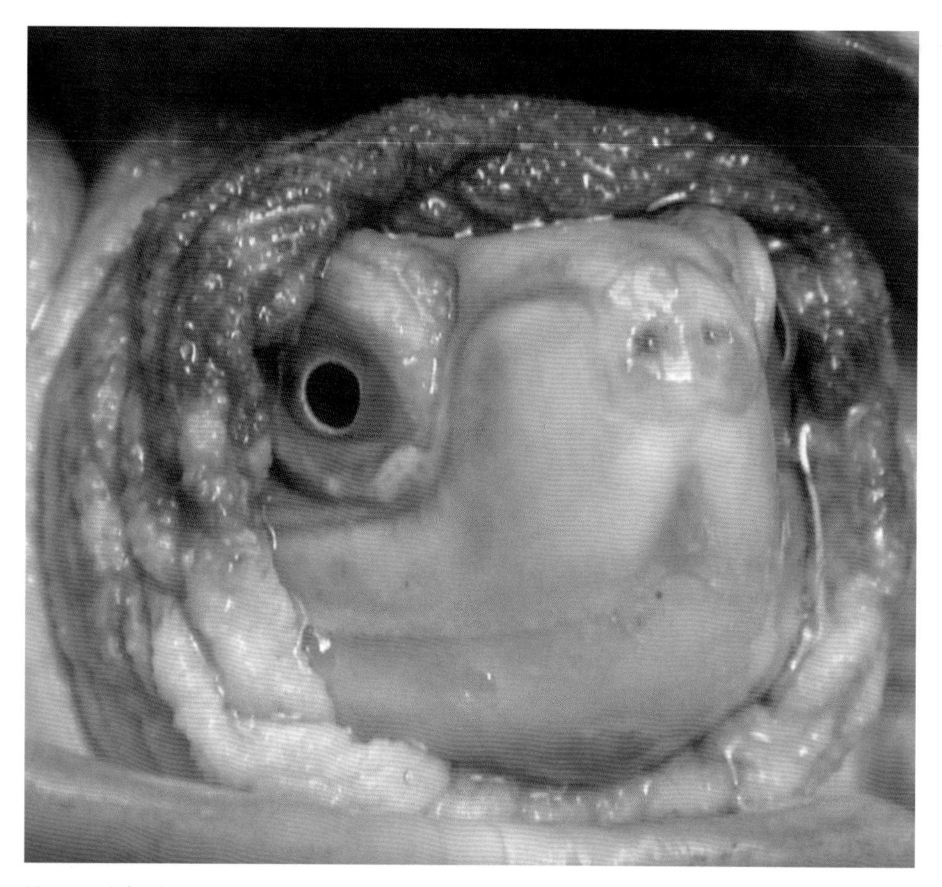

图 4-66　龟冬眠综合征（林向博提供）

图 4-67　龟冬眠综合征治愈（林向博提供）

升：2 毫克），为提高药物效果，升温 2℃，进行药物浸泡，每天 1 次，长时间浸泡，连续 3 天。2012 年 3 月 16 日龟主反馈，龟已恢复摄食，病灶消失，痊愈（图 4-67）。

6. 龟腐甲病

2012 年，江西宜春读者晏祖民反映，他养殖的鳄龟出现烂甲病（图 4-68）。他共养殖鳄龟 48 只，最重的近 9 千克，小的 3~3.5 千克，平均 4.5 千克左右。烂甲比例 100%，其中近十几只烂甲比较严重，龟精神委靡不振，不吃食。主人

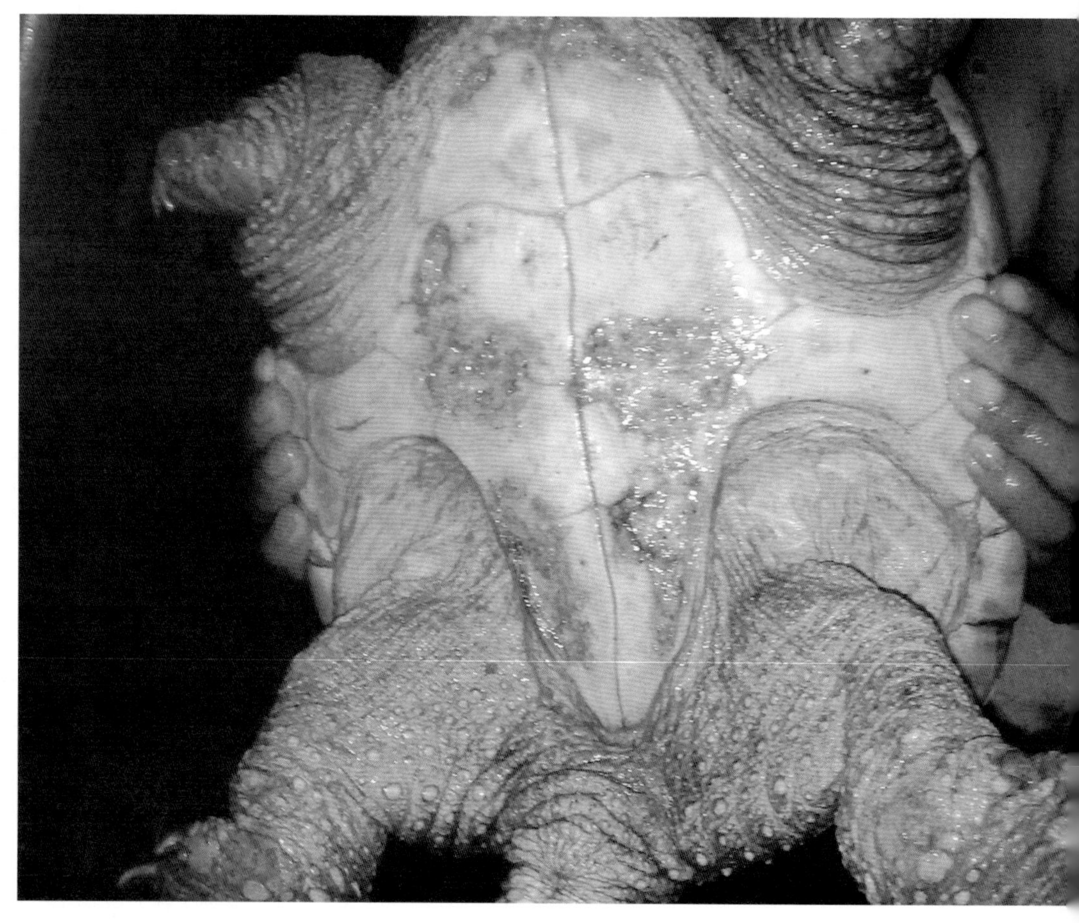

图 4–68　龟腐甲病（晏祖民提供）

用碘酒消毒，再用百多邦外擦，效果不明显。笔者建议治疗方法：①将烂甲病灶挖干净，用生理盐水清洗后，涂上青霉素原粉，之后用创口贴封住；②肌肉注射左氧氟沙星（0.2 克：100 毫升），每只龟每次注射 2 毫升，连续 3 天。

2012 年 8 月 28 日，广东云浮读者刘萍反映，她养殖的黄缘盒龟出现腐甲病，有进食，活动也较灵活（图 4–69），需要进行治疗，请求帮助。笔者建议处理方法：肌肉注射头孢噻肟钠，每天 1 次 0.1 克，连续 3 天；用青霉素和链霉素浸泡，每千克水体中加入青霉素 40 万个国际单位和链霉素 50 万个国际单位，每天 1 次，连续 15 天；用达克宁软膏涂抹病灶，连续 30 天。

图 4-69　龟腐甲病（刘萍提供）

7. 龟腐皮病

腐皮病是一种细菌性疾病，是鳖体表常见的传染性疾病，也能感染龟体表成为龟类腐皮病（图 4-70）。目前发现受感染的龟类有锦龟、剃刀龟、黄缘盒龟等。感染后的龟背部、腹部、脚部甚至头部皮肤腐烂，龟的生长和繁殖受到严重影响，严重的腐皮病如果感染到龟的头部，会造成一定的死亡。在治疗中，严重的腐皮病已成为疑难病症，需要科学有效的方法进行治疗。

治疗方法：对于不太严重的腐皮病，可以在清除体表腐烂的病灶后，涂抹红霉素软膏；对于严重的腐皮病采用药物浸泡，具体为：第一天用头孢噻肟钠 3 克加地塞米松 1 毫克加 2 升水的药浴，第二天用青霉素 320 万个国际单位加 1 升水浸泡，然后腐皮脱落，逐渐痊愈。

图 4-70　锦龟腐皮病

8. 龟疖疮病

2012 年广东茂名沙琅镇读者梦云反映，她养殖的鳄龟发生疖疮病（图 4-71），经过笔者指导治愈。治疗方法：挖出病灶里的腐烂物质，用聚维酮碘涂抹，再用达克宁涂抹 3 天，之后用红霉素软膏涂抹 3 天。

2012 年 10 月 20 日，北海的陈俊豪养殖的鳄龟苗发生疖疮病。病情比较严重，疖疮与腐皮并发（图 4-72）。此前用"黄金败毒散"治疗，效果差，易复发，对于能摄食的部分鳄龟苗有自愈的情况，但不摄食的难以治疗。体表疾病一般是因环境恶劣造成的。注意消毒，改善环境。常用消毒药物是食盐，聚维酮碘，二氧化氯，生石灰等。因此，建议治疗方法是：挖出疖疮中的腐败物质、豆腐渣之类；并用双氧水清洗干净；用达克宁涂抹两天，每天多次；接下来用红霉素软膏涂抹 3 天；治疗期间干养为主，每天适当下水 1~2 小时。

2013 年 5 月 8 日，深圳读者彭俊反映，他从市场上买来鹰嘴龟病龟，主要

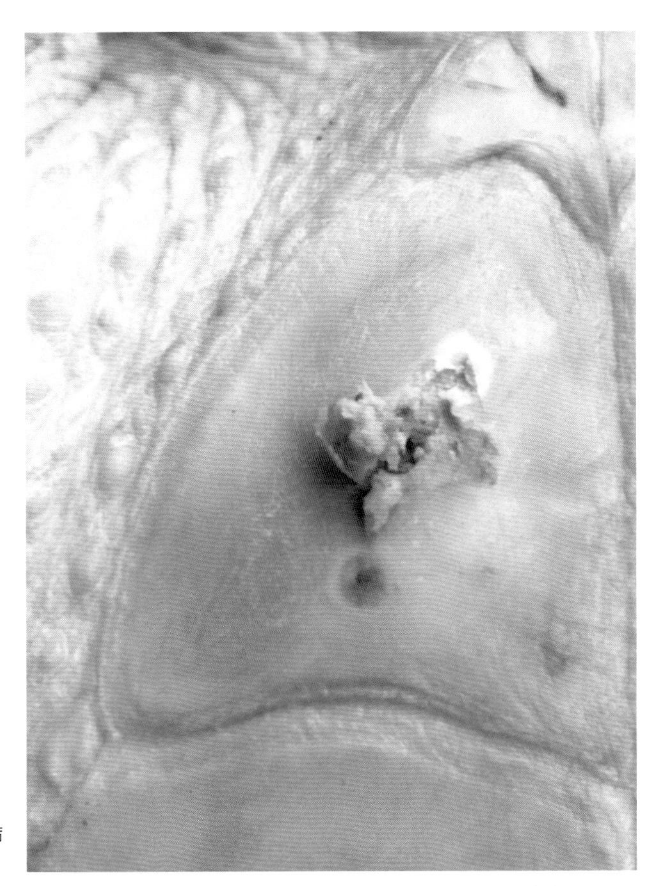

图 4-71 龟疖疮病
（梦云提供）

图 4-72 龟疖疮病
（陈俊豪提供）

chapter 4

是疖疮病，龟下巴和腹部有病灶，其腹部有穿孔迹象，部分皮肤受损有发炎现象，并且不活动，不觅食（图 4–73）。2013 年 5 月 23 日，龟主反馈，经笔者指导，使用达克宁及红霉素各涂抹 3 天后，炎症明显消失，龟已恢复活力并觅食互动（图 4–74）。

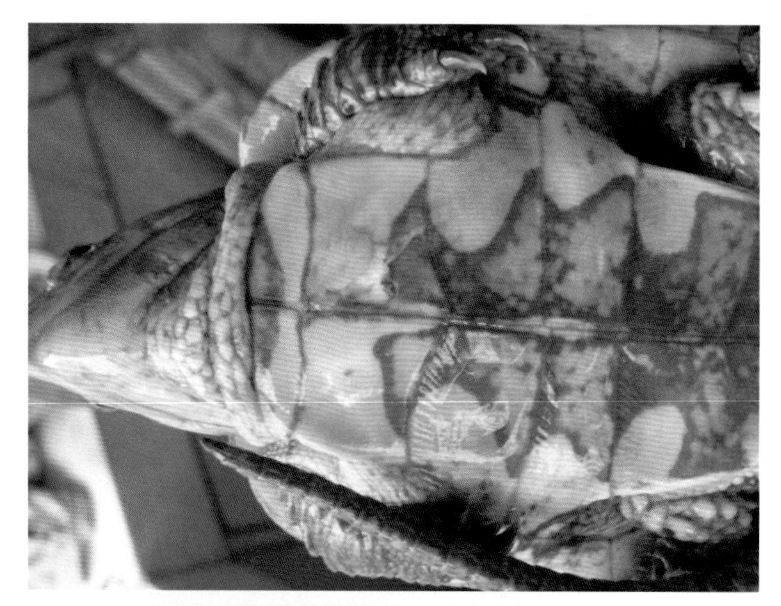

图 4–73　鹰嘴龟疖疮病治疗前（彭俊提供）

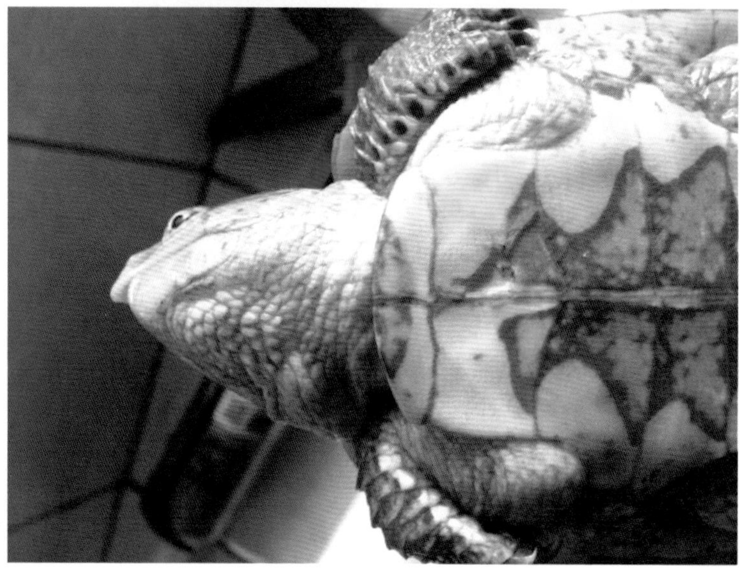

图 4–74　鹰嘴龟疖疮病治愈后（彭俊提供）

9. 龟畸形病

龟鳖畸形病在生产中较为常见。发现较多的是金钱龟、石龟、黄缘盒龟、鳄龟、珍珠鳖等（图 4–75、图 4–76）。主要特征是背部特别拱曲，脊棱弯曲，尾部萎缩，甲壳缺刻，甚至缺少一只脚等。造成畸形的原因主要有：亲近交配引起的后代基因突变；龟鳖在孵化中或胚胎正在发育过程中，突然遭受雷电袭

图 4–75　金钱龟畸形病

图 4–76　石龟畸形病

chapter
4

击，引起强力震动，破坏了胚胎的正常发育；在孵化中人为搬动、动作激烈等都可能致畸。实例分析了高锰酸钾对龟鳖致畸的可能性。

实践中发现，高锰酸钾应用于龟体浸泡消毒是一件很普通的事，但过度使用，可能导致畸形发生。广东读者刘萍就反映了这样的问题：她数年前曾饲养过两批当年的石金钱龟苗，第一批是8月份引进的当年6月份的苗，共13只。第二批是11月份引进的9月份的苗，共50只。饲养第一批苗时，因数量少，且是第一次饲养，当时是当宠物来伺候的。饲养前她曾浏览过网上的一些资料，资料说龟体可用高锰酸钾消毒，于是她当时每周用高锰酸钾消毒龟体一次。其中有一次，有四个龟苗背甲发现有白色絮状物，于是赶紧消毒，放多了高锰酸钾，因其与龟友在网上热聊，把它们忘记了，结果四个小宝贝在深紫色的高锰酸钾溶液里整整待了一个半小时，把它们捞起来后皮肤似乎都有些变色了。饲养第一批龟苗时，11月初当地曾有一次明显的降温过程，当时龟苗因为放在阳台上，没有及时移入室内，致使其中的4只龟苗感冒，明显症状是流鼻涕、张口呼吸。于是赶紧隔离消毒，用庆大等药物药浴治疗。其他未现感冒症状的，也用高锰酸钾消毒，然后用板兰根泡水预防，其他的龟仔，则消毒工作更是加紧了。饲养第二批苗时，由于有了第一批苗的经验，在饲养过程中除用高锰酸钾消毒器具外，并没有用高锰酸钾来消毒龟体，并注意水温的相对恒定，避免龟的应激反应。养殖结果，第一批石龟有畸形的，第二批没有用高锰酸钾消毒的没有一个是畸形的。

后来，刘萍遇到当地的一位朋友，他三年前引进了300多只当年的石龟苗，也是第一次饲养。可能是因为太勤快了，经常用高锰酸钾消毒。结果，300只苗中，有150多只苗是畸形的。有一次她与当地的一位养龟大户交谈，获知了一件事，博罗一位养殖户，有一年养了数百只石龟苗，那个养殖户有一段时间外出，嘱咐十多岁的儿子给龟苗消毒，结果他儿子经验不足，高锰酸钾下多了，数百只龟苗大部分都变成了畸形。

在龟养殖过程中，刘萍不赞成用高锰酸钾直接消毒龟体，但可用于饲养场地和器皿的消毒。但须注意以下几点：①对物品消毒，用0.1%~1.0%溶液，浸泡 10~30 分钟。②水溶液暴露于空气中易分解，应临用时配制。③消毒后的物品和容器可被染为深棕色，应及时洗净，以免反复使用，着色加深难以去除。④因氧化作用，对金属有一定腐蚀性，故不宜长期浸泡。消毒后应将残留药液冲净。⑤勿用湿手直接拿取本药结晶，否则手指容易被染色或腐蚀。⑥长期使用，易使皮肤着色，停用后可逐渐消失。

10. 龟寄生虫病

龟的寄生虫不断被发现。常见的有线虫、蜱虫和原虫等。笔者见过台湾黄缘盒龟体表寄生有蜱虫（图 4–77）。对蜱虫的处理方法：发现停留在龟皮肤上的蜱虫时，切勿用力撕拉，以防撕伤组织或口器折断而产生的皮肤继发性损害。可用氯仿、乙醚、煤油、松节油或旱烟涂在蜱头部待蜱自然从皮肤上落下。杨军收集的野生四眼斑龟发现其大便中携带线虫（图 4–78）。杀灭线虫，可服用“肠虫清”，每片 0.2 克，每只大龟每次喂半片即 0.1 克（图 4–79）。龟原虫病在广东惠州被发现，石龟背甲和腹甲上像水泡一样的亮晶晶的胞囊病灶，并在池壁上发现同样的病灶。此外，广西玉林读者也发现原虫寄生石龟，经过治疗后原虫脱落处留下了坑（图 4–80）。像这样的龟原虫病，在国内首次发现。

图 4–77　寄生在台湾黄缘盒龟体表的蜱虫

2013 年 4 月 13 日，惠州读者龟主胡锦龙反映，一周前发现石龟身上寄生像水泡样的病灶，池壁上也有发现，去除病灶后，甲壳上留下一个个小坑，好像腐甲病初期（图 4–81、图 4–82）。玉林群友吉祥的石龟背甲上也发现小坑状病灶。因此分析，常见石龟或其他龟背甲上有小坑的腐甲现象，可能与寄生虫

图 4-78　寄生在四眼斑龟体内的线虫（巫世源提供）

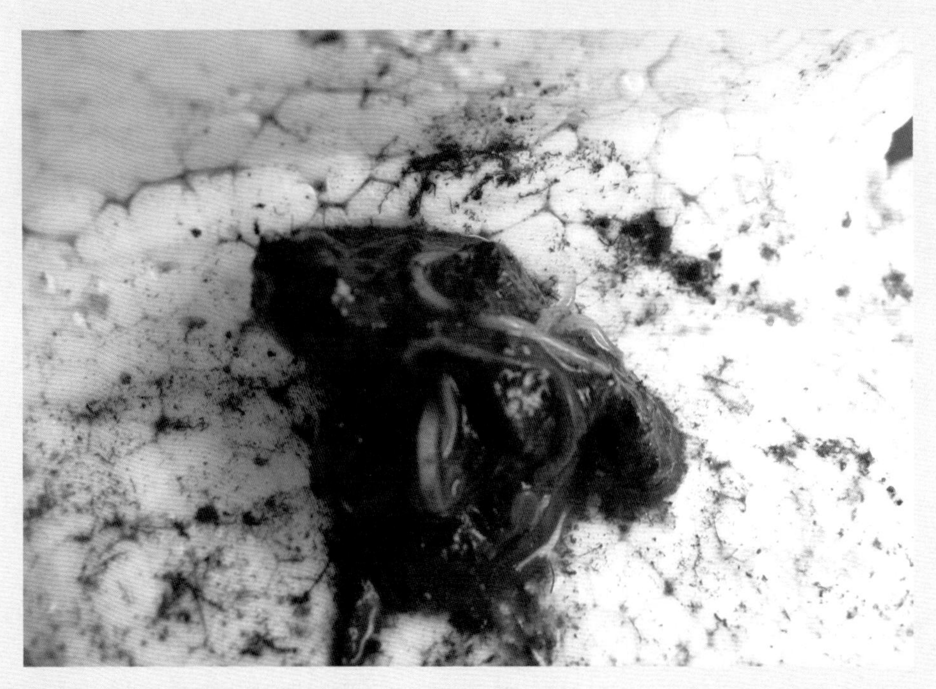

图 4-79　寄生在四眼斑龟体内的线虫药物杀虫后（巫世源提供）

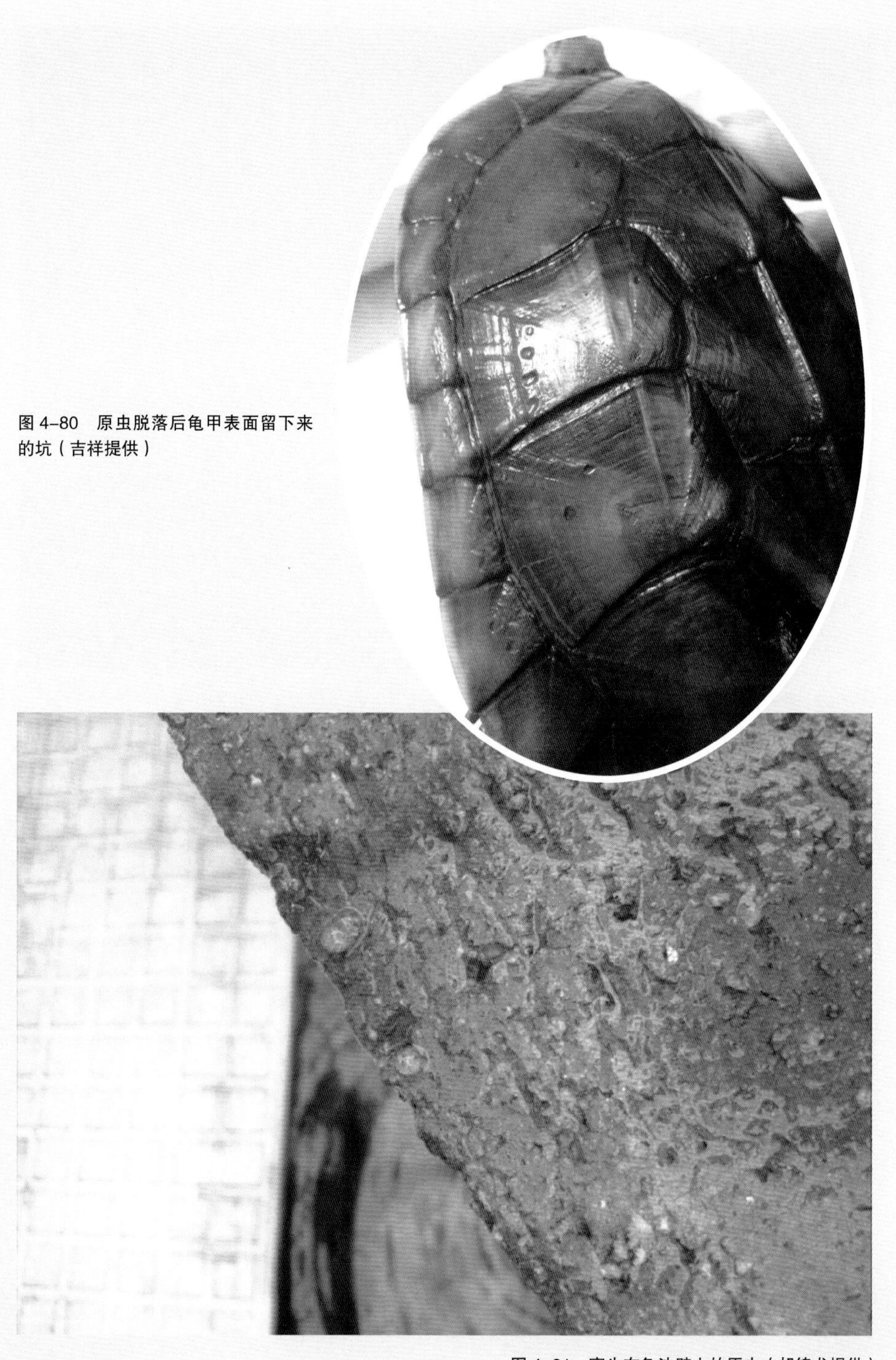

图 4–80　原虫脱落后龟甲表面留下来的坑（吉祥提供）

图 4–81　寄生在龟池壁上的原虫（胡锦龙提供）

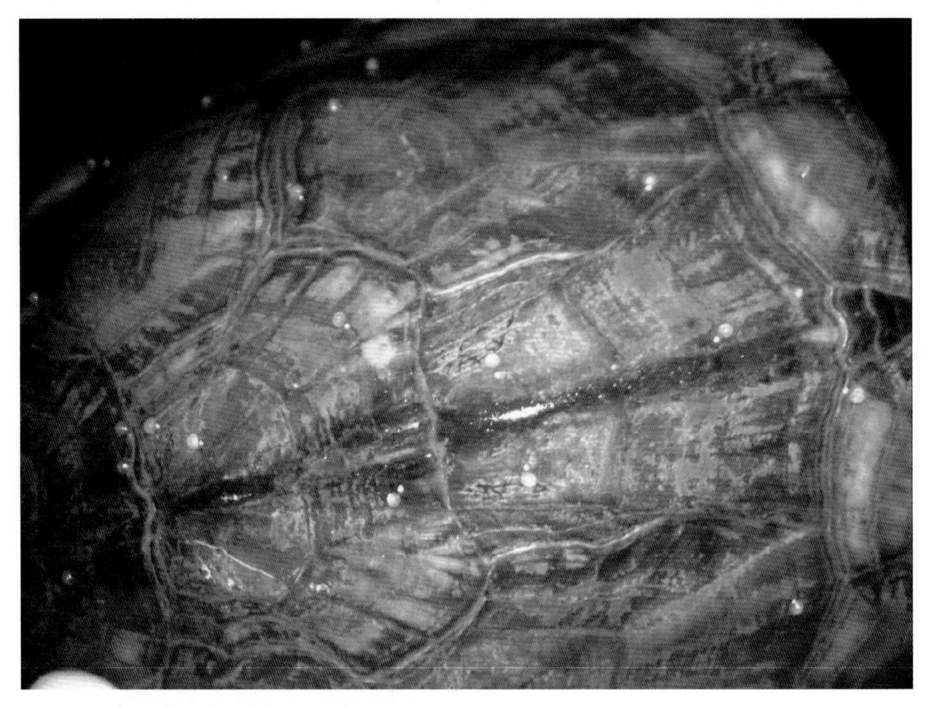

图 4-82　寄生在石龟背甲上的原虫（胡锦龙提供）

病有关，是原虫寄生后留下来的病灶。不仅龟背甲、腹甲上有寄生，池壁上也有寄生，这与小瓜虫的特性一致。小瓜虫不仅寄生宿主，常常在池边或草上形成胞囊。

石龟原虫病的发病原理：发病石龟背甲和腹甲上肉眼可见零星分布白色小点状囊泡，所以龟主看到后称水泡。这种原虫，寄生到龟甲上，刺激寄主组织增生，形成一个白色脓泡。虫体在内分裂繁殖，至一定时期冲出脓泡，在水中自由游泳相当一段时期后，在池壁形成胞囊，虫体在内分裂成数百至数千，幼虫冲破胞囊出来在水中游泳找寻寄主，接触到龟甲，即进入盾片，进行新的生活周期。龟主反映，此原虫只寄生在龟的背甲和腹甲，龟的皮肤上未见寄生虫。

经诊断为石龟原虫病，其治疗方法如下。

① 将发病池的所有龟抓起来，清除龟身和池壁上的原虫，池壁上用刀片刮除，龟身上的原虫用牙刷清除；

② 将池水放干，对龟池进行消毒，方法是用“84”消毒液，浓度为30毫克/升，全池泼洒，包括池壁等处，4小时后，放入新水冲洗几遍，再注入等温新水；

③ 对病龟，用3毫克/升的“84”消毒液反复刷洗，以杀灭原虫，未发病的石龟同样刷洗一遍。然后将清除原虫后的石龟放入原池。此外，所有的工具必须经过消毒处理。

2013年5月9日，龟主反馈，按照笔者的方法，经过消毒3次后，龟原虫病已痊愈（图4-83）。

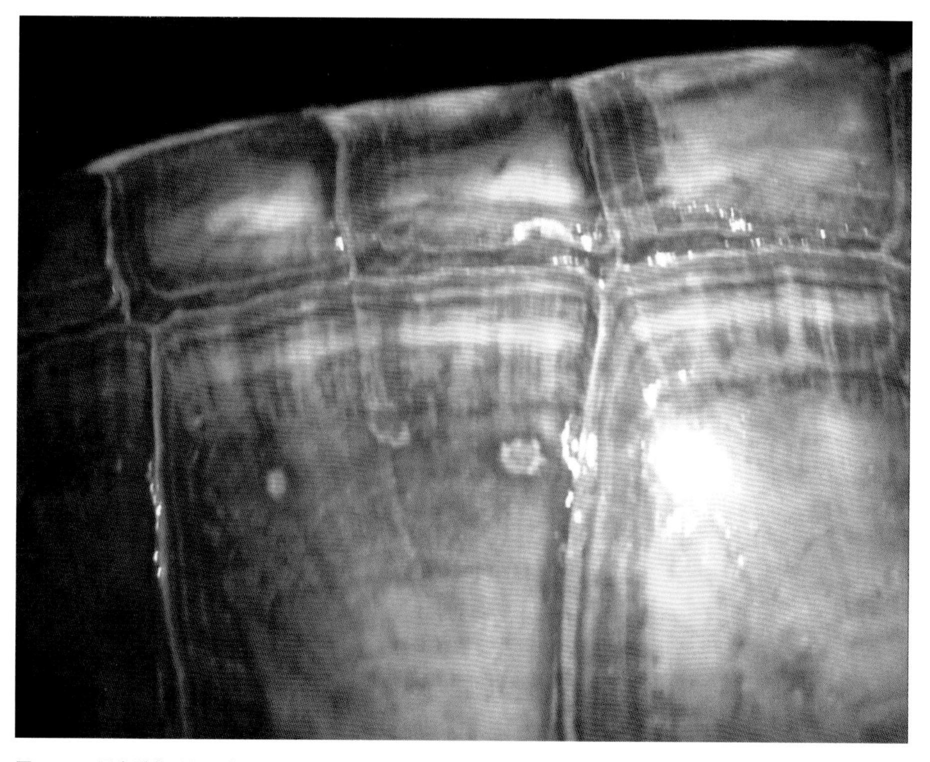

图4-83 原虫脱落后龟甲表面留下来的坑（胡锦龙提供）

11. 龟生殖器脱出症

龟鳖生殖器脱出症一直是困扰养殖生产的疑难病症。究其原因是使用了一

chapter 4

些生物激素含量比较高的动物饵料，或者使用了不合格的配合饲料。病症发生后，一般束手无策，如不及时治疗，或将其生殖器直接剪除，会因失血过多而死亡。这样做显然是不科学的，那么怎样解决这类疑难问题呢?

目前采用的解决方法主要有两种：一是保守疗法，就是将脱出的生殖器塞入泄殖孔内，用创可贴封住，8 小时后松开观察，如果有效，需要静养几天，待稳定后，继续投饵，排泄通畅，并且生殖器不再脱出为痊愈；二是手术切除，对于保守疗法无效，生殖器仍然脱出时需进行手术。关键技术：①手术前，用氧氟沙星注射液对患部进行消毒处理；②用扎线从生殖器的根部进行结扎；③结扎 24 小时后将已经坏死的生殖器部分切除，同时涂抹消毒药物。此外，预防生殖器脱出的主要方法是，不随意使用海杂鱼、虾之类的生物激素含量较高的动物饵料；对于温室鳖生殖器脱出症，可将病鳖静养在一个池子，更换口碑好的品牌配合饲料，适当减少投喂量，补充复合维生素，必要时进行手术治疗。笔者指导的实例较多。

2012 年 9 月 14 日，广西北流市网名为“蝴蝶”的读者，遇到鳄龟生殖器脱出的问题，在笔者的指导下，采用保守疗法，结果鳄龟痊愈，现已正常恢复摄食（图 4-84、图 4-85）。

2012 年 5 月 17 日，广西北流市网名为“只求更好”的读者，遇到同样的问题，一只鳄龟生殖器脱出，在笔者的指导下，先是采用保守疗法不见效果，之后采用手术治疗，顺利解决了疑难问题，目前这只鳄龟状态良好，已经恢复摄食和正常排泄功能。

2013 年 3 月 28 日，茂名读者“饮水思源”反映，他的石龟发生生殖器脱出现象（图 4-86），上中国龟鳖网群求治。笔者指导：用生理盐水清洗龟生殖器；将龟生殖器送回泄殖腔；用胶带纸封住生殖器不要脱出，第二天早晨将胶带纸松开。看情况，可能需要反复操作几次。龟主当天晚上，将生殖器送进泄殖腔，推的过程中有少量血水渗出。第二天，石龟正常，未见生殖器脱出（图 4-87）。第三天，龟已恢复摄食，痊愈。

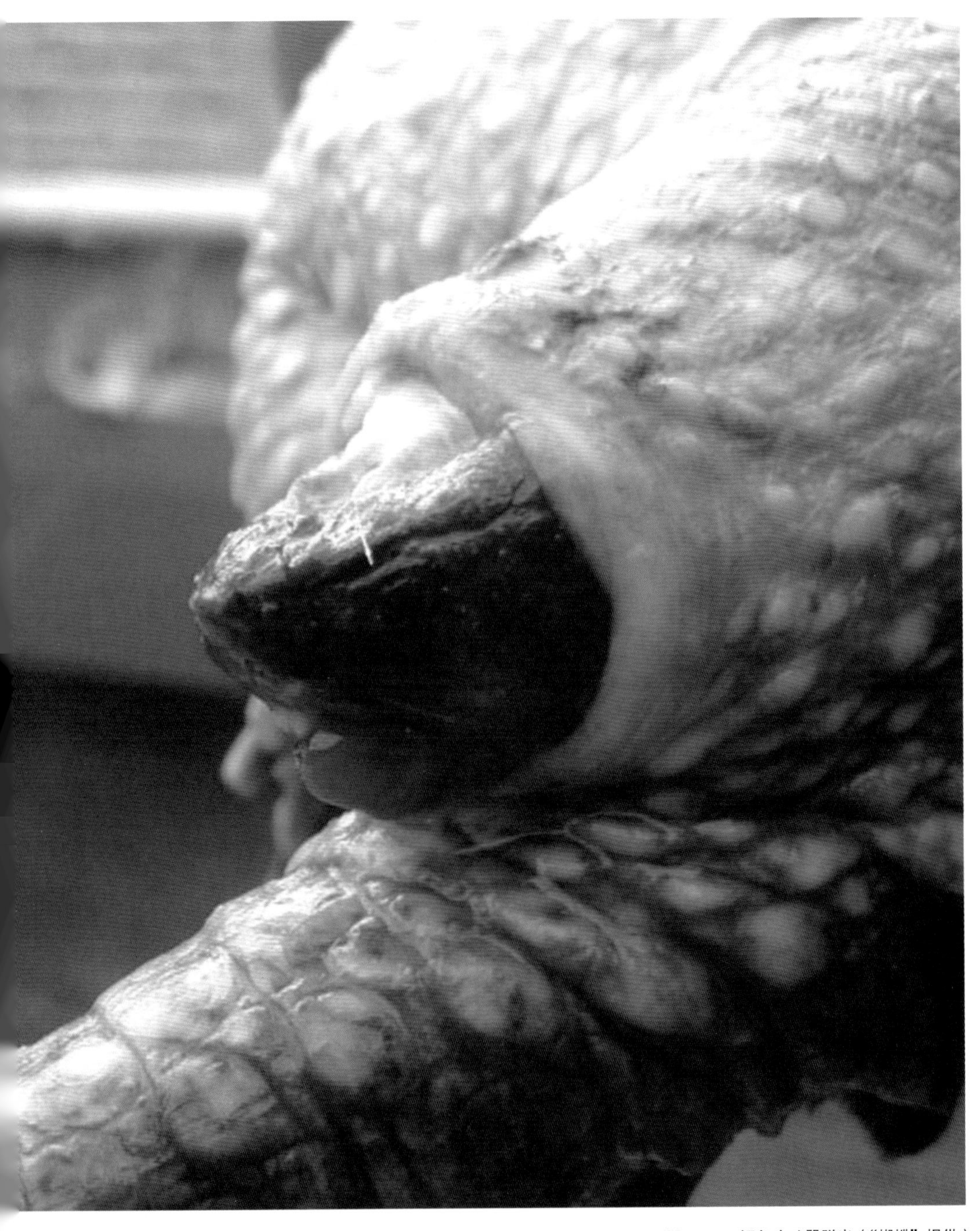

图 4-84　鳄龟生殖器脱出（“蝴蝶”提供）

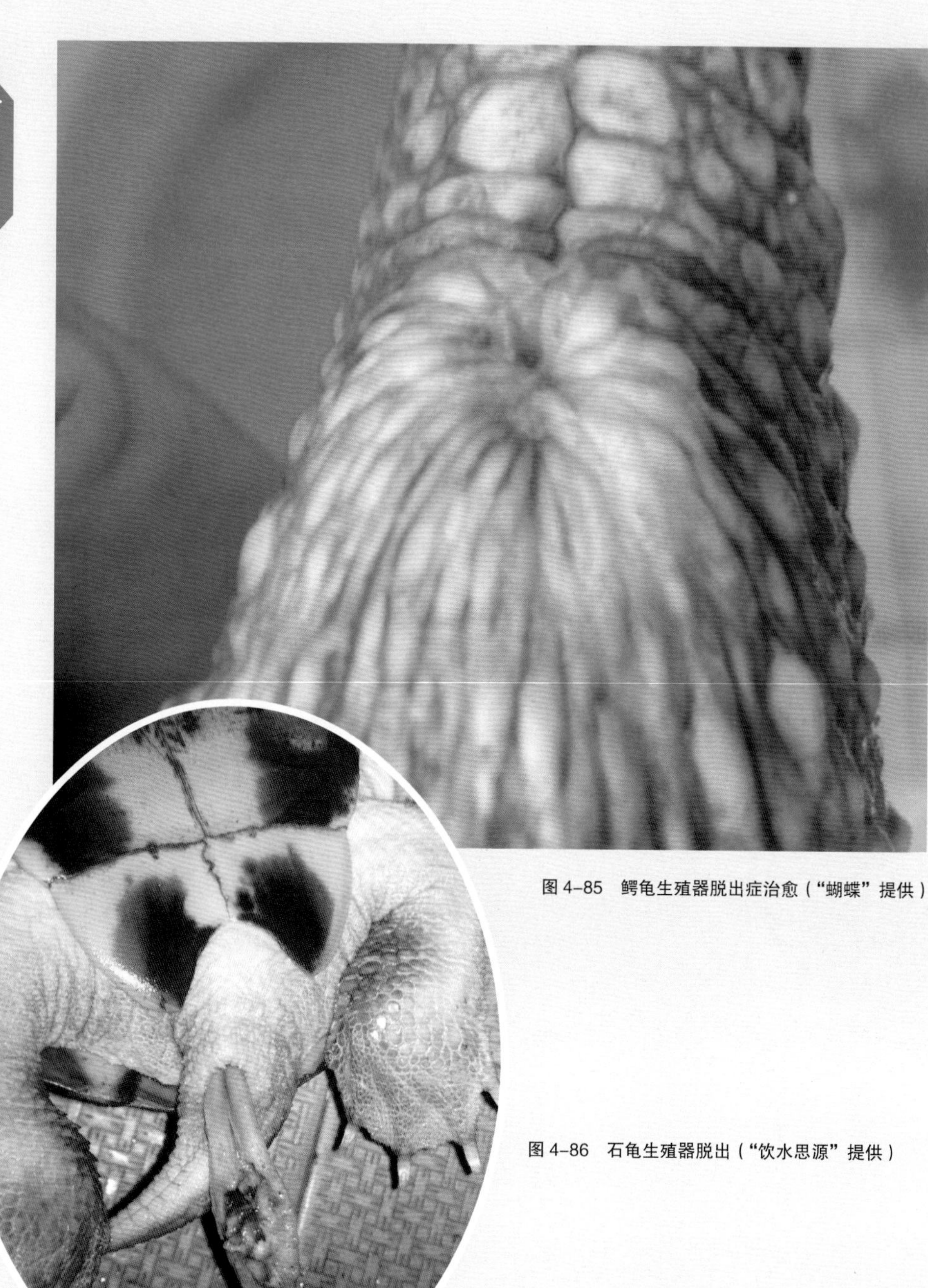

图 4-85　鳄龟生殖器脱出症治愈（“蝴蝶”提供）

图 4-86　石龟生殖器脱出（“饮水思源”提供）

图 4-87　处理后第二天生殖器未见脱出（“饮水思源”提供）

chapter 4

12. 龟生殖器肿大症

2012 年 9 月 22 日，广东云浮刘萍反映，她养殖的石龟出现生殖器肿大症。据她说是朋友的石龟寄在她家里养殖，两只雄性石龟中有一只龟生殖器肿大，特别粗，在水中三次见到有血水染红水体，已停食。分析可能是这只病龟生殖器有炎症，发炎的原因有可能是交配频繁引起，秋季是龟交配的旺季，两只雄龟也经常骑在对方身上进行交配，会不会是生殖器在交配时受伤？又或者几天没有喂食，生殖器伸出来时不小心被对方咬伤？此龟体重 800 克（图 4-88）。治疗方法：氧氟沙星注射液，规格 0.1 克 ：5 毫升，注射剂量为每次 1.5 毫升，每天 1 次，连续 6 天为 1 个疗程（实际使用剂量 0.1 毫升，一次见效，并使用青霉素浸泡）。2012 年 9 月 23 日，刘萍反馈治疗结果显著，龟已恢复摄食。她说："那只打针的龟今天我丢了两小片猪肉给它，它都吃掉了。前三四天我喂它鱼，它都不吃，试了两次都不吃。"对于注射剂量，她没有按照我说的，而是按照说明书，每千克动物体重一次注射 0.1~0.2 毫升。9 月 22 日晚，她用 2.5 毫升

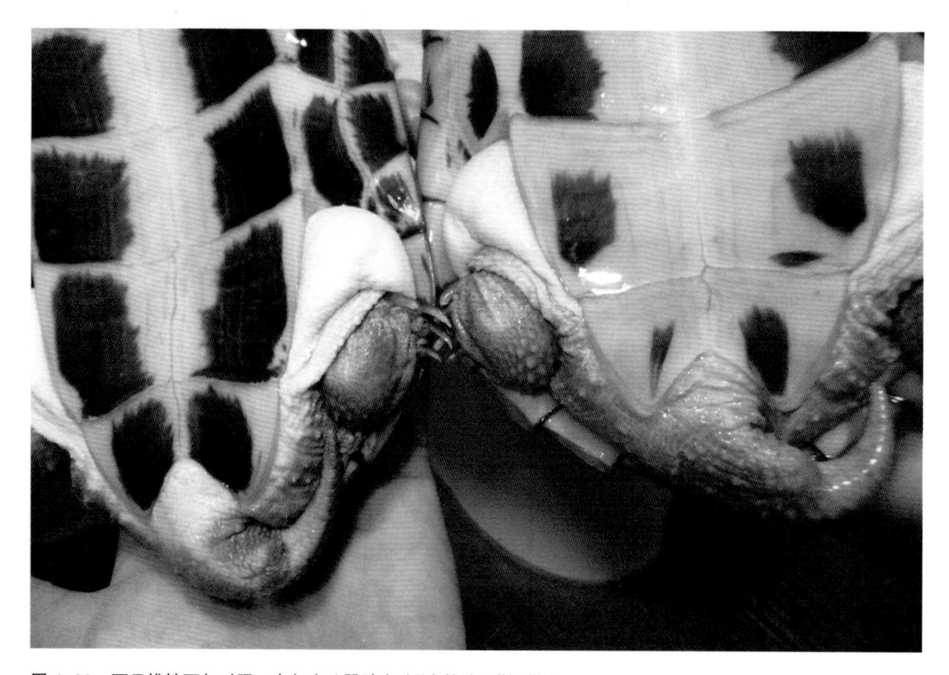

图 4-88　两只雄性石龟对照，右龟生殖器肿大（"水静犹明"提供）

的针筒仅注射了 0.1 毫升，没想到效果这么快，今天就开始摄食了。此后，病情有反复，又出现拉血现象，因此继续注射。剂量：氧氟沙星注射液，规格 0.1 克：5 毫升，每次 0.5 毫升，连续两针后恢复摄食，给 5 片小鱼肉，吃了 4 片，不再拉血。

2012 年 9 月 11 日，广东茂名市沙琅镇读者梦云发现有个石龟种龟，体重为 1 千克，雄龟泄殖孔附近肿大，交配时擦伤。建议治疗方法：每天肌肉注射头孢曲松钠 0.2 克，剩下的药物用于浸泡，注射了两天。13 日改用左氧氟沙星（规格为 0.2 克：100 毫升）水剂，直接抽取药水注射，每次注射 2 毫升，连续 6 天。18 日基本已经消肿下水。

13. 龟脱肛症

2012 年 5 月 1 日，钦州出现鳄龟脱肛症（图 4−89）。龟主 Tiffany 反映，昨天发现她养殖的 3 只鳄龟中 1 只出现脱肛症，起因是这段时间喂了 10 天的海鱼。

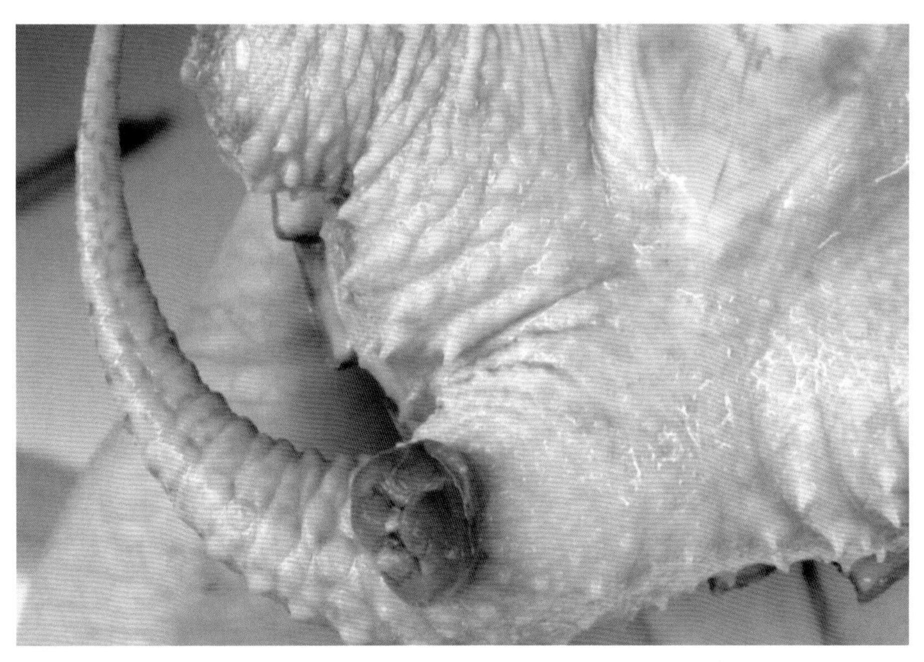

图 4−89　鳄龟脱肛症（Tiffany 提供）

由于目前海鱼处于生殖季节，其生物激素含量较高，鳄龟摄食后，受性激素刺激后引起脱肛。治疗方法：将露出的脱肛部分塞进泄殖孔，并用创可贴或胶带纸暂时封住，晚上封住，第二天早晨解除；用青霉素药液涂抹泄殖孔，预防感染；更换饲料，不再用海鱼投喂，但可以使用未发育的淡水鱼。

2012 年 6 月 2 日，南宁读者蓉儿养殖的乌龟脱肛（图 4-90），已经破口冲血，上了一些云南白药粉。笔者建议采用保守治疗的方法，具体将脱肛的外露部分塞进泄殖孔内，再用创可贴或胶带纸封住，晚上封好，第二天早晨放开，每天 1 次，一般需要 3 次；暂时停止使用颗粒料和海鱼。可以用河鱼投喂，将河鱼的性腺清除掉，投喂小刀鱼也要去性腺。治愈后，颗粒饲料需要换新的可靠的品牌饲料。

2012 年 6 月 4 日，天津读者 Hedy 反映，她养殖的麝香龟脱肛。原因是上周产卵后出现此症，并且越来越严重。可能是产卵后泄殖孔周围的肌肉组织受损松弛，短期难以恢复导致脱肛（图 4-91）。治疗方法：①将泄殖孔周围用双氧水消毒；②将脱出额部分塞进泄殖孔；③用创可贴或胶带纸封住，一般晚上封上，第二天早晨解除封贴。需要 3 次左右，每天 1 次。

图 4-90　乌龟脱肛症（蓉儿提供）

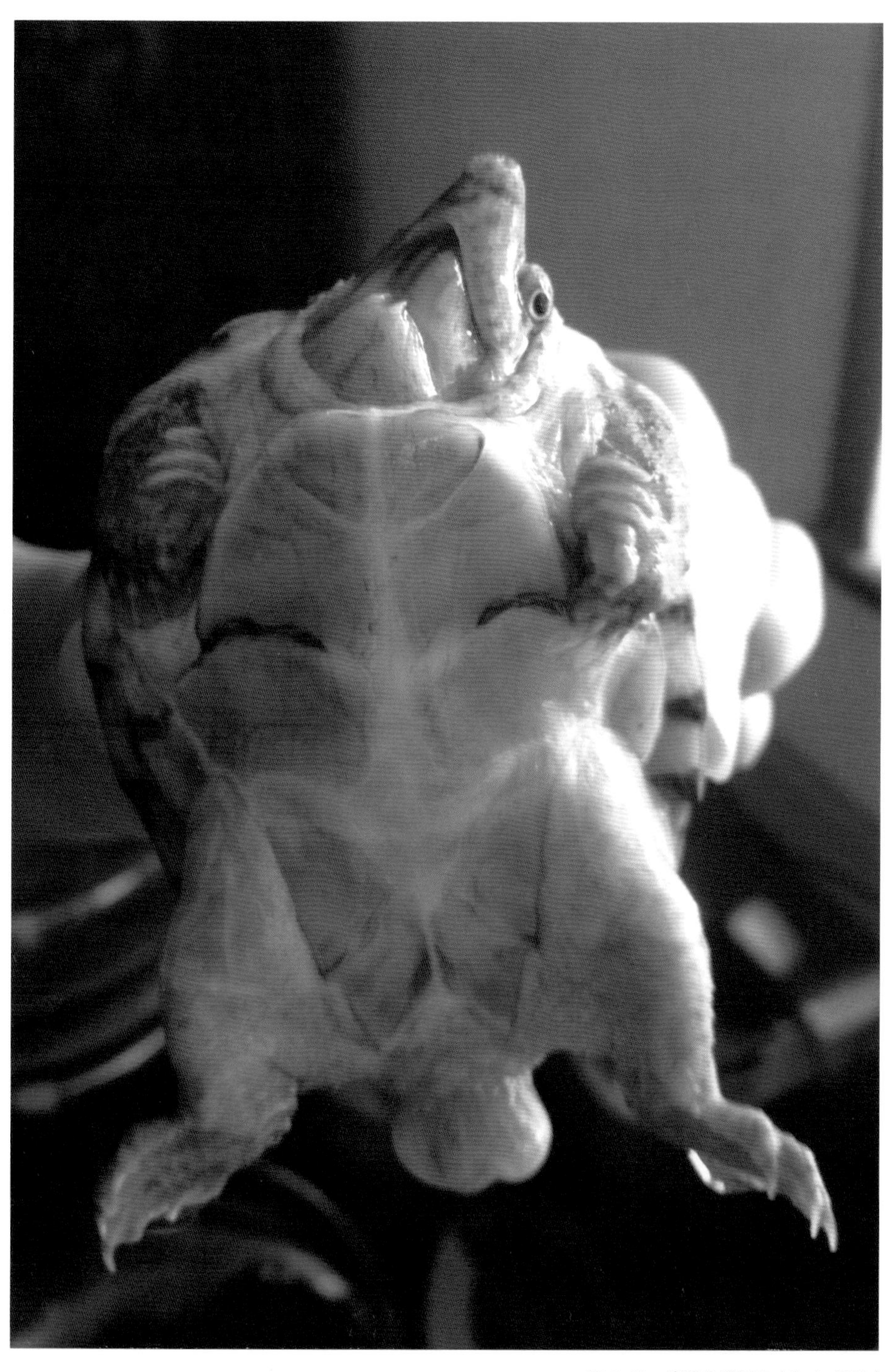

图 4-91　麝香龟脱肛症（Hedy 提供）

14. 龟水霉病

2012 年 7 月 6 日，广东茂名市霞洞镇网友 Chaser 反映，他养殖的鳄龟苗，买回来一周左右的时间，发现全身长毛已有三四天时间，以为是水霉病（图 4-92）。据了解这些鳄龟苗养殖在室内，池水温度 29~30℃。从鳄龟苗体表上的病灶观察，诊断是水霉病。治疗方法：使用亚甲基蓝全池泼洒，终浓度为 3 毫克 / 升，每天 1 次，连续 2 次。

2012 年 1 月 12 日，上海网友“虫虫”反映，她养殖的鳄龟是去年拿的苗，苗拿回来后就放进新彻的水泥池（水泥池只用水浸了半个月而已）不久就有这样的情况了。陆陆续续死了 150 多只，现在还有 3 只是这样的情况，其他的放到大盆里情况已稳定。根据图片上病灶进行分析，确诊为水霉病。具体的治疗方法：用毛刷刷除水霉菌，并用生理盐水清洗病灶。用达克宁涂抹，反复多次，每次涂药后需要干放一段时间；用亚甲基蓝全池泼洒，终浓度为 3 毫克 / 升。

2012 年 10 月 13 日，广西钦州洪志伟养殖的石龟苗发生水霉病（图 4-93）。

图 4-92　鳄龟水霉病（Chaser 提供）

图 4-93　石龟水霉病

根据笔者的建议进行治疗：用毛刷刷除龟体表的水霉；用亚甲基蓝全池泼洒，浓度为 3 毫克 / 升；对于个别严重的石龟苗可用达克宁涂抹。

15. 龟顽固性皮炎

2012 年 9 月 24 日，茂名电白水东镇读者陈杨帆反映，他家里养殖石龟，5 年的雌龟，6 年的雄龟，用胶板池养，水是自来水，三分之一是沙池，食物为鱼和南瓜饲料。发病已有 3 个月，主要病灶为龟的下颌和脖子有面积大小不一的红斑，少数龟的前腿也有红斑（图 4-94）。共 30 只石龟，发病率 50% 左右，龟的规格 1.0~1.5 千克。因怀疑患水霉病使用过金霉素、土霉素、聚维酮碘、高锰酸钾等药物浸泡，未见效果，尚未发生停食现象。两周前水体中见有红虫，2 天投喂 1 次，换水也是 2 天 1 次。池水深 17 厘米左右。时而见到白眼症状，这

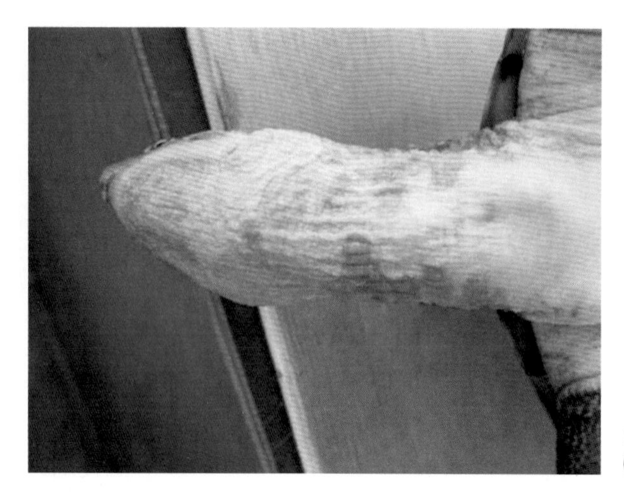

图 4-94 石龟顽固性皮炎
（陈扬帆提供）

与直接使用自来水，偶尔使用井水，不经过等温处理产生应激有关。分析认为，因经常应激引起龟的体质下降，环境消毒不够细致，导致细菌对皮肤的感染。初步诊断是顽固性皮炎。

防治方法：等温换水，杜绝应激再次发生；使用“双抗”浸泡，每千克水体加青霉素和链霉素各 40 万个国际单位；肌肉注射左氧氟沙星（0.1 克 ： 5 毫升）2 毫升，连续 6 天。

16. 龟氧气过饱和症

2012 年 5 月 6 日，来自海南澄迈的网友“东”反映，他养殖的巴西龟几天没喂，今天喂食后，过一会儿就发现死了一个，体表无明显症状，仅左侧下部腋窝处鼓起一块，打开后发现是个气泡撑的，不过这只肠道里没料。注意等温换水，水色不绿，基本透明，室内靠窗，内壁上长层绿色。

解剖发现，巴西龟肺部充满气泡，死亡由此而生。主要原因是养龟池壁上长满绿藻和苔藓，中午过后，阳光充足，绿藻的光合作用，使得水体中氧气过饱和，龟在此环境下，通过呼吸将过饱和氧气吸入肺部，过多的微气泡引起呼吸受到抑制（图 4-95）。主人明白死因后说：熬过一个冬天，居然氧死了。

解决方法：清除池壁大量的绿藻类植物，保持水体清爽的良好生态。

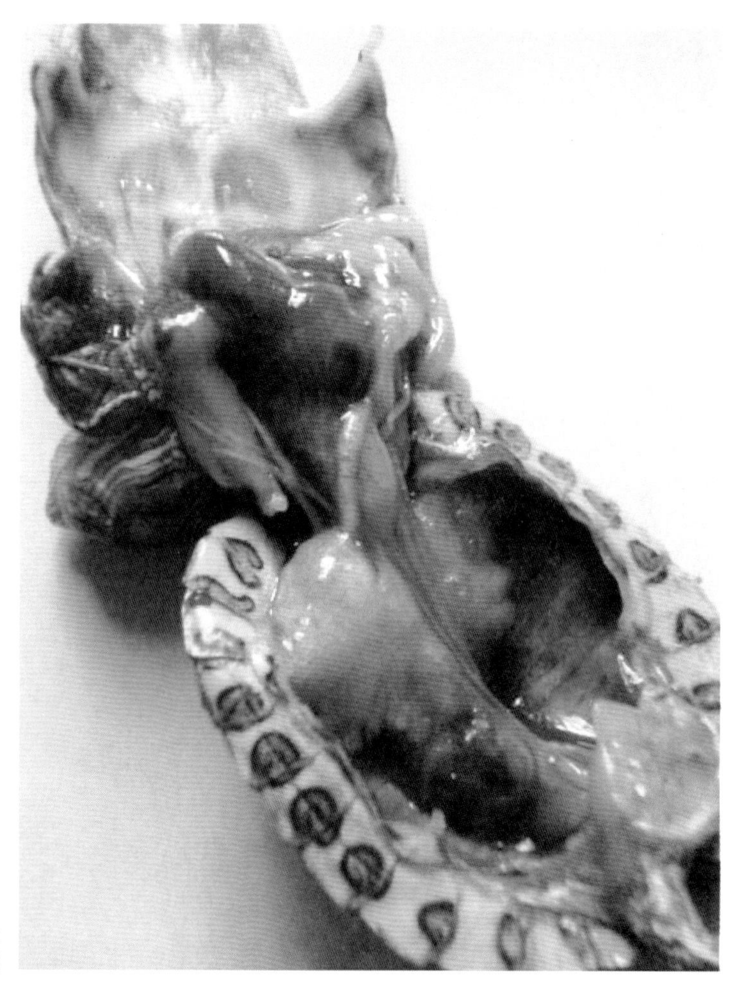

图 4-95　龟氧气过饱和症（“东”提供）

17. 龟咬尾

2012 年 8 月 11 日，南京的一位网友李明咨询，问他养殖的黄喉拟水龟为什么会发生咬尾现象，有什么办法避免。这位网友的养龟基本情况是这样的，饲养环境是塑料盒，长 70 厘米，宽 25 厘米，每个盒子放 5 只苗。实际上龟咬尾与三个因素有关，请注意在环境、密度和饲料三者中找原因，减弱光线，满足饵料，适当密度和大小分养都是避免咬尾的方法。此外，灯光的使用，照射在尾部，使得尾部发白，引诱其他龟类，以为是饵料，也是咬尾诱因。在上述分析中，最关键的因素是光线太强造成咬尾，为避免这一现象发生，在龟苗培育期，可将室内光线调到最暗，一般用窗帘布调节，平时拉上窗帘，不让外界光线透入室内，只是在投喂饲料时才打开窗帘，喂食完成后再拉上窗帘。不仅黄喉拟水龟会发生咬尾现象，黄缘盒龟、鳄龟等龟类也会发生（图 4–96）。

图 4–96　龟咬尾（柳英提供）

18. 龟疑似真菌性疾病

2011 年 5 月 22 日，广东云浮市读者冯晓光反映，他养殖的金钱龟脖子上经常长东西，长出来的那种皮肤病是一种黄色的增生物，刮了还会长，好像有根一样，老是找不到原因（图 4–97）。这只是第四只，前 3 只全死了。治不了，越长越大。前两只是一雄一雌，都是以脖子为主。其中一只到了后期连脚上都长。水是地下水，吃的全是新鲜的鱼肉。水泥池经过消毒才使用的。怀疑投喂

图 4-97　龟头颈一侧出现黄色增生物（冯晓光提供）

了广东鲮鱼和草鱼，其中有可能带有真菌性鱼病的病鱼，龟摄食后被感染真菌性疾病。不排除使用地下水，水温偏低，容易引起应激，使得龟的体质下降，在低温下，真菌容易感染。因此，初步诊断为疑似真菌性疾病。建议治疗方法：刮除病灶后用达克宁涂抹。2011 年 6 月 7 日反馈，病灶已经消失，使用达克宁涂抹效果很好（图 4-98）。

2012年10月9日，广西百色读者黄悦反映，一周前，别人送了两只金钱龟，回来后用矿泉水养殖，开始几天没注意，最近发现两只龟的头部和颈部（其中 1 只）有白色增生物病灶（图 4-99、图 4-100）。因此，加入中国龟鳖网群并寻求帮助。经过图片分析，初步诊断为：疑似真菌性疾病。治疗方法：治疗期间干养，每天适当下水 1~2 小时；将养殖箱水体全部排干，然后用“84”消毒液消毒，具体做法是将龟全部取出后，注入新水，然后在水里滴几滴“84”消毒液，

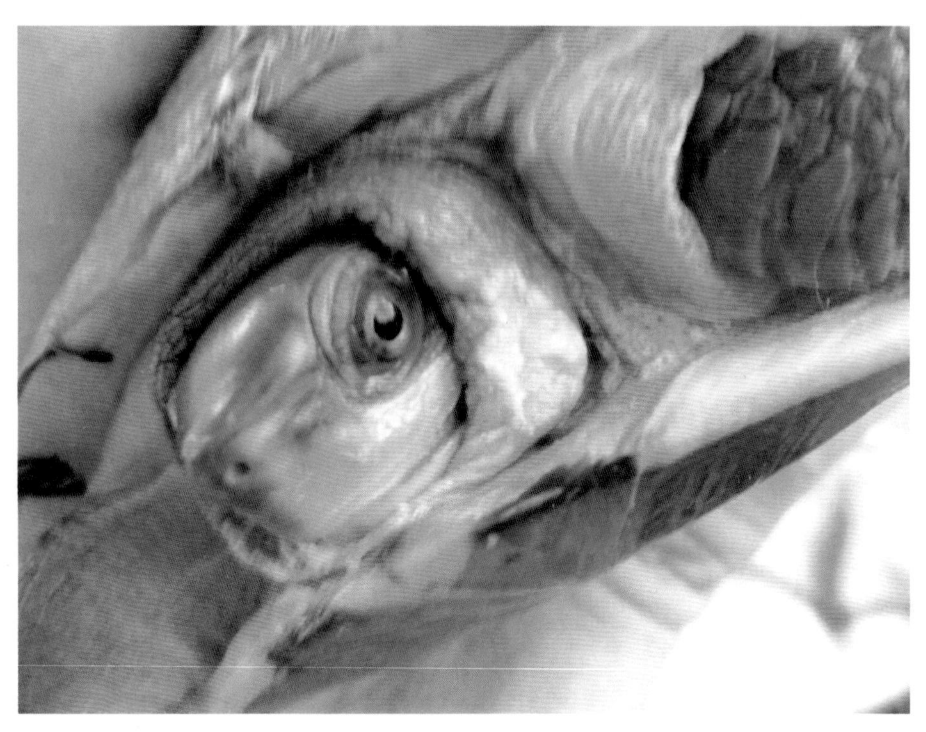

图 4-98　龟头颈一侧黄色增生物消失（冯晓光提供）

图 4-99　龟头部出现白色增生物（黄悦提供）

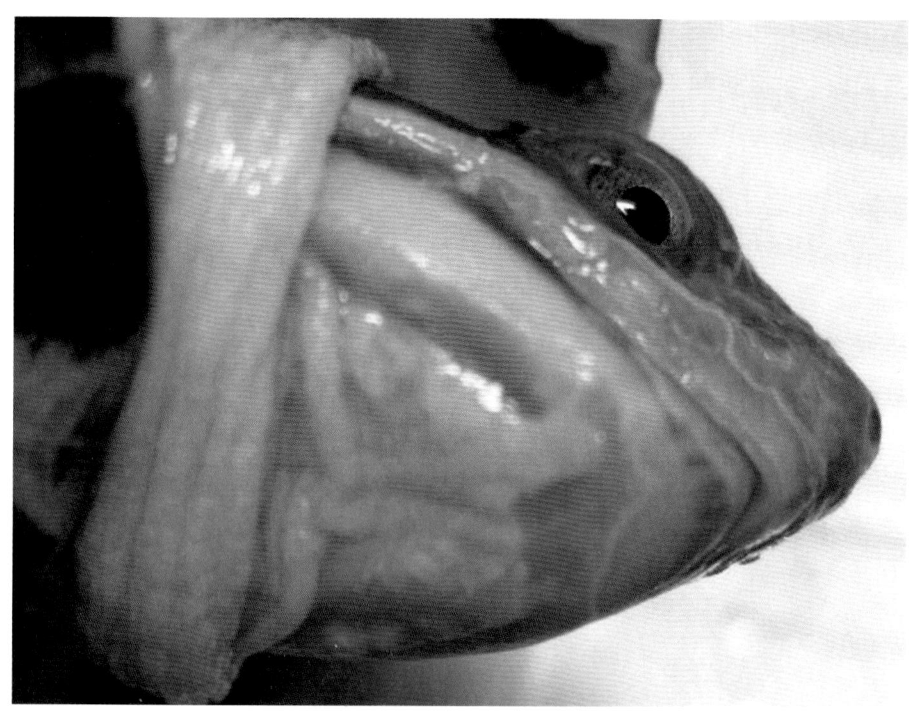

图 4-100　龟颈部出现白色增生物（黄悦提供）

并用海绵将箱内洗干净，浸泡 40 分钟进行消毒。然后，将消毒水排干用清水反复清洗，最后放入干净的等温水，水一定要预先静置，与自然温度相等后才可使用；用软毛牙刷将龟的头部和颈部病灶刷干净，边刷边用干净的水冲洗，直至病灶清除干净，不要怕皮肉外露，病灶不清除干净是不行的；用达克宁涂抹，每天多次，连续 4 天，第五至六天用红霉素软膏涂抹。用药第一天，病情根本好转，昨晚家里只有红霉素软膏，涂抹后，今天改用达克宁涂抹，干养，仅下水 1 小时，下午龟主反映已经见效，病灶明显消失，需要继续用药。但龟的嘴角病灶没有完全清除，需彻底清除后用药。用药第二天，龟主反馈，上午、下午各涂了一次达克宁，也是干养，还看到其中一只小龟吃虫子了，症状比昨天好转了。严重的那只小龟，脖子上基本看不出是生病的，嘴唇边的伤也已经结痂。放它们进水 1 个小时后，原先的病灶处没有发现有烂皮的现象，严重的那只已经恢复摄食，刚放入虫子，它就爬过来咬虫子吃。不过严重的这只小龟，感觉它比较胆小，靠近它时就缩头缩脑地躲到壳里去，不严重的那只比较活泼，放到地上一会儿就到处乱走。用药 7 天后，龟主反映，龟已痊愈（图 4-101、图 4-102）。

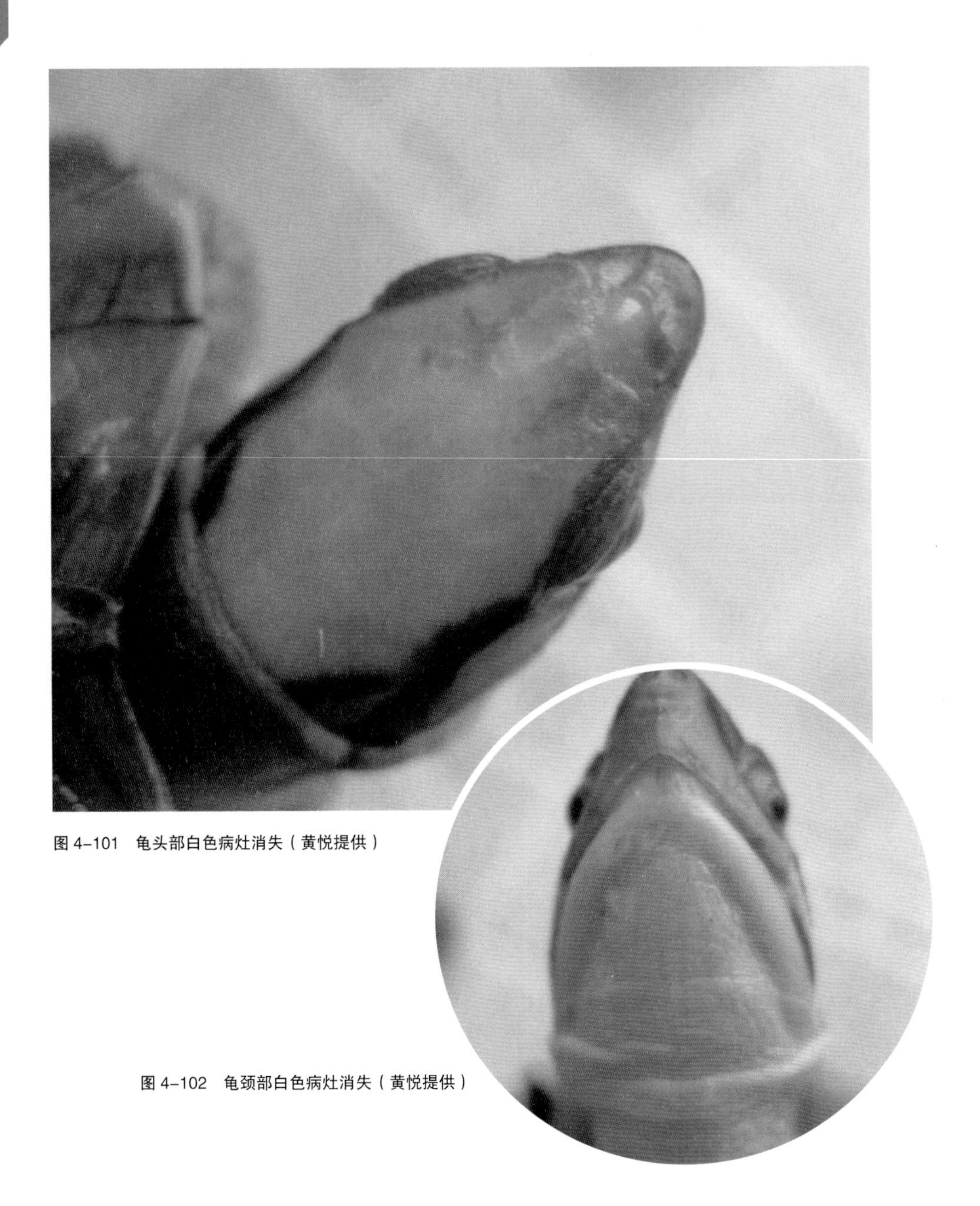

图 4-101　龟头部白色病灶消失（黄悦提供）

图 4-102　龟颈部白色病灶消失（黄悦提供）

19. 龟脂肪代谢不良症

2012年10月30日，广东江门读者徐岸锋养殖的石龟出现脂肪代谢不良症。龟主反映，从去年开始养殖石龟，买回来石龟苗100只，价格每只600元。养至目前规格为150~400克，平均250克。由于发病，现仅存活60只。主要症状是全身性浮肿，没有精神，出现拉稀现象，粪便为绿色，2只龟眼皮发白。现在每天死亡1~2只。经调查，换水采用等温方法，自来水放入桶里经过自然等温，但有时不够用时直接用自来水，因此有时违背了等温换水的原则。最主要的原因是使用了变质的淡水鱼，尤其在夏天投喂过从市场上买来的变质草鱼，多次使用后，引发脂肪代谢不良症。最近，在加温到28℃养殖的情况下，2~3天才能吃一点点，基本停食。诊断为：脂肪代谢不良症（图4-103）。

治疗方法：①杜绝投喂变质的鱼类；②使用一定比例的配合饲料，一般占比70%；③治疗采用肌肉注射方法：每只龟每天注射1次左氧氟沙星（0.2克：5

图 4-103　龟脂肪代谢不良症（徐岸锋提供）

图 4-104　龟脂肪代谢不良症治愈（徐岸锋提供）

毫升）0.5 毫升，连续 6 天为一个疗程。

2012年11月6日，龟主反馈，经过6天的打针治疗，龟已痊愈（图4-104），恢复摄食，食台上的食物约在一个小时内全吃光了。

20. 龟钟形虫病

钟形虫为钟形虫属，是属原生动物缘毛目钟虫科的一些种类。在龟体表肉眼可见到龟的四肢、背甲、颈部甚至头部等处有一簇簇絮状物，带黄色或土黄色，在水中不像水霉那样柔软飘逸，有点硬翘。

2012年6月21日，广西北流市读者“蝴蝶”反映，他养殖的金钱龟出现一种病，龟的背部、腹部和皮肤上有一种像浆糊一样的物质黏在体表（图4-105、图4-106），对龟的生长繁殖有一定的影响，求治疗方法。通过图片，笔者诊断为钟形虫病，经过有效的治疗，结果痊愈。治疗方法：用毛刷清除龟体表寄生虫，冲洗干净，并彻底换水；硫酸锌1毫克/升，全池泼洒，每天1次，连续3天，每天换水1次。此前，龟主不用药物，把龟刷干净另养，龟池曝晒了3天，等一段时间没有问题，但15天后会再次出现。此次用药后，不再复发。

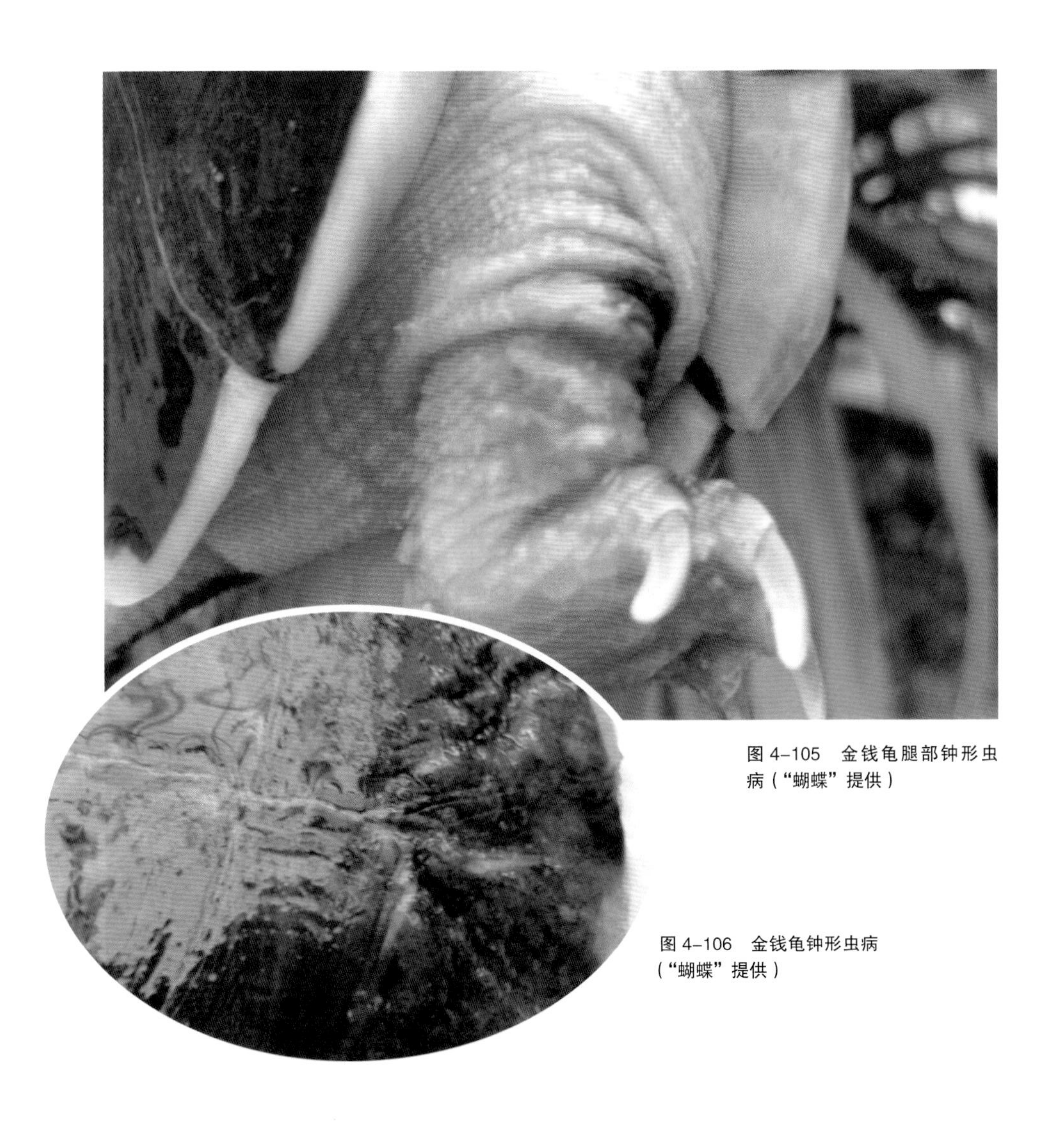

图4-105 金钱龟腿部钟形虫病（“蝴蝶”提供）

图4-106 金钱龟钟形虫病（“蝴蝶”提供）

21. 龟肿颈病

2013 年广西北流读者“阳光女孩”反映，她养殖的石龟出现脖子肿大现象（图 4–107）。通过了解，她总共养殖 85 只石龟亲龟，规格为 900~1 500 克，其中 12 只发病，脖子下面有几点红，脖颈肿大，已死亡 1 只，解剖发现肝脏肿大。使用云南白药未见效果。发病已有 2 个月。饲料使用的是淡水鱼虾和某配合饲料。正常换水，暖天换水，先放水，后冲洗换水。分析认为，脖子肿大，一般与投喂过变质饲料和使用过质量不过关的配合饲料有关，因为不好的饲料电解质不平衡，会引发这种症状。诊断：疑似变质饲料引起的肿颈病。防治方法：肌肉注射左氧氟沙星（0.5 克 : 5 毫升）2 毫升，每天 1 次，连续 6 天为 1 疗程。使用新鲜动物饲料，改用品牌可靠的配合饲料。2013 年 2 月 16 日，龟主反馈，龟已痊愈，龟头可以收缩回去了（图 4–108）。

2013 年 4 月 3 日，广东惠州读者“从今以后”反映，她养殖的石龟也发生肿颈病（图 4–109）。

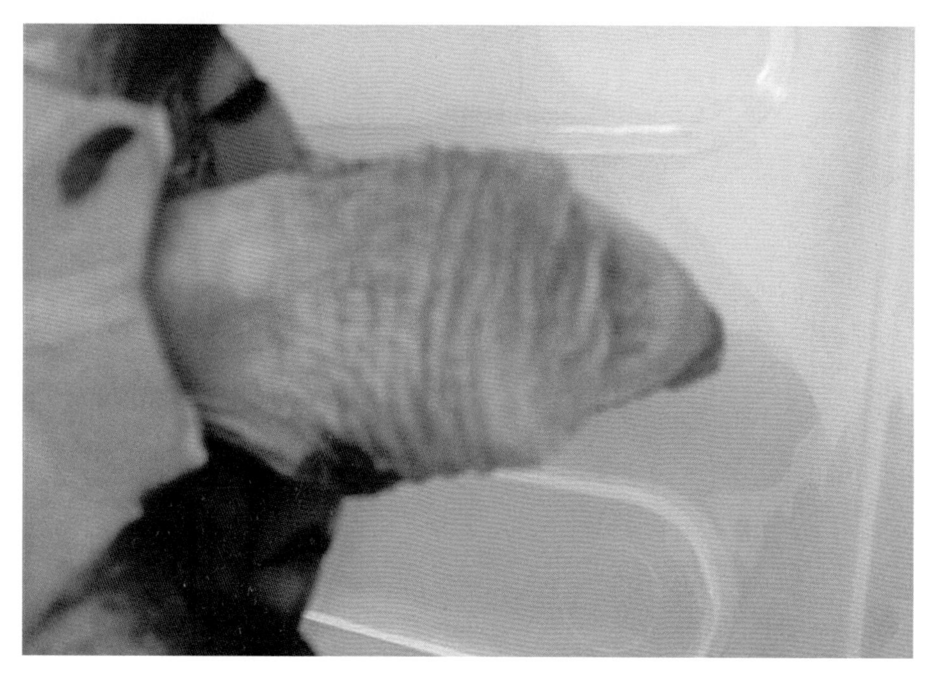

图 4–107　龟肿颈病（“阳光女孩”提供）

图 4-108　龟肿颈病治愈头部可以缩回（“阳光女孩”提供）

图 4-109　龟肿颈病（“从今以后”提供）

22. 龟肿瘤病

2012 年 9 月 11 日，茂名沙琅镇读者莫晓婵反映，她养殖的一只石龟亲龟，因肿瘤做过一次手术，但尚未切除干净，肿瘤生长在龟的颈部，现在又鼓起来（图 4-110）。这次接受笔者的指导，先给龟注射头孢曲松钠 0.2 克，预防感染，

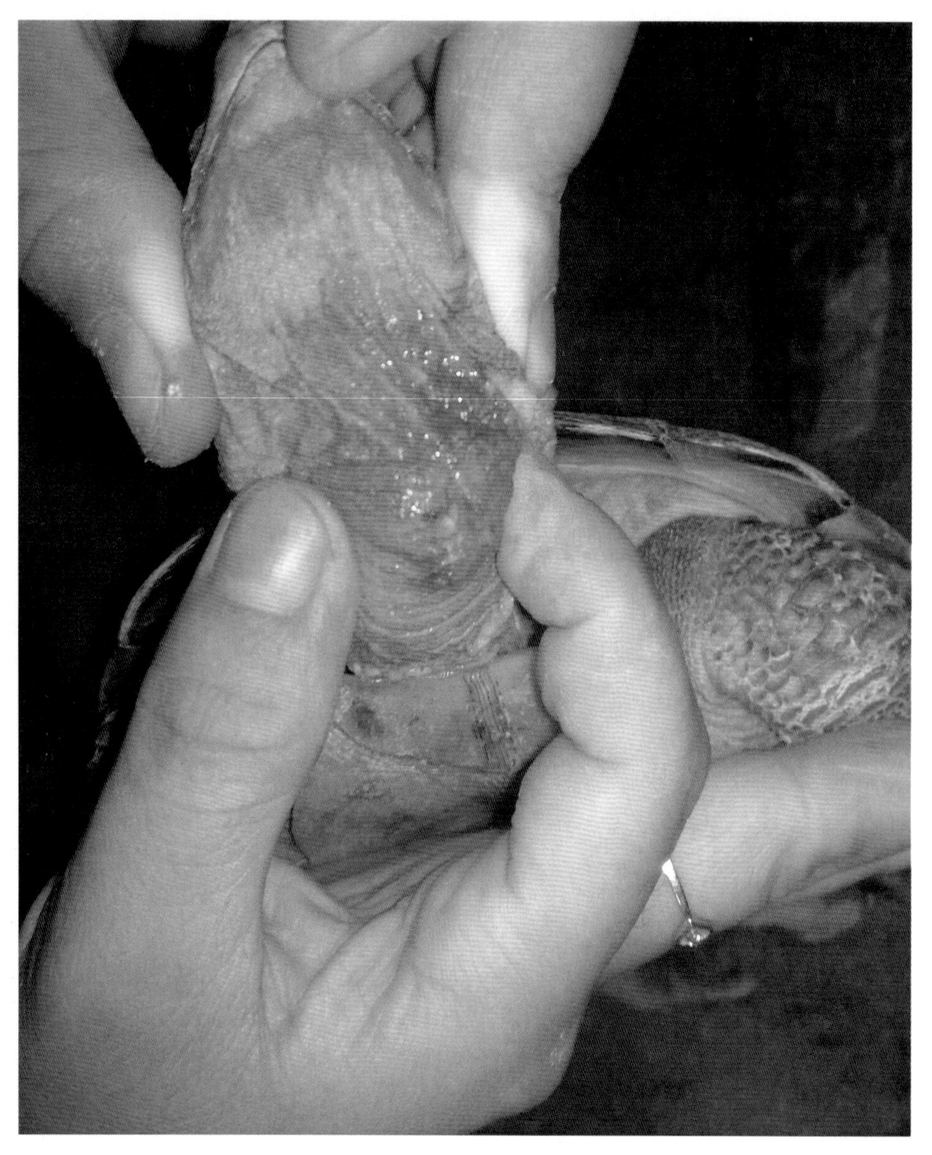

图 4-110　肿瘤手术前（莫晓婵提供）

然后进行手术再次将肿瘤切除干净，并用云南白药止血（图 4-111）。一周左右拆线。第二天，龟主反映，开刀后龟表现还是很精神的，一周后基本痊愈。

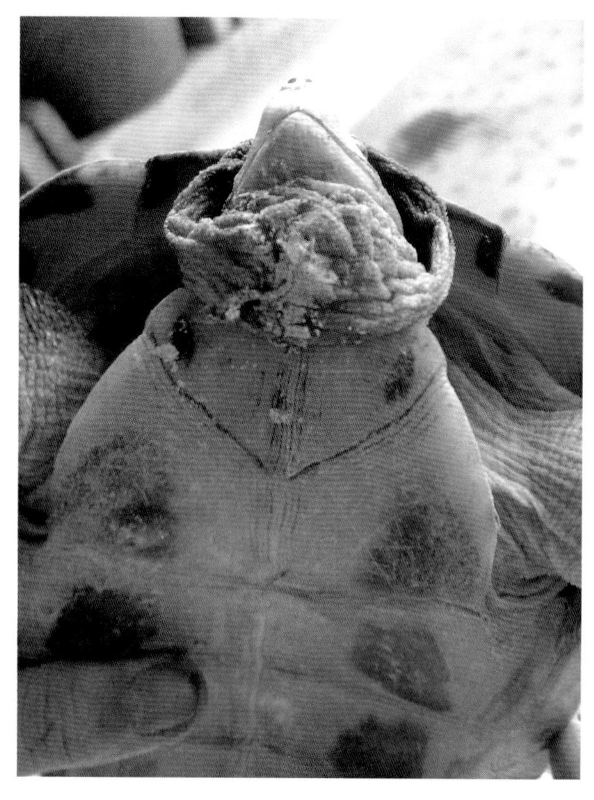

图 4-111　手术后伤口涂上云南白药（莫晓婵提供）

二、鳖类疑难性疾病

1. 鳖氨中毒

氨中毒是鳖温室养殖中比较常见的病症。在死亡时，鳖的前肢弯曲，因此，又称“曲肢病”，是一种因环境恶化引起的鳖曲肢病。笔者在国内首次发现，并在 1999 年以名为“江浙出现新鳖病”一文发表于《中国水产》第 9 期。

2012 年 4 月 11 日，浙江省湖州市新安镇读者徐光鑫反映，其温室养殖的台湾鳖最近有几百只死亡，外表无任何症状。温度控制在室温 33℃，水温 30℃，摄食正常。从发来的图片观察，部分鳖前肢弯曲，头颈伸长，一般体表无其他症状。结合实际情况进行分析，诊断是氨中毒（图 4-112）。因其换水比较少，微调量小，做得不够到位。死亡发生后，将个别病鳖池水换水 3/4，死亡立即缓解，也验证了水质恶化，导致氨中毒的诊断结果。

解救措施：①立即换水，将病鳖池水全部大量换上等温新水；②注意整个温室的温度平衡，不要发生意外；③正常养殖池需要加大换水量，保持水质稳定。2012 年 4 月 16 日 主人反映，鳖已恢复正常。

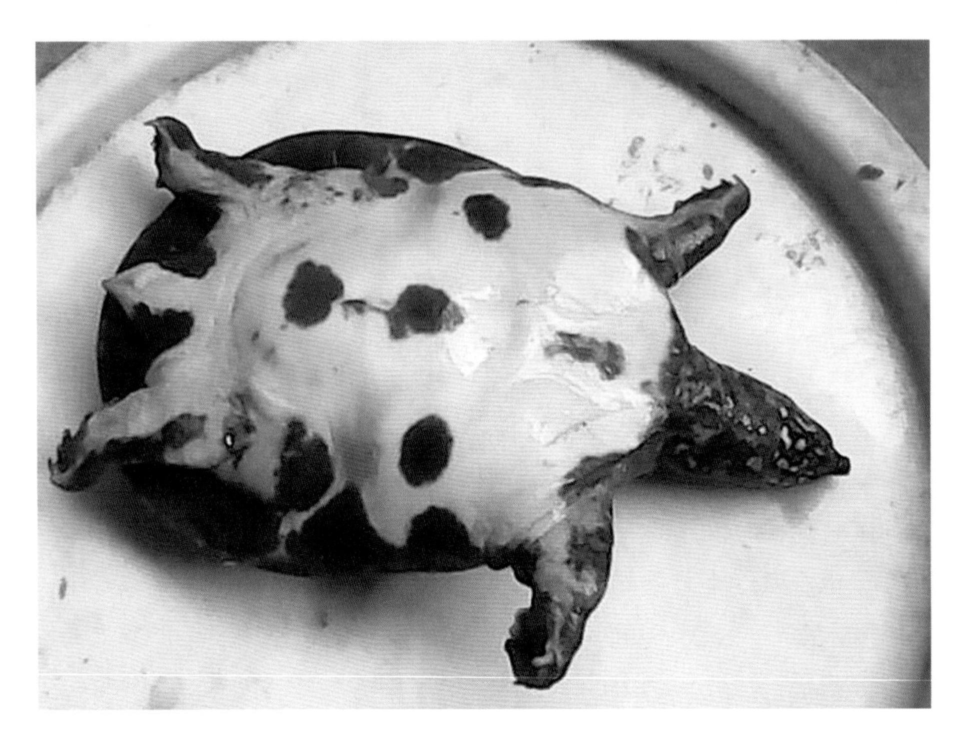

图 4-112　台湾鳖氨中毒（徐光鑫提供）

2. 鳖白斑病

白斑病主要危害稚鳖和幼鳖，在生产中比较普遍，是一种真菌性疾病，如果错用药物，使用抗生素药物治疗，反而加重病情。这种病在水质较清的情况下容易发生，对于温室养殖，在高发期，尽量不开增氧机。药物预防方法：稚鳖放养后，每隔半个月一次分别使用克霉唑 2 毫克 / 升、亚甲基蓝 1 毫克 / 升和生石灰 25 毫克 / 升，全池泼洒。这种方法对鳖白点病的预防同样有效。2013 年笔者在浙江省湖州市双林镇指导使用这一方法，有效地避免了稚鳖期白斑病和白点病的发生。

2012 年 3 月 26 日，茂名读者龙源反映，他养殖的角鳖发病，发图给笔者，经诊断是真菌性白斑病（图 4-113）。此前他用抗生素一直治不好，越发严重。笔者建议的治疗方法是：①将水质调节成绿色肥水型，水体透明度为 25 厘米左右；②不要开增氧机；③将病鳖隔离治疗；④对于特别严重的病鳖将病灶清除后，用达克宁涂抹，每天多次，连续2周，直至痊愈，每天在治疗期间可以适当下水一段时间；⑤对于大面积发病池，采用全池泼洒药物的方法，具体使用亚甲基蓝，终浓度为4毫克/千克。经过上述方法治疗后痊愈。

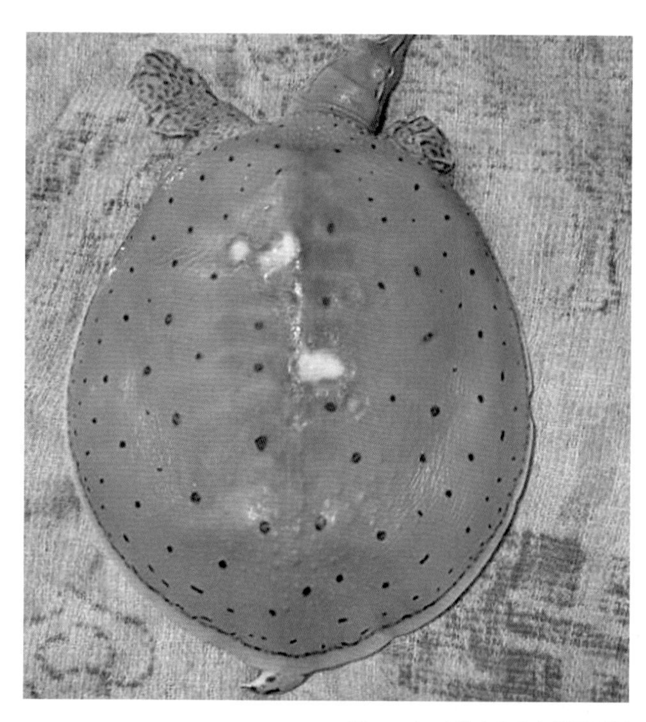

图4-113　角鳖白斑病（龙源提供）

2012年1月31日，杭州读者卢纯真反映，在笔者指导下，她养殖的日本鳖，100克左右，白斑病已治愈。具体治疗方法：①用奈酸铜全池泼洒1毫克/千克，3天后减半泼洒0.5毫克/千克，接下来将水温逐渐提升到30℃，并从未发病池引用透明度较低的肥水，在水里添加维生素C和氨基多维，很快痊愈。发病原因是因为温室内角落鳖池温度一直得不到提高，造成低温，适合霉菌繁衍，导致白斑病发生。

3. 鳖白点病

白点病是一种细菌性疾病，在实践中，笔者仔细观察，不排除真菌感染的可能性。这种病危害最大的是鳖苗，在广西山瑞鳖常常感染白点病。贵港市读者穆毅养鳖场引进的山瑞鳖苗发生白点病，就是其中一例。

2012年8月20日，鳖主反映：最近从韦乐佃养鳖场引进的山瑞鳖苗100只，发生白点病，发病率为80%，山瑞鳖的背部有数个白点。笔者根据图片诊断为白点病（图 4-114）。建议治疗方法：①清除病灶；②用达克宁涂抹 3 天；③用红霉素软膏继续涂抹 3 天。

2012 年 8 月 25 日，鳖主反馈：经过一个疗程的治疗后基本痊愈，病灶的伤口愈合（图 4-115）。

图 4-114　山瑞鳖白点病（穆毅提供）

图 4-115　山瑞鳖白点病治愈（穆毅提供）

4. 鳖白底板病

笔者应邀于2010年7月3—4日去广东肇庆市超凡养殖场诊断并治疗因温差引起的中华鳖恶性应激，现场看到因应激导致病毒性白底板病发生，鳖大量死亡。该场由两个分场组成，合计养殖面积230亩，放养鳖10万只，因病死亡率已达50%，直接经济损失100万元，病情十分严重。通过仔细观察发现，应激原是低温山泉水，从山上引入鳖池，直接冲入，每天都要补充山泉水，单因子应激不断重复刺激中华鳖，由此产生累积应激。现场测量山泉水温为26℃，鳖池水温白天33℃，晚上32℃。因此，白天温差为7℃，晚上温差为6℃。病鳖出现白底板症状，解剖可见肺部发黑、肠道穿孔瘀血、鳃状组织糜烂（图4-116至图4-119）。

采用笔者的发明专利方法进行治疗。在每千克鳖饲料中添加维生素C 6克、维生素K_3 0.1克、“利康素”2克、生物活性铬0.5克、“病毒灵”1克、喹诺酮

图4-116　白底板症状

图 4-117　肺部发黑

图 4-118　肠道穿孔

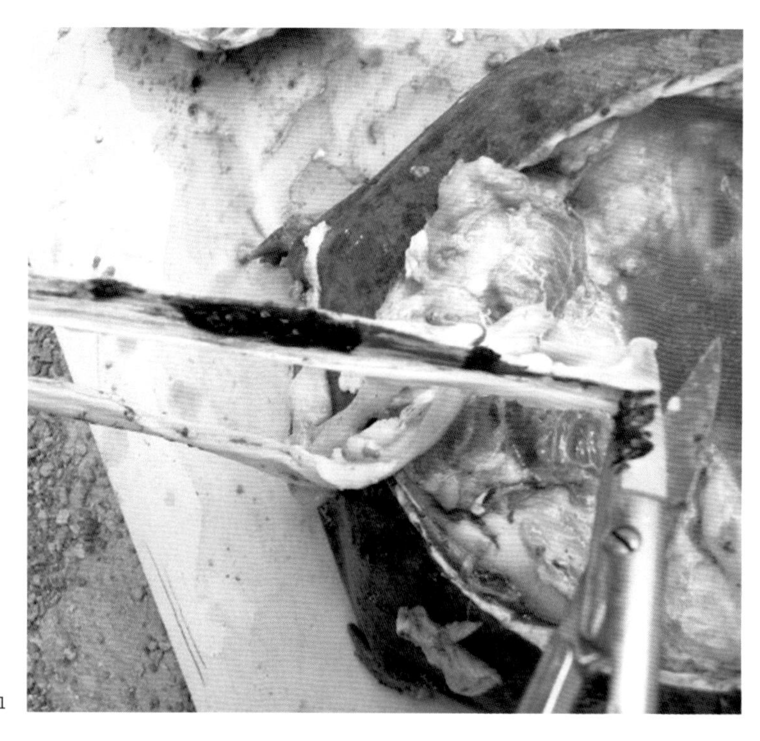

图 4-119 肠道瘀血

类药物 2 克，连续使用 30 天，每周 1 次全池泼洒 25 毫克 / 升生石灰。经过 1 个月的治疗，鳖的死亡率逐渐下降，最终痊愈。笔者于 10 月 16—17 日再次被该养鳖场邀请，这次去主要针对鳖钟形虫病的治疗，期间笔者和他们一起品尝了治愈的中华鳖，对其美味大家一致肯定，计划在适当的时候上市。

根据此病例分析，如果不及时治疗，继续拖延，鳖的死亡率可达 100%。因为单因子应激累积已变成恶性应激，鳖的生物功能受损，免疫力下降，机体被病原体感染，传染性的白底板病出现，就不再是简单的应激，而是毁灭性的鳖白底板病。

2013 年 6 月 14 日，读者陆绍燊反映，广西横县的一家珍珠鳖养殖场，在使用冰冻鱼喂珍珠鳖亲鳖时，使用过变质鱼，结果珍珠鳖也出现白底板病。解剖后发现鳖肝、肺等内脏变性，肠道穿孔，外观鳖底板发白，毫无血色（图 4-120）。

图 4-120　广西横县发生鳖白底板病（陆绍燊提供）

图 4-121　珍珠鳖红脖子病（陆绍燊提供）

5. 鳖红脖子病

广西横县一家养鳖场发生珍珠鳖红脖子病。2013 年 1 月 21 日，读者陆绍燊反映珍珠鳖亲鳖由于长期摄食不新鲜的海鱼，引起脖子红肿，最近发现有两只在冬眠期爬到食台上来，头缩不进去，不肯下水。抓起病鳖，用针尖刺破病灶，有血水流出来。起初不知道是什么病，以为就是水肿。根据图片分析，诊断是红脖子病（图 4-121）。

防治方法：①预防：对养鳖池使用生石灰全池泼洒，25 毫克 / 千克；②治疗：用庆大霉素注射，每次注射 4 万个国际单位，连续 6 天。

6. 鳖红底板病

鳖红底板病又名赤斑病、红斑病。底板呈红色斑点或整块红斑，同时伴有溃烂水肿，有的鳖口鼻流血。解剖可见肝脏发生病变，有的呈黑色，有的花斑状。肠道局部或整段充血发炎。有的腹腔有积水。主要危害对象是幼鳖、成鳖和亲鳖。死亡率较高，一般为20%~30%。病原尚未确定。有报道发现球形病毒，直径为80纳米。有学者认为，红底板病的病原为嗜水气单胞菌，分离到的菌株为气单胞菌属的嗜水气单胞菌。2013年2月23日，广西横县读者陆绍燊反映，他所在的养鳖场发现珍珠鳖底板和四肢发红，在皮肤表面可见里面有一个个气泡，并出现一定的死亡。经笔者诊断为鳖红底板病（图4–122、图4–123）。

图4–122 鳖红底板病（陆绍燊提供）

图 4-123　鳖红底板病（陆绍桀提供）

治疗方法：控制放养密度，改善底质和水质。早发现，早治疗。比较有效的治疗方法是：每千克鳖注射丁胺卡拉霉素 15 万 ~20 万个国际单位，或庆大霉素 4 万个国际单位。一旦发现红底板病，立即给病鳖注射丁胺卡那霉素，一般 9 针见效。注射后可放在 30 毫克 / 升氟苯尼考浸洗 30 分钟。并口服“病毒灵”（每日每千克鳖 4~6 毫克）和左氧氟沙星（每日每千克鳖 50 毫克），6 天为 1 个疗程。

chapter 4

7. 鳖鳃腺炎

鳖鳃腺炎是一种病毒性疾病，主要特点是鳖脖子肿大但不发红，一旦感染死亡率较高。

2012 年 6 月 21 日，山东菏泽读者志伟反映，他养殖的鳖发生严重的鳃腺炎病，死亡率高达 60%。经调查，该读者购买的是当地温室甲鱼，温室里没有加温，5 月 20 日购买时，感到温室内外温差 7℃左右，使用河水冲洗，回去放养消毒，也是使用河水，应该没有温差。放养时让鳖自行爬入池水中，操作没有失误。主要因为温室鳖移出来的温差引起的恶性应激，鳖体质下降，病毒感染，引起鳃腺炎发生。从图片上看，鳖死亡时头颈伸长，脖子内鳃腺充血，内脏解剖未见明显病变（图 4-124）。温差为 7℃，已死亡 60% 左右。

2012 年 6 月 17 日，湖南省常德市西湖区西湖镇读者刘顺成反映，20 天前鳖从温室移到露天池，移出前温室早就停止加温，早上移出，应该没有温差。移出后，遭受一场暴雨，断续 5 天，此后出现死亡，这些死亡鳖有去年的存塘老鳖，也有今年的新鳖，据分析，与温室鳖转群没有关系，仅投喂配合饲料。该池放养 3 000 只鳖，现在每天死亡十多只，主要症状是：鳖爬上岸才死亡，头

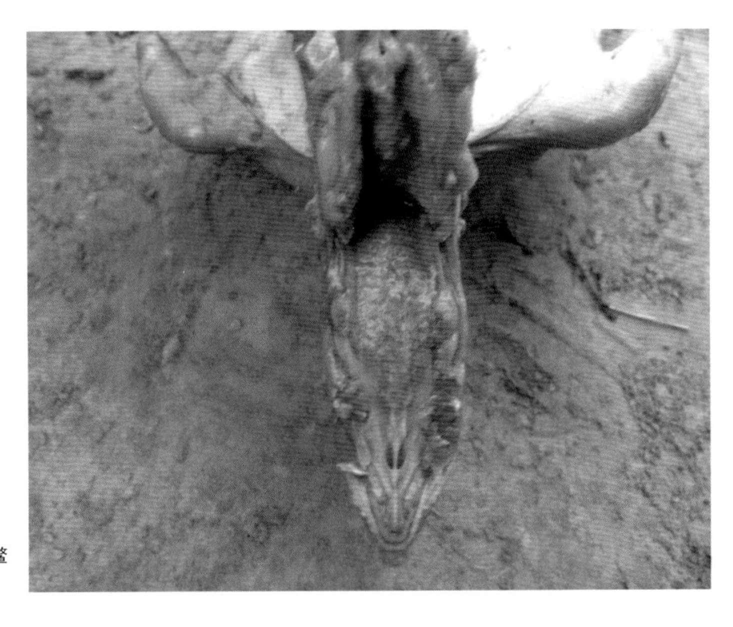

图 4-124 山东发生鳖鳃腺炎（志伟提供）

部伸得很长，腹部未见白底板症状，部分鳖腹部有红点，头部未见肿大，解剖后鳃状组织发炎发红，内脏未见明显病变（图 4-125）。据此诊断：鳃腺炎。发病原因，初步分析认为，与暴雨袭击引起应激有关。应激后部分鳖体质下降，病原体乘虚而入，病毒感染引起鳃腺炎。

治疗方法：①“病毒灵”1 毫克 / 升、喹诺酮 1 毫克 / 升、维生素 C1 毫克 / 升全池泼洒；②每千克饲料中添加“病毒灵”3 克、喹诺酮 2 克、维生素 C5 克；③对已发病的鳖进行注射药物，每千克鳖肌肉注射头孢曲松 0.2 克和地塞米松 0.25 毫克。

图 4-125　湖南发生鳖鳃腺炎（刘顺成提供）

8. 鳖疖疮病

疖疮病是一种细菌性疾病，是危害龟鳖的一种常见病，可以危害稚鳖、幼鳖、成鳖和亲鳖。感染的部位主要是背部、腹部和四肢（图4–126）。疖疮发生后，如不及时治疗就会蔓延至穿孔，因此，疖疮病与穿孔病是不同的发病阶段。疖疮病发病初期，遇上低温天气，往往会被真菌感染，细菌继发感染，给治疗带来一定的困难。

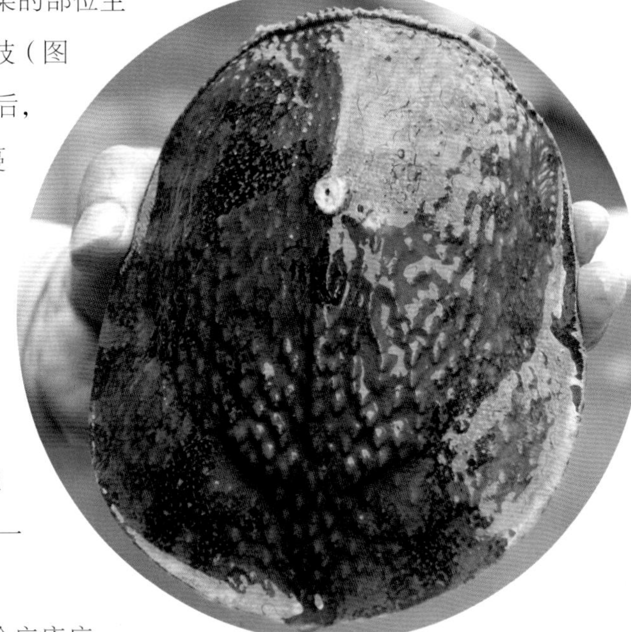

图 4–126 山瑞鳖疖疮病

治疗方法：①清除疖疮病灶，挖出豆腐渣样物质，并用生理盐水冲洗干净；②用达克宁涂抹伤口，连续3天；③用红霉素软膏涂抹，连续3天。对于全身性感染的严重病鳖，需注射抗生素，肌肉注射药物，每天1次注射头孢噻肟钠，每千克鳖注射0.1克，连续3天。平时做好预防工作，定期每半个月对鳖池泼洒生石灰一次，终浓度为每立方米水体25克。

9. 鳖烂颈病

烂颈病主要特点是鳖的颈部溃烂，皮肤与肌肉分离，拉开皮肤，就会露出里面的肌肉（图4–127）。主要危害温室养殖鳖，在稚鳖和幼鳖期发病比较严重，如不及时治疗，每天都会出现大量死亡，给生产造成很大的经济损失，已成为一种疑难性传染性疾病。这种病多与微调换水采用低温河水等温不够有关，也与密度较高鳖相互撕咬有关，往往真菌先感染，细菌继发感染。如果仅用抗细菌的药物难以治愈，需要先使用抗真菌药物，接着使用抗细菌药物才能取得理想的治疗效果。

图 4-127　珍珠鳖烂颈病

2013 年 1 月 6 日，上海浦东读者邬林龙反映，他养殖的台湾鳖出现烂颈病，死亡比较严重（图 4-128）。温室 3 000 平方米，养殖 7 万只台湾鳖，目前规格 50 克，这批鳖已养殖 61 天。选择台湾鳖是因为台湾鳖一般不会出现鳃腺炎。从鳖苗放养后第二个月开始烂颈病发病严重，发病率 25% 左右，每天死亡 30~70 只，平均死亡 40 只左右。

治疗方法：①先用亚甲基蓝 1 毫克 / 升全池泼洒，每天 1 次，连续 2 天；②再用氧氟沙星 20 毫克 / 升全池泼洒，每天 1 次，连续 2 天。经过一个疗程，病情得到控制。用药期间摄食不受影响。

预防方法：①大小分养；②设置网巢；③等温换水；④每半个月使用一次生石灰消毒，终浓度为每立方米水体 25 克。

图 4-128　台湾鳖烂颈病

鳖，尤其是中华鳖或台湾鳖，好斗是其习性，当温室内养鳖密度加大进行集约化养殖时，在水质偏清的情况下，容易出现相互撕咬的现象，因而造成伤痕，这样病原微生物就会乘虚而入，感染伤口。由于温室在微调换水时，有时调温池水体不够便直接加入外河凉水，形成局部温差。在这种情况下，温度较低适应真菌感染，因此，真菌病发生，接下来细菌继发感染，造成双重感染。所以治疗难度也就大了，变成疑难病。在治疗上，如果仅仅用杀菌药物（抗生素类的杀灭细菌的药物）是治不好的，应该先用治疗真菌类药物，再用杀灭细菌的药物才能根除此病。很多养殖户不知道这一原理，由此拖延病情，愈加严重，最终导致养鳖成活率降低。

chapter 4

10. 鳖萎瘪病

发病原因较多。首先，先天不足，最后一批产卵，孵化后个体较小，争食能力较弱，食欲不好，营养不良。其次，是食台面积太小，而鳖的放养密度较大以及饲料投喂不均，时多时少，比例不当，体弱鳖难以上台摄食，长此以往，形成营养债，累成此病。再次，稚鳖感染白斑病后，停食，全身性病灶引起肌肉萎缩（图 4-129）。

治疗方法：①隔离饲养，治愈皮肤病，保持良好的水质；②在饲料中添加维生素 C、维生素 E、维生素 B_5、维生素 B_6 和维生素 B_{12} 等复合维生素；③注射葡萄糖、维生素 C、维生素 B_{12}；④用维生素 C 溶液浸泡；⑤全池泼洒维生素 C。

图 4-129　鳖萎瘪病（陆绍棨提供）

11. 鳖钟形虫病

钟形虫为钟形虫属，是属原生动物缘毛目钟虫科的一些种类（如累枝虫、聚缩虫、钟形虫和独缩虫等）。钟形虫在鳖体表肉眼可见到鳖的四肢、背甲、颈部甚至头部等处有一簇簇絮状物，带黄色或土黄色，在水中不像水霉那样柔软飘逸，有点硬翘（图 4–130）。

这类虫体为自由生活的种群，其生活特性是开始以其游泳体黏附在物体（包括有生命的和无生命的）表面后，长出柄，柄上长成树枝状分枝，每枝的顶部为一单细胞个体，一个树枝状簇成为一个群体，每个个体摄取周围水中的食物粒（主要是细菌类）作为营养，其柄的固着处对寄主体可能有破坏作用。在水体较肥，营养丰富的水环境中生长较好。主要繁殖方式是柄上顶部的个体长到一定的时候就从柄上脱离，成为可在水中自由活动的游泳体，在遇到适宜的附着物时就吸附上去，再发展成一个树枝状簇的群体。对鳖的危害主要是鳖体上布满这些群体后会影响鳖的行动、摄食甚至呼吸，使鳖萎瘪而死。少量附着

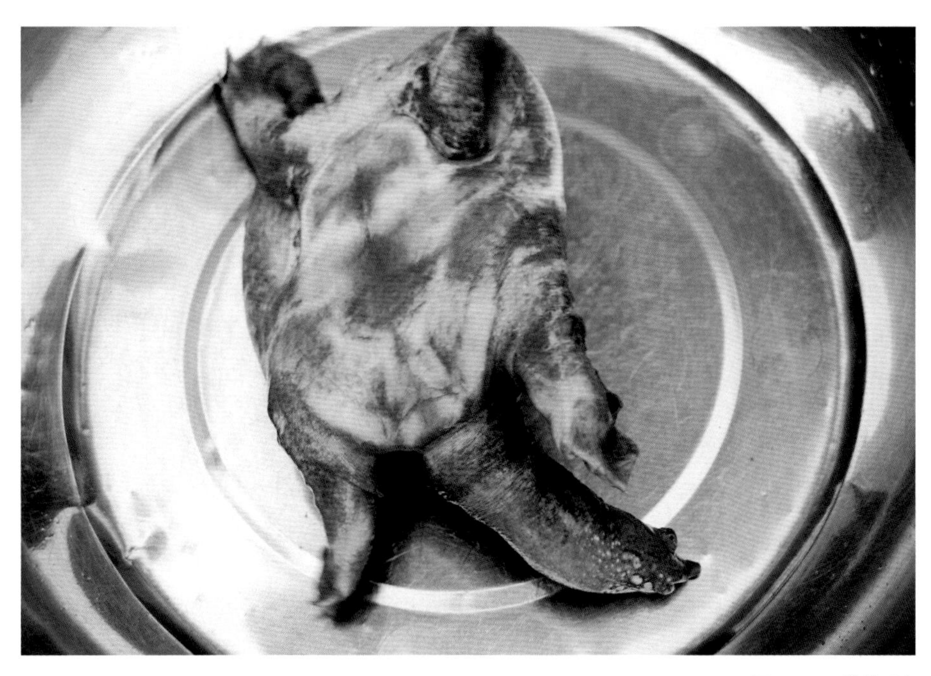

图 4–130　鳖钟形虫

chapter 4

对鳖没有影响。在水质较肥的稚鳖池如有此虫大量繁殖，会对稚鳖的生长产生很大的影响，如不及时杀灭，会造成大量死亡。此虫生长没有季节性和地区性，全国各地的水体都有，应注意水质不要过肥，保持水质清新。

治疗方法：①保持优良的水质是避免此病发生的最好方法。治疗可用“新洁尔灭”0.5 毫克 / 升）和高锰酸钾（5 毫克 / 升）先后泼洒法，或用 2.5% 食盐水浸浴病鳖 10~20 分钟，每天 1 次，连续 2 天，有一定杀灭效果。②特效方法：用硫酸锌 1 毫克 / 升泼洒，连续 3 天，每天 1 次，10 天后脱落痊愈。

12. 鳖漂白粉中毒

2012 年 7 月 7 日，广西横县读者陆绍燊反映，反映了广西横县的一例过量使用漂白粉对山瑞鳖消毒引起的中毒。

一个新手朋友给山瑞鳖消毒，漂白粉量用多了，造成氯中毒，还好发现及时，马上分池隔离，消毒过后仅 5 分钟时间，山瑞鳖都伸长脖子逃离水面，个别鳖马上翻身扑水（图 4-131）。一个池子 50 只山瑞鳖，放了约 2 碗漂白粉，

图 4-131　中毒后山瑞鳖伸长脖子，呼吸困难（陆绍燊提供）

气味太浓，人都感头脑发昏。

该池子30平方米，水深50厘米，使用漂白粉估计有300克以上，按照标准用量1毫克/千克计算，实际使用超标20倍以上。

漂白粉是次氯酸钠、氯化钙和氢氧化钙的混合物，为白色至灰白色的粉末或颗粒。有显著的氯臭，性质很不稳定，吸湿性强，易受水分、光热的作用而分解，也能与空气中的二氧化碳反应。水溶液呈碱性，水溶液释放出有效氯成分，有氧化、杀菌、漂白作用，但有沉渣，水表面有一层白色漂浮物，对胃肠黏膜、呼吸道、皮肤有刺激，并会引起咳嗽和影响视力。

图4-132 山瑞鳖中毒后，放入清水中（陆绍桀提供）

中毒后第二天，个别山瑞鳖眼睛有点肿大，并出现嚎叫声。鳖反应都迟钝了，傻傻的，眼睛外膜也鼓出来。用金霉素眼药水涂眼睛效果不明显，因为鳖的眼睛已被强氯灼伤。

急救措施：①换清水（图4-132）；②水中增氧；③用生理盐水雾化喷入鳖的口腔。

■ 第七节 应激性疾病防治技术

环境稳定、饲料卫生和生态平衡是预防龟鳖应激性疾病的三大法宝。什么是龟鳖应激？龟鳖内平衡受到外来威胁所做出的生物学反应。什么是龟鳖疾病？龟鳖生态系统失衡的表现。应激是由应激原引起的，应激原主要包括龟鳖转群、

chapter 4

长途运输、温度突变、呛水、雷雨季节气候急剧变化、药物刺激、水质恶化、严重缺氧、氨中毒、非等温放养、非等温投饵、非等温换水、受惊吓（内脏破损、缺糖、体瘦、不食、最终死亡）等。在应激原作用下，龟鳖交感神经系统兴奋，肾上腺组织分泌儿茶酚胺类激素，下丘脑室旁核释放促皮质激素，诱导垂体分泌促肾上腺皮质激素和肾上腺肾间组织分泌皮类固醇（皮质酮和皮质醇），通过龟鳖能量储存、糖异生，抑制生长繁殖，促进逃避等。糖异生是生物体将多种非糖类物质如氨基酸、丙酮酸、甘油等合成葡萄糖的代谢过程，是维持血糖水平的重要过程，肝与肾是糖异生的主要器官。龟鳖应激可以预防和缓解，常用的龟鳖抗应激药物有 10 种（表 4-4）。

表 4-4　龟鳖常用抗应激药物

药 物	剂 量	作　　用
维生素 C	2.5~10.0 毫克 / 千克料	①对应激所致的龟鳖血清补体的下降有拮抗作用；②降低龟鳖对应激敏感性；③抑制应激所致的皮质醇升高
维生素 E	0.25 毫克 / 千克料	维生素 E 能增强龟鳖对酸应激的抵抗能力，促进龟鳖血清补体 C3 和 C4 的合成，维持血清正常溶菌活性，且血清杀菌活力随添加量的加大而逐渐恢复
黄芪	10 毫克 / 千克料	能抑制酸应激引起龟鳖血清皮质醇含量的升高，缓和酸应激导致补体 C3 和 C4 含量下降，还对酸应激导致的血细胞的吞噬能力的下降有对抗作用，提高龟鳖血清溶菌活力和杀菌活力
果寡糖	1 毫克 / 千克料	提高龟鳖生产性能，并增强其免疫功能
糖萜素	0.6 毫克 / 千克料	提高龟鳖机体神经内分泌免疫功能和抗病抗应激作用
高活性干酵母	1.2 毫克 / 千克料	增强了龟鳖对人工感染嗜水气单胞菌活菌的抵抗力
酵母细胞壁	1 毫克 / 千克料	提高了龟鳖白细胞吞噬活性和溶菌酶的活性
茯苓多糖	160 毫克 / 千克料	对龟鳖的非特异性免疫功能也有增强作用
壳聚糖	1 毫克 / 千克料	对氨氮胁迫导致的免疫应激反应有一定的拮抗作用
电解多维	1 毫克 / 千克料	预防转群、天气变化等因素引起的应激反应

广东惠州读者新购黄缘盒龟，在预防应激方面取得突破。2011 年 7 月 19 日，惠州读者王建灵上网咨询笔者，她说："我是您最忠实的读者，看了《龟鳖高效养殖技术图解与实例》中您对黄缘盒龟的分析，斟酌再三才决定养的。对了，我是女性读者，不过我的爱人和家公非常支持，都是我一人在照料这些龟，养出感情了，所以非常害怕面对龟的死亡。我从事护理工作 17 年，护理病人我懂，对于龟，我是门外汉。"

2011 年 6 月，王建灵先是引进 13 只，后来又进了一批野生台缘，现黄缘盒龟为 55 只，平均 750 克左右，每 500 克 1 770~1 900 元。半月前因全部一起放养，结果有个别黄缘盒龟拉墨绿色的稀烂便，并且导致一只死亡，后来给黄缘盒龟使用庆大霉素治疗后基本控制。并用大箱立体养殖隔离，箱内放少许浅水，有三分之一的干处，也没放沙，担心这样的环境黄缘盒龟不会交尾。从 2011 年 6 月到 2011 年 7 月总共死亡 3 只。采用注射头孢曲松钠，每只龟 0.02 克，三针见效。并在香蕉和胡萝卜中添加维生素 C 和维生素 B，将胡萝卜切成丁，然后把维生素捻碎拌匀给龟吃，所放全部吃完，没敢再加量。其间死了一只，剖开后见其中的一个肺叶涨得像气球，肺气肿。第一只是死后才想到注射，后面是预防注射，但最后一批注射的天数不够，发现绿便，又不知道是哪只龟，耽误两天后才用庆大霉素控制住的。听说 3 个月之内会有 50%~60% 出现死亡。但这样做，通过注射药物防御，已经成功地让它们安然度过应激期（图 4-133）。

图 4-133　惠州读者王建灵采用三针预防使台缘度过应激期

一、龟应激性疾病

1. 龟白眼型应激综合征

2012 年 9 月 9 日，广西柳州读者彭永青反映，他养殖的石龟苗应激。7 月 15 日彭永青陆续购入 250 只石龟苗，分盆局部加温方法养殖，调温池蓄水时间 8 小时，但有时不严格要求，换水不够，或者忘记补充水箱蓄水时，直接使用自来水带来温差应激。长势不错，规格有 20~30 克，半月前其中一盆陆续出现白眼症状，眼睛紧闭，甚至有口吐白沫现象，无精打采，不觅食，已死亡 20 只，现有 20 多只出现白眼（图 4–134）。根据养殖者提供的图片和养殖过程进行分析，诊断为温差引起的白眼型应激综合征。防治方法：严格等温水换水；使用氟苯尼考浸泡，浓度为每盆每次 5 克，每次换水后使用药物，浸泡到下次换水前。后，逐渐治愈（图 4–135）。

2012 年 1 月 13 日，广州杨春反映，从 12 月 10 日发现缅甸陆龟病了就开

图 4–134　龟白眼型应激综合征（彭永青提供）

图 4-135　龟白眼型应激综合征治愈（彭永青提供）

始打针，当时脖子、舌头都是红的，鼻子冒泡泡，通过 5 天打针，晒太阳等，然后用药，加营养，加温到 22~24℃。又接着打 3 针，用药，加营养，依然加温到 22~24℃，鼻子的泡泡少了很多，几乎没有了，口腔的分泌物也少了一点，眼睛、脖子也不红了，但就是不愿意睁眼，看起来感觉有好转，但其实不然。因为它越来越没有力气，拉它的腿没有敏捷的反应。主要发病原因是在 14℃的自然温度下，用 34℃的热水泡澡，结果引起温差 20℃的恶性应激反应，出现白眼型应激综合征（图 4-136）。治疗：肌肉注射头孢噻肟钠 0.2 克，加地塞米松 0.25 毫克及 1 毫升生理盐水，每天 1 次，连续 6 天；用食盐水浸泡，浓度为每千克水中加食盐 5 克，每天 1 次，每次浸泡 0.5~1.0 小时，最好眼睛能浸泡到；用氟苯尼考药水涂抹龟的眼睛，反复多次涂。2012 年 1 月 17 日，龟主反映，注射治疗 3 天，加上食盐浸泡，眼药水涂眼睛，出现好转。昨天晚上眼睛还没睁开，今天早上上药的时候，发现眼睛睁开了，发生根本好转，看得出，劫后余生，样子很疲惫（图 4-137）。龟的眼神告诉主人，一场大病后很疲惫，但终于

图 4-136　缅甸陆龟白眼型应激综合征（杨春提供）

图 4-137　缅甸陆龟龟白眼型应激综合征治疗后眼睛睁开（杨春提供）

得救了。另外 3 只缅甸陆龟在使用同样方法治疗，有 2 只白眼，经过治疗眼睛都已经睁开。一个疗程 6 次注射后有所好转，眼睛睁开，但舌苔较厚，继续注射进入第二疗程，当地医生改用营养和消炎针（台湾产），注射 2 针后停药，舌苔少了。第三疗程，连续注射 10 天抗生素，结果痊愈。

2012 年 9 月 19 日，广州出现了一起庙龟白眼型应激综合征。主人还是杨春。“人龟同眠”只是传说，现实中就有这样的真人真事。广州的杨春爱龟如爱己，每天与龟同眠，她家里养了好多龟，一旦将龟接到家里来就相伴终日。最近，她的一只庙龟生病了，有白眼症状（图 4-138），停食。她非常着急，后来在笔者的指导下用药，及时治疗，很快康复。为此，将她写的日记与大家分享。

“我有一只庙龟，体重 2.85 千克，于 2012 年 4 月中旬接到我家来住，成为陪伴我人生的心爱的宠物。它是一种不喜欢水的龟，平时放进水里，不到半个小时就挣扎着要出来，出来后在客厅溜达一遍，就去阳台，再去副阳台，副阳台是露天的。它总喜欢待在阳台的大花盆边上，中午，龟的身体有一部分能够直接照射到阳光，另一部分被花叶挡住。我每天就只给它进水 3 次，早上 7 点

图 4-138　庙龟白眼型应激综合征（杨春提供）

30分一次，有时间的时候喂食物，晚上19点后进水为固定的喂食时间，基本只有这个时候才有时间喂食，因为它养成了个毛病，就是要让人手拿食物给它接着才吃，直接放进盆里它不吃。夜里23点再进水一次。9月3日，我去离我住处不远的妈妈家吃饭，饭后，突然一场大雨夹着闪电急急袭来，我想到了庙龟还在阳台上，之前学习过《龟鳖病害防治黄金手册》写的关于应激问题，想到我的龟会存在应激的危险，但我从小怕雷电，不敢回去，我叫我侄儿回去帮我收进屋，我侄儿又不肯，我只能窝在沙发里祈祷。的确，是我的麻木，真的使龟龟生病了，第二天早上发现龟龟没有胃口，中午，发现龟龟吐了，吐出了昨晚吃的水果和虾肉（每千克46元的新鲜虾肉），我都要急疯了。我平时针对龟龟的一些小毛病能应付下来，但龟吐食物我是没有办法的。于是求助《龟鳖病害防治黄金手册》作者，章老师开出了针剂药方，我联系了几家动物医院都没有这药，之后找到了一家，带庙龟去医院的路上，庙龟还拉稀，便便带有像肠黏膜一样的东西裹住一些软成型的便块。按章老师药方打针治疗3天，白眼症状消失了，回来调养了几天后，于9月9日晚上有了食欲，虽然只吃了2小口，但毕竟在慢慢恢复中了。现在这只龟已完全康复。”（图4-139）

图4-139　庙龟白眼型应激综合征治愈（杨春提供）

图 4-140 龟白眼与张嘴并发型应激综合征（李恩贤提供）

2013 年 5 月 11 日，西安读者李恩贤反映，她养殖的黄喉拟水龟发病，龟眼睛发白，嘴巴张开，停食，已有部分死亡。她四处求医，用尽方法，不见效果（图 4-140）。龟主通过《龟鳖高效养殖技术图解与实例》书中的联系电话找到笔者，此时龟病已拖延近一个月，病情十分严重，经过查看大量图片和了解发病过程，分析后诊断为龟白眼与张嘴并发型应激综合征。发病原因是加温养殖过程中人为造成的温差失误。龟主回忆道："我的龟病了。准确地讲是在 4 月份就病了。开始并没在意，等到龟不吃了才开始着急。用了许多乱七八糟的方法，不见好。一直到 5 月 11 日在书上看到老师的电话。当时很纠结，给不给老师打电话犹豫了许久，后来为了龟还是给老师打了，没想到老师很热情，询问了龟的病情后确切告诉我由于饲养不当造成应激反应，已经耽误了最佳治疗时间，那时龟龟已经病了快一个月了。"根据笔者提供的治疗方法：头孢曲松钠 1 克规格，加 5 毫升生理盐水稀释，摇匀，抽取 0.1 毫升对龟进行肌肉注射，每天 1 次，连续 3 天。后改用头孢噻肟钠注射，剂量为 0.2 克，并用青霉素和链霉素"双抗"药物浸泡，用氟苯尼考药水涂抹龟的眼睛。经过漫长的治疗过程，至 6 月 8 日，第一只龟终于睁眼了（图 4-141）；6 月 16 日，第二只龟睁眼（图 4-142）；6 月 17 日，两只龟全部恢复摄食，龟吃得好高兴（图 4-143）。

图 4-141　治疗后第一只龟睁眼（李恩贤提供）

图 4-142　治疗后第二只龟睁眼（李恩贤提供）

图 4-143　龟白眼与张嘴并发型应激综合征治愈（李恩贤提供）

2. 龟鼻塞型应激综合征

2012 年 12 月 26 日，广西柳州龙旭辉养殖的石龟出现鼻塞型应激综合征。龟主反映，今晚一个控温箱内 86 只中有 1 只规格 50 克的石龟苗出现鼻孔堵塞（图 4-144），其他正常。控温 28~30℃，可能是局部加温在换水时出现的个别应激现象，每次换水时间 8 分钟左右。对未发病的石龟采用泼洒维生素 C 3 毫克 / 升的方法进行预防。对于发病龟进行治疗。诊断：鼻塞型应激综合征。治疗：隔离；用牙签轻轻地将石龟鼻孔的堵塞物质剔除；用药物浸泡，一般选用双抗，即青霉素和链霉素，每千克水体各加入 40 万个国际单位，全池泼洒，长期浸泡，每次换水后用 1 次药物，连续 5 天。结果：第四天痊愈（图 4-145），第五天继续

图 4-144　龟鼻塞型应激综合征（龙旭辉提供）

图 4-145　龟鼻塞型应激综合征治愈（龙旭辉提供）

用药，巩固疗效。

2012年10月15日，杨春求救一只庙龟，原来是她在市场上发现这只龟有病，鼻孔堵塞，龟贩子正在出售，她担心被人买去吃掉，善良之心驱使她花了850元买回来对龟进行治疗，治愈后准备送给动物园。这只龟有8千克重，个体很大，她没有治疗经验，求助笔者帮忙。经过初步分析，此龟的鼻孔堵塞可能是龟贩子在经营中，直接使用温差较大的自来水冲洗引起的鼻塞型应激性综合征（图4-146）。因此对症下药，给她的建议药方是：肌注头孢噻肟钠0.2克，每天1次，连续6天为一个疗程。2012年10月16日，龟主反映，昨天中午第一针后，晚上见效，龟不叫了，鼻孔堵塞缓解了。治疗前，龟发出的声音是呼哧哧的，像人捏住鼻孔、上牙压住下唇促气一样的感觉。2012年10月22日，龟主反映，目前庙龟状态好，口鼻都没泡泡了，但鼻子还不通气，还要不要接着打针？已经连打6针。龟不主动吃食，但扒开口给肉就吧

图4-146 龟鼻塞型应激综合征（杨春提供）

嗒吧嗒地啃着吃。因此，笔者建议改用氧氟沙星注射，规格为0.1克：5毫升。每次注射2毫升，每天1次，连续3针。2012年12月4日，大庙龟的鼻子通了，通了个小小的孔，鼻孔周边的烂处已经开始长新肉。因药用太多，需要静养，主要是激活其自愈力。不久发现鼻子通气了，这只庙龟成功得到解救（图4–147）。

图4–147　龟鼻塞型应激综合征治愈（杨春提供）

2012年3月28日，茂名黄东晓反映，他养殖的黄缘盒龟发生应激性感冒。龟主说：我有一只黄缘龟，是网上购买的，应该是在运输的途中产生了应激，出现的症状如下：活动量少，闭眼，低头，一边鼻孔有些液体堵塞，手拿起龟，龟睁开眼睛，用维生素C浅水浸泡，在水中相对活泼一些，偶有爬行到太阳底下晒背。诊断：龟鼻塞型应激综合征（图4–148）。笔者建议治疗方法：用青霉

图 4-148 龟鼻塞型应激综合征（黄东晓提供）

素 40 万个国际单位加链霉素 40 万单位溶化在 1 千克水体中进行浸泡，每天换药液一次，连续浸泡 3 天，效果不明显。2012 年 4 月 4 日，笔者建议改用注射方法。注射头孢噻肟钠 0.1 克加地塞米松 0.1 毫克，每天 1 次，连续注射 6 天为 1 个疗程。结果仅半个疗程，3 针便见效。2012 年 4 月 7 日，龟主反映，鼻孔已经通畅（图 4-149），现在龟在没有人的情况下，还是喜欢睡觉，有人就醒来，缩脖子等动作都比较灵敏。

图 4-149 龟鼻塞型应激综合征治愈（黄东晓提供）

chapter 4

3. 龟鼻涕型应激综合征

广州番禺庄锦驹养殖的乌龟发生鼻涕型应激综合征。2013 年 3 月 21 日，龟主反映，感冒龟已经养定一年，体重 60 克，天气 20 多度，3 月份开始少量喂食，2013 年 3 月 9 日连续几天发现龟都在池边，过冬期间温差大，觉得异常拿起来观察，发现流鼻涕，隔离单养，马上用可溶性“阿莫西林”泡了 2 天（1 天泡 1 次），浓度没真正量过，大概是 500 毫升水放了绿豆大的阿莫西林粉，11 日看见龟再没有流涕了，就停止泡药。3 月 14 日，几天的单养龟也没流涕了，放回池里养殖（图 4–150）。3 月 20 日，一星期过去了，期间喂食时这只龟都没进食。21 日晚上得到笔者的帮助，肌肉注射左氧氟沙星（0.2 克∶100 毫升）0.1 毫升每次，每天 1 次，连续 3 天为 1 个疗程。24 日治疗一小时后，尝试喂食，哈哈，龟马上开口摄食了（图 4–151）。25 日先喂食，看龟胃口不错，就没再治疗了。

2012年6月11日，南宁读者龙碧珠反映她养殖的黄缘盒龟发生应激性感冒，

图 4–150　这只乌龟感冒泡药后不流鼻涕但仍停食（庄锦驹提供）

主要症状是流鼻涕，冒泡，摄食不正常。这只病龟体重1.5千克，起初采用土霉素和灰黄霉素治疗无效，找到笔者，根据她介绍的情况，笔者诊断此病为龟鼻涕型应激综合征。建议采用注射治疗的方法：在头孢曲松钠1克瓶中，加入葡萄糖注射液5毫升，摇匀后抽取0.5毫升，每天1针，连续6针，每天注射多余的药液对龟进行浸泡，最终治愈，龟恢复正常摄食。使用的饲料是配合饲料加香蕉，有时加苹果。2012年此龟产卵4枚，但未受精。这批龟是今年上半年买来的安徽种群黄缘盒龟亲龟，一组3只，1雄2雌，合计2.3万元。买来时就发现有病，1只雄龟肠胃炎，用葡萄糖浸泡，慢慢自愈；1只雌龟感冒，就是上述情况。因为小孩患心脏病，家庭经济困难，无条件上网，只好电话联系，也无法发图片。一个疗程后，该读者来电告诉笔者，龟病已痊愈。

图4-151　经过注射治疗后恢复摄食（庄锦驹提供）

2012年5月11日，笔者对自养的一只铜皮黄缘盒龟鼻涕型应激综合征进行治疗。下午发现一只铜皮黄缘盒龟鼻涕不停地从鼻孔喷出，并发现拉稀现象，眼睛无神，活动力较差（图4-152）。近期，天气昼夜温差较大，白天最高27℃，夜间仅17℃，夜间时有下雨，对露天生态养殖的黄缘盒龟增加了应激。根据这一判断，对症下药，及时治疗，最后取得理想结果，很快痊愈。采用的治疗方法是：在注入7千克新水的泡澡池中，加入头孢呋辛钠1克，将药物加水溶解后均匀泼洒，溶入水中。之后，将此龟轻轻放入水中，让龟自行爬入，以免再次应激。在药液中浸泡30分钟左右，龟自行离开。观察治疗效果。第二天观察，此龟不再出现鼻涕喷出现象，原来从鼻孔里冒泡的病症也不再发生。第三天继续观察，发现此龟已经很健康地在树丛中栖息，精神

图 4–152 铜皮黄缘盒龟鼻涕从鼻孔流出

饱满（图 4–153）。总结此次病例，笔者认为，在养龟过程中要善于观察，发现龟受到应激后，查明原因，对症下药，及时治疗。从治疗结果分析，对于早期的感冒应激的病龟，完全可以采用药物浸泡的治疗方法。

图 4–153　铜皮黄缘盒龟鼻涕型应激综合征治愈

4. 龟肠胃型应激综合征

2011 年 6 月 28 日，笔者受苏州朋友委托，对送来的两只台缘进行治疗。诊断为：肠胃型应激综合征。治疗前，小缘前肢肿胀，大缘拉稀不止。傍晚 18 点，对两只台缘应激症进行治疗。采用 5 毫升针筒配 0.5×20 针头对黄缘盒龟进行肌肉注射治疗。体重 200 克的小缘前肢肿胀，腋窝鼓胀，但前肢能活动，头部和四肢都能伸缩；对小缘注射头孢曲松钠 0.1 克加地塞米松 0.5 毫克及生理盐水至 0.5 毫升；注射后，小缘无不良反应，表现灵活起来，在暂养盆里爬动，头伸缩自如，如果人为动它，头部会缩回，眼睛紧闭，四肢同时缩进壳内，几小时后发现前肢基本消肿，前肢腋窝不再鼓胀。体重 500 克的大缘病危，主要表现为拉稀不止，头部伸出无反应，后肢无反应，前肢有反应，眼闭。对大缘肌肉注射头孢曲松钠 0.2 克加地塞米松 1 毫克及生理盐水至 1 毫升。将病龟放在盘中水养，在 2 千克水体中加入注射用头孢曲松钠 0.7 克和地塞米松 3.5 毫克进行药物浸泡。大缘在注射后反应比较强烈，眼睛紧闭时间较长，后肢更加变软，没有任何反应，昏迷状，继续观察，几小时后逐渐苏醒，眼睛微微睁开，头部已有反应，但后肢仍无反应。翌日早晨，发现大缘后肢稍微有反应，眼睛能常态睁开，精神不佳，排泄两次，仍有拉稀。

2011 年 6 月 29 日傍晚 16 点，对两只黄缘盒龟继续注射药物进行治疗。首先，小缘表现更为灵活，病情根本好转，主要体现在昨天注射时后腿能拉出来行针，今天注射时后腿紧缩有力，根本拉不出来，只好拉开前腿进行肌肉注射，剂量为头孢曲松钠 60 毫克加地塞米松 0.3 毫克及生理盐水至 0.3 毫升；注射后不久发现小缘龟爬到大缘龟背上，眼睛明亮（图 4–154）。其次，大缘

图 4–154　黄缘龟肠胃型应激综合征注射治疗后精神好转

逐渐好转，主要表现在后腿能伸缩，头部伸缩自如，眼睛有点精神，注射时后腿能拉出来，但有一点回缩力，注射头孢曲松钠 140 毫克加地塞米松 0.7 毫克及生理盐水至 0.7 毫升。注射后大缘眼睛闭一会儿，时间不长就睁开，后肢明显回缩有力（图 4–155）。而昨天注射时，后肢无力，拖拉在地，毫无反应。今天注射时发现明显好转，不再拉稀，泄殖孔干净。不像昨天注射第一针时不停地拉稀，今晨拉稀减少，傍晚针后拉稀基本停止。对上述两只黄缘盒龟注射后进行药物浸泡，在 2 千克水体中加入头孢曲松钠 0.8 克加地塞米松 4 毫克，浸泡 24 小时。

2011 年 6 月 30 日傍晚 18 点，黄缘盒龟基本痊愈。药物浸泡，巩固疗效。原本准备继续注射治疗，发现两只龟都有精神，决定不再注射。改用头孢曲松钠 1 克加地塞米松 5 毫克溶入 2 千克水体中，对龟进行药物浸泡（图 4–156、图 4–157）。

图 4–155　黄缘龟肠胃型应激综合征治疗后四肢回缩有力

图 4-156　黄缘盒龟肠胃型应激综合征药物浸泡（小龟）

图 4-157　黄缘盒龟肠胃型应激综合征药物浸泡（大龟）

5. 龟出血型应激综合征

2012 年 1 月 8 日，广西读者黄保森反映，他养殖的石龟出问题了。原来，白天加温可以加到 28℃，前段时间不在家，家人不会搞，一直都是 23℃左右。换水也是用热水器直接加温到 38℃左右，用手试着不烫，暖暖的，就直接给换水再放进保温箱加温，这就出现问题了。70 只石龟苗中已经有 40 只出现全身性出血（图 4-158），但能摄食。分析原因，由于温差太大引起的恶性应激，温差 10℃以上一般难以抢救，尤其是内出血已很严重。实际上是恶性应激引起的内出血。因此诊断为龟出血型应激综合征。建议治疗方法：逐渐将温度降到

图 4-158 龟出血型应激综合征（黄保森提供）

28℃，达到最佳温度后稳定温度；坚持等温换水；使用氟哌酸药饵，每千克饲料添加 3 克，连续 6 天。结果痊愈（图 4-159）。

2012 年 4 月 28 日，钦州“传说”反映，他养殖的鳄龟亲龟，雌性亲龟全部停食，其中一只口鼻大量出血，最后死亡，解剖发现，大量内出血，肠道内瘀血，肝脏发白，其他内脏也有不同程度的点状充血。笔者经诊断为出血型应激综合征（图 4-160）。这批龟规格是 7.5 千克左右，20 只，其中雄龟 5 只单养，另外 15 只雌龟混养，采用露天水泥池养殖，池底铺沙，水深 30~40 厘米，直接使用山上泉水，未经等温处理，在晚上 20 点左右彻底换水，每 3 天换 1 次，投

图 4-159　龟出血型应激综合征治愈
（黄保森提供）

图 4-160 龟出血型应激综合征
（“传说”提供）

喂小杂鱼。经过分析得知，发病是由于温差应激引起，因累积应激，发展成恶性应激，鳄龟生理紊乱，体质下降，致病菌乘虚而入，引发内部出血，最终导致出血型应激综合征发生。笔者提供治疗方法：等温换水；在仍能摄食的雄龟食物中添加头孢呋辛纳，每千克饲料添加 0.5 克，连续 3 天；对雌龟进行注射药物治疗，具体使用头孢呋辛纳 0.2 克、维生素 K 0.2 毫升、维生素 B_6 0.3 毫升，每天 1 次，连续 6 天。结果病情得到控制。

6. 龟吹哨型应激综合征

2011 年 8 月 29 日，广西钦州读者杨军反映，其养殖的石龟发病。主要症状是，喘气的龟呼吸气大，发出吹哨声，龟四肢有力，进食正常，发病 6 天，每天死亡 1~2 只。全场共有 2 200 只石龟，其中温室约有 900 只体重为 400 克第二年的龟。究其原因是，尽管采用外塘水用于温室内养龟，但已经是夏天，经常在下午 18 点左右摄食后换水，并且有时使用约占 1/10 的温差较大的井水，觉得水温低加温后使用，温度没有精确控制。因此，必须要注意加温后的恒温控制，温度要求稳定。这批石龟曾经摄食过变质的海鱼，变质海鱼也是致病因子，最近的少量浮水病龟解剖发现肝脏变性坏死。因此，建议改用配合饲料。

图 4-161　龟吹哨型应激综合征（杨军提供）

笔者诊断为龟吹哨型应激综合征（图 4-161）。治疗方法：头孢曲松钠 0.1 克，每只龟每天注射 1 次，连续 3 次为一个疗程。治疗效果：从 8 月 29 日开始对所有的石龟分批进行注射，2 针后，吹哨声减少，3 针后基本消失。

7. 龟垂头型应激综合征

2011 年 7 月 2 日，笔者在广东顺德容桂镇发现，读者李丽兴养殖的金钱龟应激发病。查找应激原，主要是直接使用自来水调节水质，让自来水不停地流淌，造成微流水环境。下午在现场直接测定温度，自来水温度 28℃，养龟池水体温度 28℃，气温 33℃，水温与气温的温差 5℃。尽管自来水与龟池水温没有温差，但不分时间直接用自来水注水，早晚有温差，正常 3℃，而实际温差在 5℃，当龟从水体中爬到休息台上的时候，感受 5℃温差，容易产生应激，并且这种应激是长期的，也就是累积的，因此诊断为温差引起的累积恶性应激。正常情况下，稚龟、幼龟和成龟能忍受的温差分别是 1℃、2℃和 3℃。从金钱龟死亡的情况看，也证明恶性应激的源头来自温差。因此出现了无名死亡的应激症状。主人介绍：18 只金钱龟已死亡一半，因此感到很郁闷。根据读者反映，在平时的金钱龟死亡前的症状中发现有头颈上扬和下垂交替进行，张嘴呼吸，

图 4-162　金钱龟垂头型应激综合征

口吐泡沫，眼睛发白等现象。因此诊断为龟垂头型应激综合征（图 4-162）。采用的治疗方法：主人曾经采用过土霉素、氯霉素、青霉素等注射或浸泡治疗，但效果不佳。改用头孢噻呋钠和头孢曲松钠加地塞米松进行治疗。具体治疗方法是：每千克龟用头孢噻呋钠 20 毫克加地塞米松 1 毫克；或用头孢曲松钠 0.2 克加地塞米松 1 毫克，肌肉注射，每天 1 次，连续 3 天为 1 个疗程。病情得到缓解，并逐渐康复。预防应激方法：增加调温池，自来水经过调温池自然升温，达到与自然温度一致后，才可注入养龟池。这样做就可以避免因温差造成的应激反应。此外，投喂冰冻饵料，一定要经过化冻后，与常温一致时才能使用，否则会产生饵料温差应激。

广州读者鸣扬引种的鳄龟发生垂头型应激综合征。2012 年 10 月 18 日，龟主反映，前几天将鳄龟从一朋友家中运回家，中途是用篮子装好放在摩托车后面的，估计就此吹风着凉了，回到家里又直接放进水池里。之后一直不进食，活动量很少，头低至地板，无精神，最近发现它鼻孔有泡。两只，每只重约 2.6 千克，其中一只有鼻泡，另一只没有。诊断：垂头型应激综合征（图 4-163）。

图 4-163　龟垂头型应激综合征（鸣扬提供）

治疗方法：让龟自行下水，静养，不可人为投入水中；肌注头孢曲松钠0.1克，加氯化钠注射液1毫升，稀释后使用，每天1次，连续3天。根据3天注射药物效果决定下一步。2012年10月23日，龟主反映，两只鳄龟按照笔者指导的方法，肌注头孢曲松钠加氯化钠3天，现精神状态好转，但依然有点鼻泡。因此，建议继续注射2针。2012年10月25日，鳄龟鼻泡消失，垂头相对减少，精神也好很多，鳄龟慢慢康复（图4-164）。

图4-164　龟垂头应激综合征治愈（鸣扬提供）

8. 龟豆腐渣型应激综合征

2012年5月4日，广州读者邓广斌反映，他已养了十几年的四眼斑龟，最近发现一种病，请求帮助。症状：初期眼睛似白眼症状，口中有白沫吐出，泄殖孔红色，绝食，初时精神尚好，还爬动，后来口中有白色类似豆腐渣吐出，张大口呕吐状，有恶臭味，具传染性，经过自己用土霉素等药物浸泡救治，现在一只已正常，一只已死亡，后传染2只，精神较差（图4-165至图4-167）。经过图片诊断，确认为龟豆腐渣型应激综合征。疑似使用自来水换水时偶尔不注意温差，直接换水引起的。治疗方法：对于体重250克的四眼斑龟，使用头

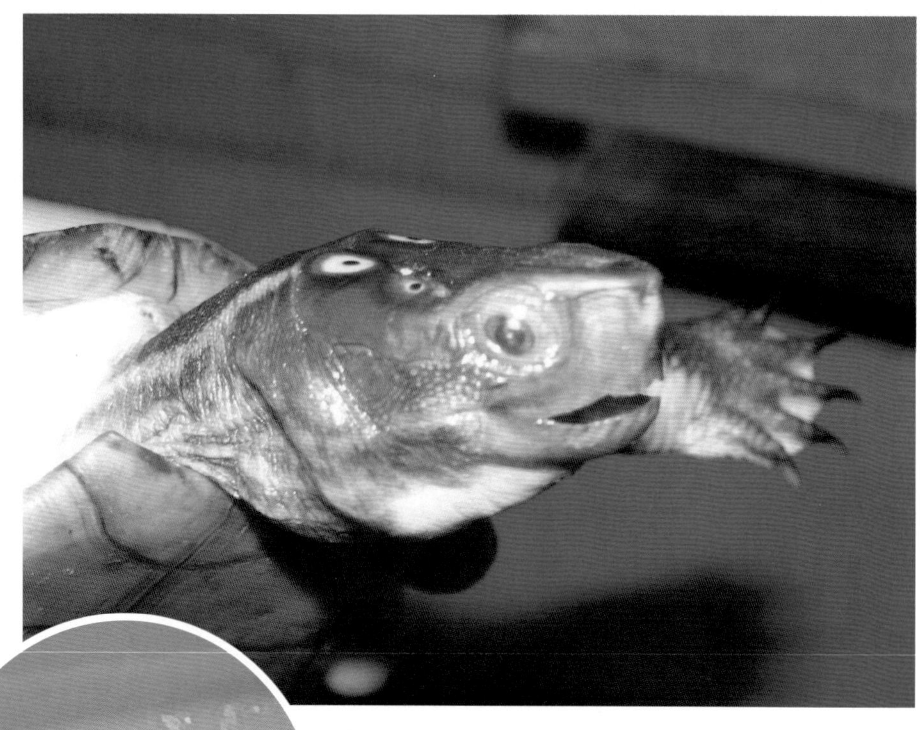

图 4-165 龟豆腐渣型应激综合征（邓广斌提供）

图 4-166 龟豆腐渣型应激综合征口中吐出物（邓广斌提供）

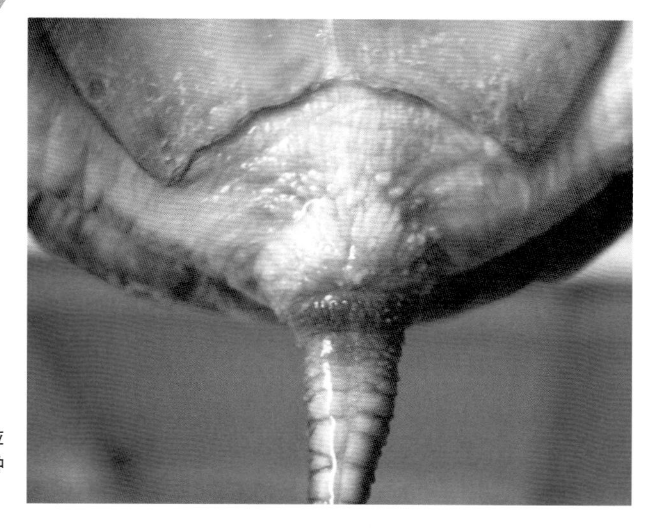

图 4-167 龟豆腐渣型应激综合征显示泄殖孔红肿（邓广斌提供）

孢呋辛钠 0.1 克加生理盐水 0.5 毫升稀释。每天 1 次，肌肉注射，连续 6 天为 1 个疗程。后治愈。

2011 年 11 月 2 日，茂名读者冯艳反映她养殖的石龟苗得了肺炎，并表现各种症状。主要特征是嘴巴张开呼吸，并且急促，明显是肺炎症状。每天都有石龟苗死亡。主人还反映，所有的龟一开始都是眼睛先出现一个米状的白色物，接着开始张口呼吸、口边有豆腐渣样物质等。她采用药物浸泡，已经用过青霉素、链霉素、头孢哌酮、“阿莫西林”和强力霉素了。头孢哌酮刚用，感觉好点。笔者建议用庆大霉素浸泡，对病龟，每 500 克水体使用庆大霉素 1 支（8 万个国际单位），对未发病的龟用药量减半。连续 6 天，每天换水换药。在治疗期间可以投喂黄粉虫，不要使用蚯蚓投喂，防止蚯蚓带菌感染。引起肺炎的主要原因是局部加温，养殖箱盖子每天打开两次进行换水和投饵，箱内外产生较大温差。由此产生应激，最终导致感冒和肺炎发生。诊断为豆腐渣型应激综合征。在龟发病的不同时期表现不同的应激症状（图 4-168 至图 4-171）。2011 年 11

图 4-168　龟豆腐渣型应激综合征（冯艳提供）

图 4-169　龟豆腐渣型应激综合征初期（冯艳提供）

图 4-170　龟豆腐渣型应激综合征表现为脖子肿胀（冯艳提供）

图 4–171　龟豆腐渣型应激综合征呼吸困难（冯艳提供）

月 7 日，龟主反映，第一次养殖石龟，总共养殖石龟苗 60 只，已死亡 18 只。现在规格为 20~25 克，购买时规格为 10 克，买入价 500 元。2011 年 11 月 12 日，龟主反映，已注射 5 针，每 12 小时注射一次，头孢噻肟钠 1 克瓶装，每只规格 20 克的石龟苗每次注射 1 毫克，并加地塞米松，未浸泡，有一定效果。龟呼吸已好点，没那么急促，嘴巴还张开，黏液也少点。建议药量可以增加 1 倍，改为 2 毫克，24 小时注射一次，同时浸泡，不用加地塞米松。 继续观察效果。2011 年 11 月 16 日龟主反馈，采用头孢噻肟钠加倍注射的石龟，剂量为 20 克龟注射 2 毫克，24 小时注射一次，同时浸泡，不用加地塞米松。结果两只晚期的石龟苗死亡。其他石龟苗保住，病情得到控制。

9. 龟非等温投饵型应激综合征

2011 年 3 月 24 日，钦州读者米一运反映他养殖的鳄龟出现问题。钦州读者米先生 28 岁，从当地新华书店买到《龟鳖高效养殖技术图解与实例》一书，他说买了好多龟鳖书，觉得这本书比较好。他养殖的龟鳖品种有 5 个：山瑞鳖，年产苗 100 只；珍珠鳖，年产苗 1 800 只；黄沙鳖，年产苗 1 000 多只；5 龄石龟几百只。此外，新引进鳄龟。石龟苗在 2010 年钦州卖 320 元，灵山卖 420 元，他自己前年买回来的石龟苗价格 178 元。由于钦州自然温度较高，今天气温 18℃，目前当地有一位养殖户的鳄龟已产卵 200 枚，但均未受精。等温放养、等温换水和等温投饵是养龟的三原则。该读者违背了第三条原则。

2010 年 8 月份引进鳄龟亲龟 16 只，平均体重 8 千克左右，是从当地的一位医生那里买回来的，去年这批龟已产卵 600 枚。由于投饵采用冰冻鱼，未经解冻，仅洗一洗就投喂鳄龟，因冰冻饵料与常温之间的温差产生应激。2011 年开春后，已投饵一次，仍然是非等温投喂冰冻鱼，发现有 3 只爬上岸，并有浮水现象，脚部有腐皮症状，但未发现腿部或全身性浮肿现象，可排除因饵料变质引起的脂肪代谢不良症。经分析诊断为：龟非等温投饵型应激综合征（图 4−172）。

图 4−172　龟非等温投饵型应激综合征（米一运提供）

因此，建议采用注射药物的治疗方法。注射治疗：每千克龟注射头孢曲松钠 0.1 克加地塞米松 0.25 毫克，肌肉注射，每天 1 次，连续 6 天。2011 年 6 月 2 日米先生来电反映，鳄龟非等温投饵应激症早已治愈，并已顺利产蛋。

2013 年 7 月 12 日，笔者接到钦州张作英来电，她的一个龟友养殖的规格 100 克石龟两后腿肿胀，爬行有拖行现象。分析原因，是小孩不当心投喂了冰冻饵料引起。诊断为：龟非等温投饵型应激综合征。建议治疗方法：肌肉注射左氧氟沙星（0.2 克：100 毫升）0.2 毫升，每天 1 次，连续 6 天。

10. 龟肺气泡型应激综合征

广州读者"梦想飞天"养殖的石龟并发应激性肺气泡和白眼病。2013 年 3 月 14 日龟主反映，她养殖 2012 年的石龟苗 600 只，因暖气机坏了，过了 2~3 天才处理，导致温室内温差很大，引起石龟恶性应激，逐渐死亡 100 只。发现石龟病症是白眼型应激综合征和应激性肺气泡并发征。肺气泡（肺大泡）是由于肺内细小支气管发炎，致使黏膜水肿引起管腔部分阻塞，空气进入肺泡不易排出而使肺泡内压力增高，同时肺组织发炎使肺泡间侧支呼吸消失，肺泡间隔破裂，形成巨大含气囊腔，叫肺大泡。用过"维 C 应激宁"一周，再用"阿奇呼清"（硫氰酸红霉素可溶性粉）一周，还是不稳定，龟很瘦，现在有时候，一天死亡两三只。诊断：龟肺气泡型应激综合征（图 4–173）。治疗方法：鉴于石龟体重 250 克左右，肌肉注射头孢噻肟钠 0.1 克加氯化钠注射液 0.5 毫升，每天 1 次，连续 6 天为 1 个疗程。

图 4–173　龟肺气泡型应激综合征（"梦想飞天"提供）

chapter 4

11. 龟肺炎型应激综合征

2012年10月10日，广东茂名市电白县沙琅镇读者吴梦云反映，她养的鳄龟今晨发现死亡2只，另有4只发病，放养密度为每平方米12.5只，养殖箱规格为1米×2米，是7月份买回来的鳄龟苗，现在规格有50克左右。经过分析发现，尽管她采用的是等温水，但实际没有完全做到等温，因为从井水抽取到调温池之间没有设置开关，这样，在使用完等温水之后，井水会自动上水至调温池，在短时间内做不到等温，连续使用的结果造成不等温，因而使龟产生应激反应。从死亡的鳄龟解剖发现，其肺部有病变，其他内脏未见异常。死亡时鳄龟嘴巴张开，显示呼吸困难。此外，眼睛睁开，泄殖孔松弛。诊断：温差应激引起的肺部感染，定名为龟肺炎型应激综合征（图4–174）。笔者指导防治方

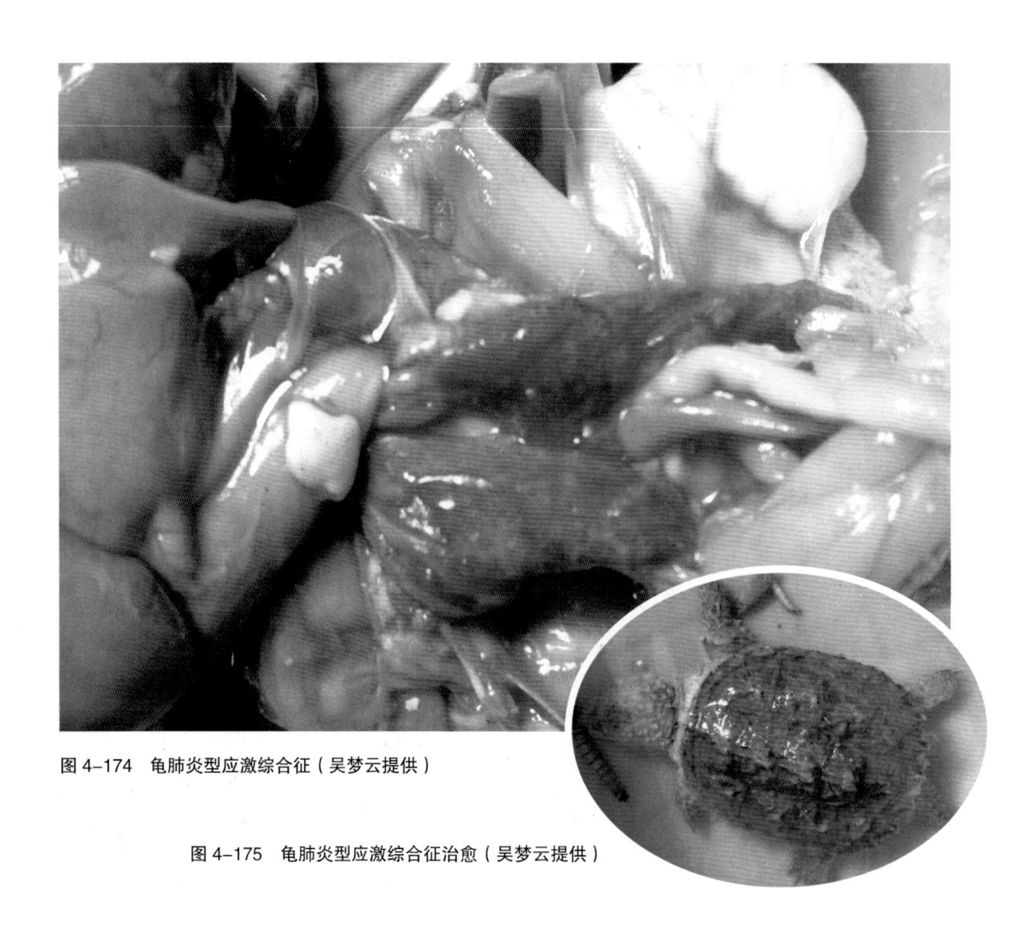

图4–174　龟肺炎型应激综合征（吴梦云提供）

图4–175　龟肺炎型应激综合征治愈（吴梦云提供）

法：对养殖池用头孢曲松钠全池泼洒，每池每次用药1克；对正在发病的4只鳄龟肌肉注射药物，左氧氟沙星（0.2克∶100毫升）0.2毫升，每天1次，连续3天。10月14日，小鳄龟应激引起的肺部感染基本消失并已恢复正常摄食（图4-175）。

12. 龟浮水型应激综合征

2012年9月27日，广西北海读者包仁珍反映，她养殖的石龟苗出现问题。石龟苗买回来10天，200只，在室内养殖，水深4厘米，最近发现其中有一只浮水现象（图4-176），摄食基本正常，主要是喂黄粉虫和虾，偶尔也喂一些配合饲料。为什么会出现浮水现象？经过调查发现，其直接使用温差较大的井水养殖，井水温度24.5℃，养殖池水温度28.5~29.5℃，温差4~5℃，由此产生温差应激，不仅如此，管理中有时将龟苗抓起来观察，之后直接投入到水中，也

图4-176　石龟浮水型应激综合征（包仁珍提供）

容易引起呛水应激。因此，浮水现象具体诊断为：浮水型应激综合征。防治方法：注意使用等温水，井水必须经过调温池等温之后才可以使用；将龟苗观察后，必须经过斜板自行爬入水中，不可以直接投入水中；将浮水龟隔离，并用维生素C浅水浸泡，浓度为每立方米水体30克。注意将含有维生素的水徐徐倒入盛有龟苗的盆里。龟主反映：今天用强力霉素加维生素C泡过了。不过感觉龟苗泡了比没泡精神好一点。用小盆放指甲盖一丁点的强力霉素和维生素C加水放到它的背左右。后来龟逐渐痊愈。

2012年10月1日，广西钦州读者黄毅振反映，他养殖的石龟出现浮水性应激反应。该读者养殖石龟300只，8月20日死亡2只，最近一段时间死亡1只，目前有1只正在浮水（图4-177），规格900克，浮水的原因基本查明，主要是直接采用井水和自来水换水，未经等温处理，尽管偶尔测量温差不是很大，但这种低温差会导致抵抗力弱的龟难以通过自身的免疫系统调节过来，变成慢性应激，因此发生的浮水死亡龟数量不多。分析认为：原来的养殖方法违背了应激原理，就是说石龟苗、幼龟和成龟，瞬时换水温差必须分别控制在1℃、2℃、3℃内，要做到这一点就需要等温换水，怎样等温，就是建有等温调水池，将井水、自来水与常温相等后才可以注入养殖池中，如果是加温养殖，必须与加温池中的水温保持一致才可以换水，否则会产生应激；原来的养殖方法是直接使用井水和自来水，尽管他说的情况温差不大（养殖池水温是25℃，井水温度是27.5℃），但毕竟存在一定的温差，所以他的石龟死亡和浮水才是个别现象，否则问题会很大，严重时会全部死亡；他的龟死亡不多，正是

图4-177　石龟浮水型应激综合征（黄毅振提供）

因为温差不大，仅个别龟产生恶性应激。应激大小取决于温差和龟的自身抵抗力，如果他的龟逐渐适应这样的温差，而自身抵抗力很强，也许没事，但操作方法上还是违背了应激预防原则，也就是说，直接用自来水、井水换水是不可以的。诊断为浮水型应激综合征。治疗方法：杜绝温差；使用“双抗”浸泡，具体是每千克水使用青霉素和链霉素各40万个国际单位对龟进行浸泡，时间到下一次换水前；如果病情严重，需要采用注射药物的治疗方法。

图4–178 石龟浮水型应激综合征痊愈（黄毅振提供）

2012年10月7日，龟主反馈，按照笔者的指导用青霉素和链霉素对龟进行了3天的浸泡，龟在第二天已进食（图4–178）。泡药的第二天发现龟的活动力比第一天强了，龟主说：“我想，龟几天不吃东西了，肚子饿了吧，于是我就找一小片肉放进水盘里去，观察龟在水里的动静。半个小时过去了，仍然不见龟有吃东西的迹象，无奈上班时间已到，怀着遗憾的心情去上班。下班回来，高兴的心情已经洋溢在我的脸上，水盘里的这一小片肉不见了，我的龟又开始进食了。泡药的第三天，龟在水盘里的活动更加有劲，四条腿不停地动、不停地爬，放进去的肉也在一个小时内吃完，龟的病情已经大有好转，真是神啊！”

广州番禺庄锦驹养殖的石龟出现浮水现象。2013年1月1日，龟主反映：“有1只上一年的南石苗，在前几天发现浮水现象，其他的龟都没问题，入冬以来都没换过水。在广州，于上月中旬天气突然转温，南石都出来找食，我就喂了它们，2天后又来了冷空气，怀疑石龟摄食的东西没排出来”。他在阳台下养殖的石龟自然越冬，体重250~300克，是2010年的龟苗，最近出现浮水现象。分析原因可能是前段时间天气突然降温，体质较差的石龟引起的应激反应，观察其眼睛能睁开，四肢有力，已采用维生素 C 和氟哌酸浸泡，效果不明显。诊断：浮水型应激综合征（图 4–179）。治疗方法：隔离单养，用泡沫箱养殖；肌肉注射头孢噻呋钠，每天 0.1 克加 0.5 毫升氯化钠注射液，连续 3 天。结果痊愈（图 4–180）。

2012 年 8 月 7 日，茂名龟友清清直接将石龟苗投入深水中出现浮水的错误操作方法（图 4–181）。对于孵化后一周左右的石龟苗，龟主在自家是采用 2~3 厘米水位，但是卖给商家时，对方要求用深水位检验龟苗质量，发现有浮水的

图 4–179　龟浮水型应激综合征（庄锦驹提供）

图 4–180　龟浮水型应激综合征治愈（庄锦驹提供）

图 4–181　操作不当引起的龟苗浮水现象（清清提供）

就拒绝收购。龟主说，平时喂养小龟刚好浸过龟背，龟苗刚孵出来不浮水，喂养几天后再投进深水就浮水。正确做法：可以向有龟苗的箱子里慢慢注水，不可以将苗直接投入深水里，否则会引起呛水型应激反应，这是技术关键。

2012 年 1 月 15 日，茂名读者郭金海反映，他养殖的庙龟发生温差应激。一只体重 1 千克的庙龟在前几天出来晒太阳，后来下了小雨有些感冒了，龟主就用维生素 C 和头孢菌素一起泡。到了第三天，把龟放到金鱼缸中加温，从 16℃的水温加到 24℃，温差 8℃。水温 16℃的时候庙龟很爱游，但是水温升高后就出现浮水不动的现象，眼睛有时候闭着，呼吸急速。诊断为龟浮水型应激综合征（图 4–182）。笔者提出缓解措施：逐渐降温，每天下降 2℃；使用维生素 C 和头孢浸泡；用地塞米松 0.25 毫克加维生素 C 1 毫升，肌肉注射。2012 年 1 月 16 日，龟主反映：我的庙龟今天好多了。还没有打针，现在在外面晒太阳了，用维生素 C 和头孢菌素泡着呢。这表明，浸泡药物也有一定作用，逐渐恢复并开始摄食，状态很好。

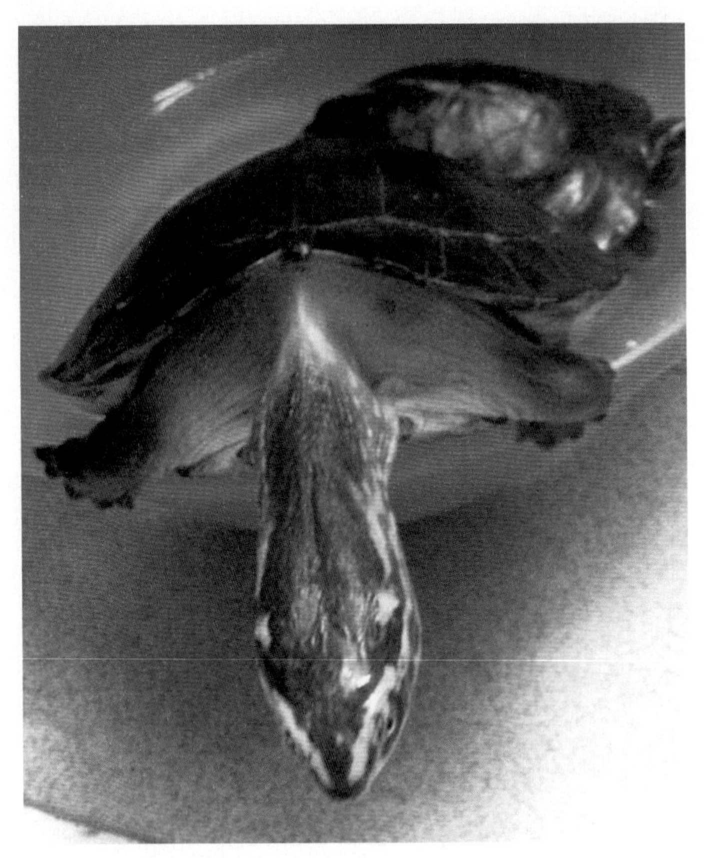

图 4-182 庙龟浮水型应激综合征（郭金海提供）

13. 龟肝肺变性型应激综合征

2012 年 11 月 22 日，南宁读者黄江山反映，他养殖的当年石龟苗 500 只，以每只 520 元买入，现在规格已有 50 多克，最近死亡 1 只，并解剖发现肺部变黑，肝脏变性，在肝脏上面有一黄色斑块（图 4-183）。从仅死亡 1 只的病例看，笔者对其发病原因从大的思路分析认为，目前广西、广东养龟采用的局部加温方法很不科学的，容易引起应激，由应激引起龟的生理紊乱，致使肝脏等器官变性。关键问题是投喂、换水时，必须将箱盖打开，就在打开的时候，温差不大，不要紧，龟会自行调节应激，如果温差较大就难以调节，累积应激后就会发病。所以暂时没有问题，不等于这个方法可行，实际是有缺陷的局部加温养龟方法。

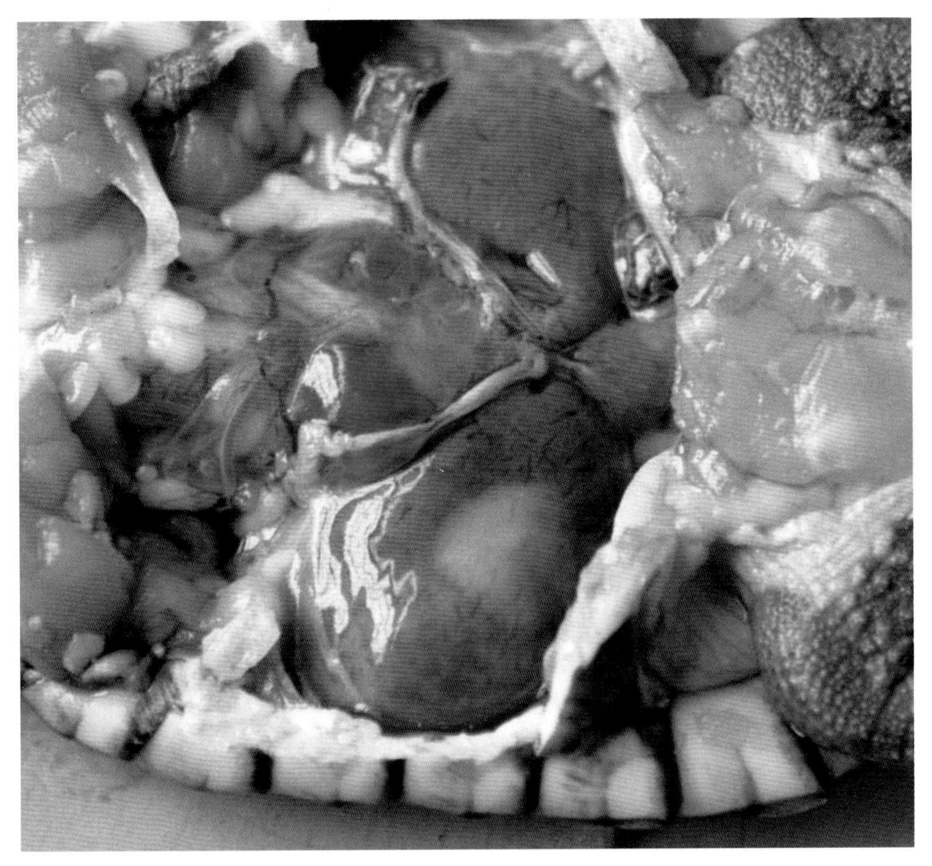

图 4-183　龟肝肺变性型应激综合征（黄江山提供）

14. 龟肝肿大型应激综合征

2012年8月13日，茂名读者莫晓婵反映，她养殖的石龟应激出现无名死亡。主要症状是肝肿大，死前没有什么症状。主要原因是使用井水换水，可能有时等温措施做得不够到位。其他池也同样养但没问题，就这一池是这样。换水不是直接抽上去，是先抽上水池再上龟池。这半个月死了 4 只，剖开都是肝肿大（图 4-184、图 4-185）。晚上 21 点左右测量，井水温度 25℃，龟池水温 29℃，温差 4℃。一般龟对温差很敏感，对于一定范围内的温差能够自我调节，超过可调节范围，就要取决于龟的体质，如果体质较差就会发生应激。那么石龟直接使用井水造成的温差估计在 4℃，这样的温差对于体质较好的龟来说不要紧，

chapter
4

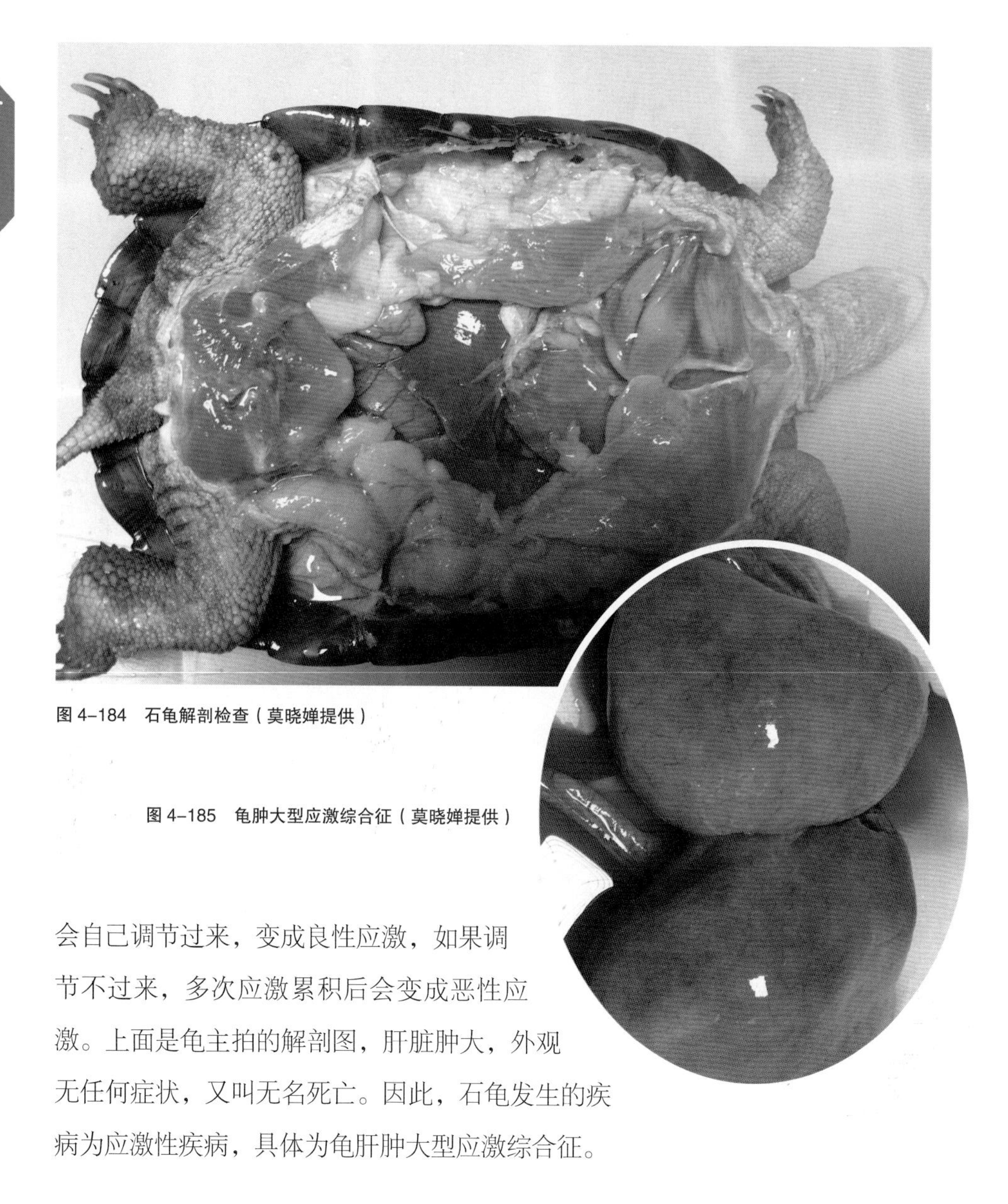

图 4-184 石龟解剖检查（莫晓婵提供）

图 4-185 龟肿大型应激综合征（莫晓婵提供）

会自己调节过来，变成良性应激，如果调节不过来，多次应激累积后会变成恶性应激。上面是龟主拍的解剖图，肝脏肿大，外观无任何症状，又叫无名死亡。因此，石龟发生的疾病为应激性疾病，具体为龟肝肿大型应激综合征。

15. 龟红底型应激综合征

2012 年 1 月 12 日，东莞塘厦镇的杨英投饵换水时将温度 24℃变成 20℃，然后又升温到 28℃，因温差 8℃，结果出现温差应激，主要表现是石龟的腹部尤其是尾部充血发红，表现红底型应激综合征（图 4-186）。发病率 60%（70

只龟，40只龟发病）。石龟规格100~600克。笔者指导治疗方法：庆大霉素4万个国际单位注射，每千克水体用青霉素和链霉素各80万个国际单位对龟进行浸泡。

图4-186　红底型应激综合征治疗前（杨英提供）

治疗第二天，龟主杨英反映，泡了一次药，打了一针，检查后好了很多。打针后不怎么吃东西，继续浸泡，没有注射。浸泡6天，每天浸泡12小时。结果已有85%的龟出现根本性好转，体色接近原色，不再充血。建议继续浸泡治疗，再浸泡3天，巩固治疗效果。2012年1月20日龟主反映，龟病痊愈（图4-187）。

2013年6月16日，浙江海宁斜桥镇万星村读者张月清反映，他进行温室养殖日本鳖和露天池培育鳄龟种龟，养殖了日本鳖10万只，鳄龟亲龟2000多只。最近鳄龟出现问题。

图4-187　红底型应激综合征治愈（杨英提供）

2000多只北美小鳄龟是去年引进的，放入外池，培养亲龟，今年未产卵，预计明年开产。今年开春以来鳄龟已无名死亡50多只，最近每2天死1只，问题比较严重。笔者来到现场诊断为：龟红底型应激综合征。主要症状是腹

图 4-188　龟红底型应激综合征

图 4-189　龟红底型应激综合征并发腐皮病

部皮肤发红，并发腐皮病（图 4-188、图 4-189）。龟主反映曾解剖刚病死的鳄龟，肝脏呈土黄色，肺气肿，膀胱积水。发病的原因是露天池天气多次突变降温，部分体质差的鳄龟抗应激力低，体内平衡受温差突变威胁引起应激综合征。

防治方法：泼洒药物与注射药物相结合。全池泼洒氧氟沙星浓度为 0.5 毫克 / 升，生石灰 25 毫克 / 升，聚维酮碘 1 毫克 / 升，交替使用。肌肉注射左氧氟沙星 2 毫升（0.2 克：100 毫升），加地塞米松（1 毫升：2 毫克）1 毫升。具体要求：对鳄龟爬上池坡不下水，见人无反应的，立即注射药物，每天注射 1 次。注射后立即放回原池（图 4-190、图 4-191）。连续 6 天为一个疗程，根据病情决定是否继续下 1 个疗程。

2013 年 6 月 18 日，龟主张月清反映，前天开始注射，昨天死 1 只，8 只上岸不下水，今天减少为 2 只上岸，已有明显好转。2013 年 6 月 22 日，龟主反映，已停止死亡，上岸不下水的病龟显著减少，病情得到有效控制。后又继续注射，因原池龟密度太高，将注射过的龟隔离到另池观察，结果未再出现死亡。

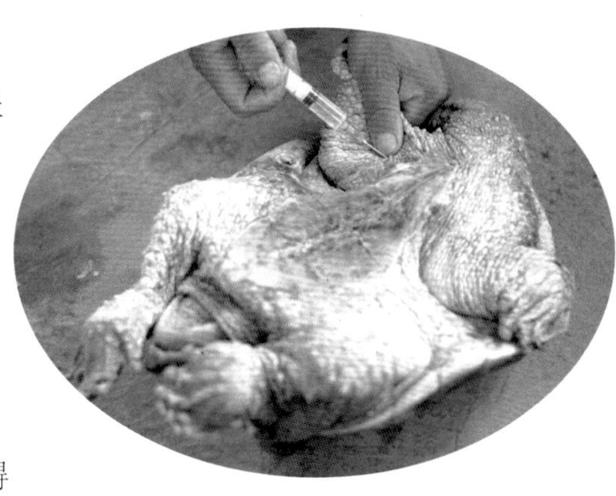

图 4–190 龟红底型应激综合征注射治疗

图 4–191 龟红底型应激综合征每次注射后放回原池

16. 龟交配频繁型应激综合征

2012 年 9 月 18 日，广东顺德读者“鹰”反映，最近发现一只雄性石龟亲龟浮水现象，饲料采用浙江生产的配合饲料，经过分析疑似因交配过于频繁引起的应激反应。因此，采用隔离—浅水养殖—找到病因—对症下药的措施。当时，石龟正处于交配季节，雄龟过于频繁交配也会产生应激，体力透支，精神下降，生殖器发炎，尾巴肿大，体内炎症等，最后表现出浮水现象。笔者诊断：龟交配频繁型应激综合征（图 4–192）。笔者提供治疗方法：采用左氧氟沙星（0.2 克：100 毫升），肌肉注射，剂量为每次 2 毫升，每天 1 次，连续 6 天。经过治疗已治愈（图 4–193）。

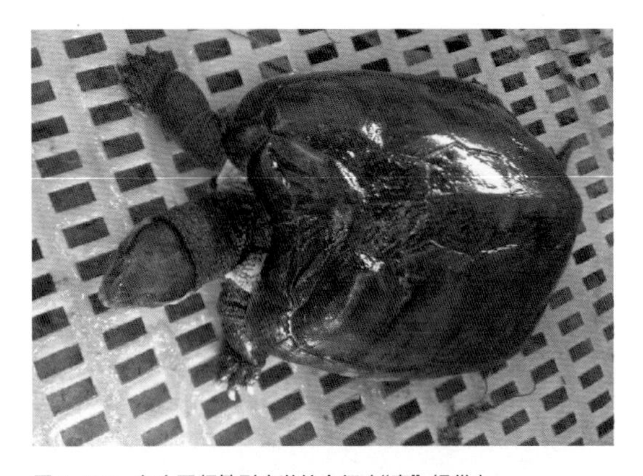

图 4–192　龟交配频繁型应激综合征（“鹰”提供）

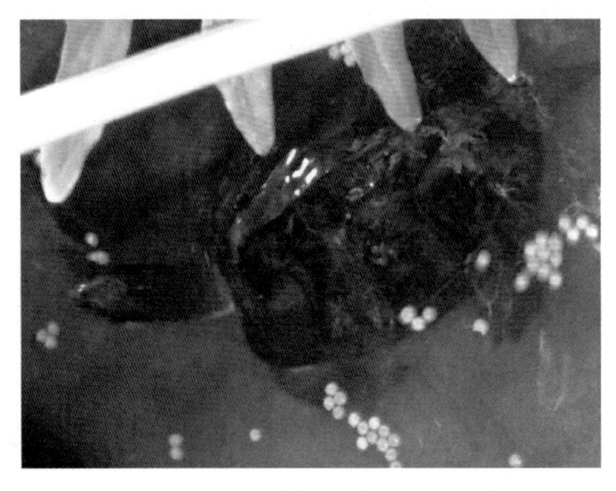

图 4–193　龟交配频繁型应激综合征治愈（“鹰”提供）

17. 龟泡沫型应激综合征

2011 年 11 月 15 日，哈尔滨发生大鳄龟泡沫型应激综合征（图 4–194）。读者王瀚霆是黑龙江大学的一名学生，网上向笔者求助。他的大鳄龟作为宠物饲养，龟的体重不到 2 千克。2011 年 10 月 25 日发现玻璃缸里大鳄龟嘴里吐出大量泡沫，水面上漂浮一层（图 4–195）。水温 25℃。换水时不注意，直接使用温差较大的自来水冲洗并换水，在最近的一次换水 6 天后发病，病情较为严重，停食。

诊断：龟泡沫型应激综合

图 4–194　龟泡沫型应激综合征（王瀚霆提供）

图 4–195　龟泡沫型应激综合征吐出大量泡沫（王瀚霆提供）

征。泡沫产生的原因：自来水未经等温处理，直接使用；因温差引起应激反应。泡沫是大鳄龟在受到应激发生感冒后肺部发炎从嘴里吐出来的。

防治方法：等温换水，在换水时必须将自来水调节成与当时水箱里的水温一致后才能换水；肌肉注射庆大霉素，每次 4 万个国际单位，每天 1 次，连续 6 天；根据病情变化调整治疗方法。

治疗过程：分三个阶段，使用抗生素，经过 15 天的治疗时间，结果治愈。

第一阶段：肌肉注射庆大霉素 2 针后初步见效，已不见泡沫，仅见池底有絮状物，可能是龟在换水后将嘴里原有的絮状物吐出，之后嘴已干净，不见有新的絮状物吐出，准备注射第三针后，继续观察。结果注射 6 针庆大霉素后，大鳄龟感冒复发，又出现气泡，水中又有零星的气泡，不是沫，还有一些漂浮的类似于鼻涕的东西。

第二阶段：改用头孢菌素，注射头孢菌素后大鳄龟反应强烈：给它打完针约 10 分钟，表现不安，手蹬脚刨，换气频繁，脖子伸得很长，还贴在缸底然后抬起来换气，周而复始。5 分钟后，才稍安静。安静后，昂头，正常换气。水温 21℃，注射前换水，未使用加热棒。

第三阶段：换用副作用小的头孢菌素进行治疗。经 2 天肌肉注射，口吐泡沫症状消失，大鳄龟养殖水体干净，未见泡沫状物。接下来，将现有的水温由原来的 21℃逐渐升高到 25℃，并用头孢菌素浸泡。此时，新的应激原出现：大鳄龟养殖在大学生寝室设置的水族箱中，因学校每晚都要停电，不能正常使用加热棒，难以恒温在

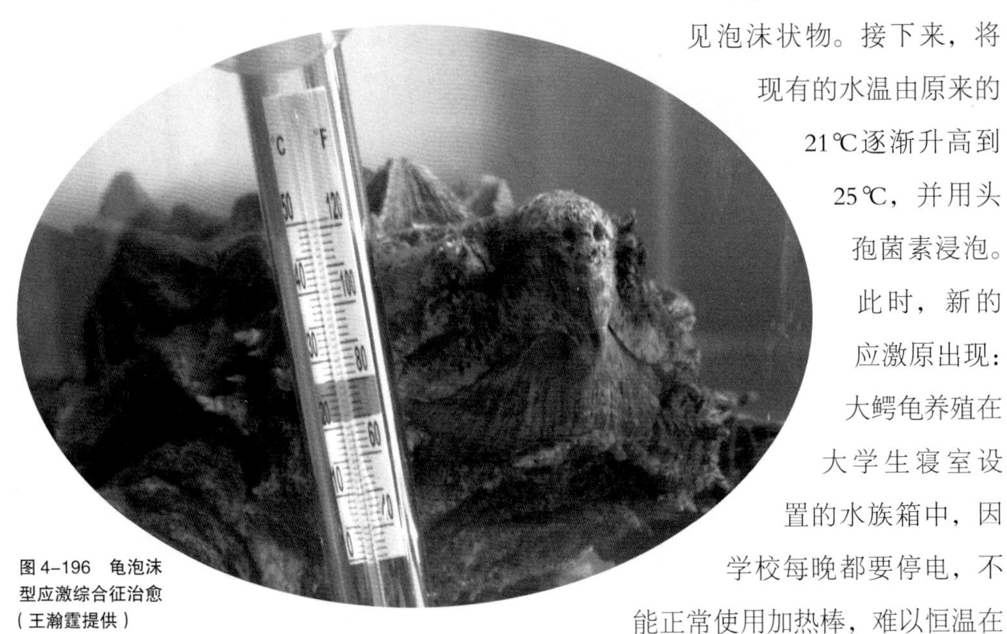

图 4-196　龟泡沫型应激综合征治愈（王瀚霆提供）

25℃饲养，因此将大鳄龟移回家中。在笔者的指导下，从10月25日求治到11月9日基本治愈，经过了15天的有效治疗，大鳄龟终于恢复摄食，每晚吃1条鱼（图4-196）。

2011年6月3日，江西丰城黄缘盒龟应激引起的泡沫型感冒。江西丰城电信公司读者徐兆群，在黄缘盒龟养殖中，发现龟有泡沫型的感冒。发病原因是天气的突然变化，气温陡降，引起的龟的应激。2011年5月21日，白天气温30℃，晚上因下雨气温突然下降到19℃，这时将黄缘盒龟移到室内，当时室温29℃。就在这样的温差较大的环境中，一只体重600克的雌性黄缘盒龟发病了。5月27日发现一只黄缘盒龟口吐白沫，精神状态变差，平时跟人走，可现在不动了。针对这一症状，采取适当升温并使用药物浸泡的方法进行治疗。在一个长、宽、高分别为55厘米、45厘米、35厘米的恒温箱中，利用50瓦UVB灯进行加温，并控温28℃，在箱内放一个小盒，其长、宽、高分别为20厘米、10厘米、2厘米，在此盒内注水并投放一支庆大霉素（2毫升，8万个国际单位），将龟放入小盒浸泡半小时，结果第二天泡沫消失，龟的嘴巴基本干净；5月28日继续用同剂量的庆大霉素浸泡；5月29日在笔者的建议下换用头孢曲松钠1克，浸泡半小时。在浸泡过程中，发现龟不断饮水，因为水中含有药物，从而达到治疗效果。此后停药观察，6月3日，水温仍保持在28℃，因下雨，当天的气温为24~25℃，该读者来电反映，龟已基本痊愈（图4-197）。能正常摄食龟粮和西红柿，大便成形，精神状态较好，准备逐渐降温，在与室外温度一致的时候将治愈的龟移到室外去，进入正常养殖阶段。

图4-197　黄缘龟泡沫型应激综合征治愈（徐兆群提供）

18. 龟呛水型应激综合征

2011 年 5 月 19 日，江苏海安乌龟呛水应激。海安双溪镇颜俊德来电反映，在笔者指导下，对操作不当引起呛水应激的乌龟进行注射治疗，效果显著。注射药物前，乌龟亲龟放养时人为扔进水中呛水，表现为头和四肢伸出，不能缩进，采用第三代头孢菌素，头孢曲松钠（规格 1 克），每千克体重每次注射 0.2 克加地塞米松 1 毫克，每天 1 次，连续注射 6 天为 1 个疗程。

2011 年 9 月 8 日，海口读者梁华生养殖的台缘苗呛水应激。因呛水应激，一只台缘苗眼睛一只闭，一只微睁，精神状态差。发生在上午 10 点左右。在换水时不慎将台缘苗扔进水中，引发呛水应激。尽管水深 2 厘米左右，不是很深，但错误的人为操作方法，使得台缘苗受到应激。此台缘苗价格 1 000 元，是 10 天前从海口买回来的。2011 年安缘苗的一般价格为 2 000 元，此台缘苗 2013 年的价格 800 元左右，从图片看，此台缘苗扁平，头部青色，背部棕黑色，尾巴细小，俗称“老鼠尾巴”。采取治疗方法：用维生素 C 浸泡，激活其活力。进行抢救时注意“可以水到苗，不可以人为苗到水”，可以让苗自行爬入水中，防止应激反应再次发生。读者反映，马上照做好像很见效，有所好转。但晚上发来短信说，这只龟已经离开龟世了（图 4–198）。

图 4–198　台缘苗呛水应激（梁华生提供）

图 4-199　龟呛水型应激综合征（“绿谷”提供）

2012 年 6 月 27 日，“绿谷”养殖的鹰嘴龟因操作不当引起的应激。“绿谷”将鹰嘴龟从家里转群到养殖场，采用等温换水，但在操作细节上没有注意引起应激，已经死亡 6 只（图 4-199）。主要不当在换水时，将龟直接投入新水中，而不是让龟自行爬入水里。此前同样的操作方法也发现过应激死亡，这次又疏忽了。应激后的鹰嘴龟表现为嘴角流血，龟伸长脖子张嘴呼吸，眼睛凹陷，四肢无力，刚开始发病时龟很好动，后期就不活动了。个别龟状态不好，但尚能进食。发病严重的龟气味闻起来很大。外表无其他症状，解剖未见异常。诊断：龟呛水型应激综合征。防治方法：按照“水到龟”而不是“龟到水”的方法换水，如果要“龟到水”，必须设置斜坡，让龟自行下水；发病后，使用药物注射治疗，采用头孢噻呋钠，按每千克体重 0.2 克剂量，加维生素 C 1 毫升，行肌肉注射，每日 1 次，连续 3 天为 1 个疗程。

chapter 4

19. 龟停食型应激综合征

2012 年 5 月 25 日，佛山读者邓志明引进的温室鳄龟出现不摄食应激现象。龟池 13 平方米左右，养了 20 只 4 千克的小鳄龟，水深 20 厘米，5 月 1 日从广州市场买来的温室鳄龟，单价 58 元 / 千克，回来后一直没开食（图 4–200）。引进时注意等温放养，自来水晾晒两天后使用。此后发现有一只龟发生严重的肺炎，浮水，并在水中吐气泡。不吃东西的原因：温室龟主要从江苏及浙江一带运输到广州市场，路途很远，高密度装运，一路应激过来；到广州市场后，商家直接使用自来水冲洗与暂养，加大了应激；新龟主买回去之后，未能及时解除应激。尽管使用了等温水，因为买来的龟已经应激了，体内大量炎症尚未消除，所以不吃东西。已经发生严重的肺炎。此外，温室龟在 5 月 1 日的时候，江苏及浙江一带温室内外温度尚未平衡一致，如果出温室未注意逐渐降温也会

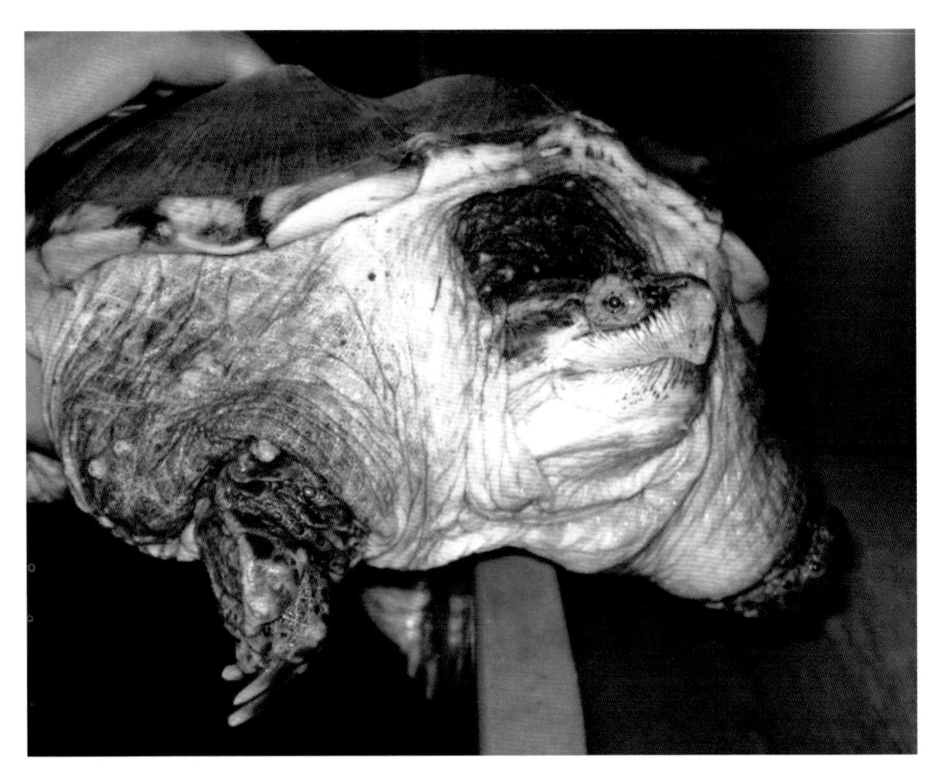

图 4–200　鳄龟停食型应激综合征（邓志明提供）

产生应激。诊断：龟停食型应激综合征。防治方法：注意等温换水，开食后注意等温投喂饲料，不要直接投喂冰冻饲料。肌肉注射药物治疗，使用头孢曲松钠 0.2 克加地塞米松 0.25 毫克加氯化钠注射液 2 毫升，每天 1 次，连续注射 6 天。经过一个疗程 6 天的治疗，结果鳄龟基本痊愈，已开始摄食。2012 年 6 月 1 日，龟主反映：龟已经打完 6 天针了，今天观察，下午放了 2 条鱼都吃了，明天再多放几条观察下。2012 年 6 月 2 日，龟主反映，打了 6 天针，中途第三天换了 1 次等温的，晾晒 24 小时的水，换了 1/3，还降低了水位，便于观察，换后加了 EM 菌，打完第六天针后，观察了 2 天，第一天投喂了 2 条小鱼吃完了，第二天投喂了 6 条小鱼也吃了，治疗中 8 天以来的自然温度是 26~32℃，现在龟的精神基本都好很多了，到处游跑（图 4-201）。今天天亮的时候龟都在到处爬了，之前是很少爬动的。

图 4-201　鳄龟停食型应激综合征治愈（邓志明提供）

chapter 4

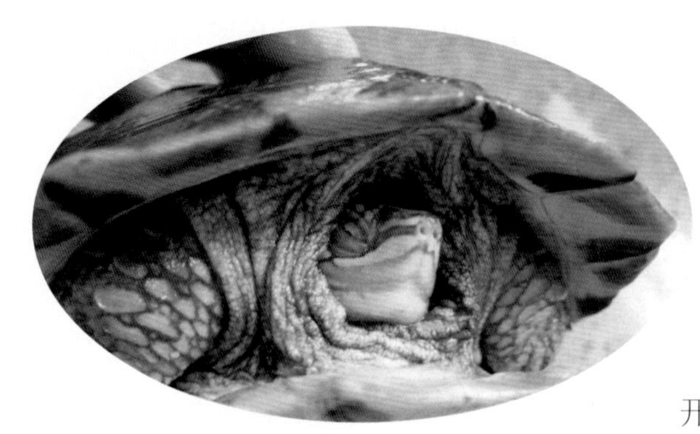

图 4-202　安南龟停食型应激综合征（“强人”提供）

2012 年 6 月 9 日，广东佛山读者“强人”反映，其养殖的安南龟，因直接使用自来水造成温差应激，起初发现鼻子冒泡等感冒症状。此安南龟上月中开始不愿动，不吃东西，5 月 21 日打了几针（是一种“苦木”和“阿米卡星”混合液）后，开始吃了几只虾，但几天后又不想吃了，休息几天后浸泡土霉素，还是这样。龟重约 200 克，拉它的脚，它是有力缩回去的，只是在水中不愿动，头也不想伸出（图 4-202）。防治方法：等温换水，即自来水不可以直接使用，必须经过曝晒或者放置在自然温度下等温几个小时后，与外界温度一致的情况下才能使用；肌肉注射头孢曲松钠，在头孢曲松钠 1 克的瓶内，加入 5 毫升的氯化钠注射液，摇匀后抽取 0.2 毫升注射，每天 1 次，连续 6 次。多余的药液用于浸泡龟。

2012 年 9 月 15 日，龟主林方恩反映，广东阳春市发生了一例石龟停食型应激综合征。他养殖的石龟，规格为 1 千克左右，最近停食几天，眼睛流水，无力，精神差（图 4-203）。究其原因，使用了温差 4℃的井水。一般井水温度

图 4-203　石龟停食型应激综合征（林方恩提供）

仅有24℃，直接使用的结果导致石龟应激，产生综合征状。目前只发现一只石龟发病。后来他对病龟进行治疗，使用注射药物的方法，但剂量偏高，具体为：2毫升地塞米松（1毫升：1毫克）加0.2克头孢噻呋钠注射。地塞米松用了2毫克，应该是0.2毫克，超标10倍。所以病龟变软，无力。在笔者的指导下，改用左氧氟沙星2毫升，肌肉注射，连续6天。2012年9月22日，龟主反馈，他的龟治愈了，已经恢复摄食，精神很好（图4–204）。

图4–204 石龟停食型应激综合征治愈（林方恩提供）

2012年9月20日，广东肇庆读者吉共平反映，她在阳台上养殖的石龟，2008年的苗，雄性，体重1.5千克，最近发生应激，主要表现是停食（图4–205）。应激原是偶尔直接使用未经等温的自来水引起的温差应激。并且，

图4–205 石龟停食型应激综合征（吉共平提供）

图 4-206　石龟停食型应激综合征治愈（吉共平提供）

8 月份下了几次大雨，当时龟放在阳台，雨水洒进来造成龟的应激反应。治疗方法：左氧氟沙星 2 毫升，每天 1 次，连续 6 天，肌肉注射。2012 年 9 月 25 日，龟主反馈，她的龟已经好转，开始吃东西了（图 4-206）。2012 年 10 月 26 日，龟主进一步反馈，治愈后十几天，主人把它搬到了新家，怕它对新的环境不适应，在龟池泼洒维生素 C 水 3 天，现在它已经完全适应新的环境，正常摄食，也交配了。

图 4-207　局部加温养龟（张雄志提供）

2012 年 6 月 19 日，广东茂名市高州读者张雄志反映，采用局部加温养殖的石龟直接使用井水，出现停食型应激综合征（图 4-207、

图 4-208　龟停食型应激综合征（张雄志提供）

图 4-208）。井水 26℃，养殖盘中水温 30℃，温差 4℃，石龟规格 500 克左右。治疗方法，肌肉注射头孢曲松钠 0.1 克，连续 6 天，结果痊愈。

2011 年 9 月 15 日，广东省顺德读者欧阳杏棠反映：台缘龟买回来已经半个月。买回来之后，在盘中放了三天维生素C、复合维生素和“护肝灵”（板蓝根、大黄）。最近这几天发现它没有精神，整天都闭着眼睛不走动，有时把头伸出来垂到地上，爬到水盆以后不愿意上岸（图 4-209）。这两天在盆中放了氟苯尼考，打了两针庆大霉素、维生素C、地塞米松，没有效果。还有另外一只雌缘的鼻孔有时有少量鼻水或白色分泌物，有时听到它发出很大的杂声，但有时鼻孔又很干爽，都有进食。喂过几餐番茄、两餐瘦肉、一餐配合饲料，打过一针庆大霉素、维生素C、地塞米松，现在不知道怎样处理。笔者分析：是引进前从台湾到大陆途中以及暂养过程中受到过应激，回来后未注意等温原则，使用等温水，等温投饵，等温放养。引进后一周后开始发病，现在已经有半个月。笔者指导治疗方法：肌肉注射头孢曲松钠，第一针 0.2 克，第二针、第三针剂量

图 4-209 黄缘龟停食型应激综合征（欧阳杏棠提供）

减半，3 针 1 个疗程。2011 年 9 月 20 日，龟主来电反映，雌龟已经痊愈，雄龟尚未开食，仍需继续治疗。此后经过进一步治疗，雄龟也痊愈。

2011 年 8 月 11 日，苏州王元生反映养殖的黄缘盒龟停食。这只龟是一个月前从河南买回来的雌性亲龟，体重 575 克。因直接使用自来水，温差较大应激发病。主要表现是后肢无力，前肢有反应，眼睛有神，刚停食，属于应激症早期。诊断为龟停食型应激综合征（图 4-210）。笔者建议采用注射治疗方法，注射头孢曲松钠 0.1 克加地塞米松 0.5 毫克，连续 3 天。治疗效果显著：表现为后腿有力，排便正常，精神状态好，眼睛有神，灵活好动。又注射头孢曲松钠 0.1 克加地

图 4-210 苏州黄缘龟停食型应激综合征

塞米松0.5毫克1次。第二天恢复摄食，给予肉丝，能正常吞食，走路逐渐有力，痊愈（图4-211）。

2011年5月20日，苏州读者顾平反映，他养殖的珍珠龟停食。经笔者诊断为珍珠龟温差引起的停食型应激综合征。顾先生家养的1只珍珠龟已有十几年，雌性，体重1.5千克，今年越冬解除后一直停止摄食，究其原因是早晚直接用自来水冲洗和换水，由于温差引起的慢性应激。最近此龟能饮水，但就是不摄食。活体检查，头脚伸缩有力，眼睛有神，嘴巴微张，下巴处有一个小瘤，曾切除过（图4-212）。笔者指导采用注射治疗方法：每千克龟体重，每次注射头孢曲松钠（规格1克）0.2克加地塞米松1毫克，每天1次，连续注射6次为1个疗程。注射4针后开始摄食，一个疗程后痊愈，精神状态好，喜欢摄食青虾。

2012年9月11日，武汉的“诚诚”反映，他养殖的黄缘盒龟直接使用地

图4-211　苏州黄缘龟停食型应激综合征治愈

图 4-212　苏州珍珠龟停食型应激综合征

下水应激发病。龟主养殖的黄缘盒龟最近发生停食现象，部分龟已恢复摄食，仍有一只雄龟拒食，这只龟已停食半个月。究其原因是直接使用地下水换水，用于龟的泡澡。地下水温度一般为22~28℃，不稳定，造成了温差应激。目前龟的精神状态还好，四肢有力。经分析，诊断为龟停食型应激综合征（图 4-213）。笔者指导防治方法：注意等温处理地下水，也就是说，地下水使用前必须经过等温处理才可以使用；使用

图 4-213　黄缘龟停食型应激综合征（“诚诚”提供）

左氧氟沙星注射液，每次注射2毫升，每天1次，连续3天。结果痊愈。

图 4-214 石龟停食型应激综合征（"无忧草"提供）

2013年5月11日，广东佛山读者"无忧草"反映，其养殖的石龟发生停食型应激综合征。养殖石龟250只,2012年的苗，现在规格150~300克。4月30日傍晚把温室的石龟转去室外，那时温差约6℃，直接放自来水，在水里加了维生素C片，第二天发觉龟不愿意走动，好似在睡觉，就按平时那样喂食，结果不肯进食，到今天为止都不摄食。从图片上看，石龟的精神状态不太好，个别石龟鼻孔冒泡（图4-214），因温差引起的应激，全部停食。诊断：龟停食型应激综合征。笔者指导的治疗方法：头孢曲松钠1克规格的，加5毫升生理盐水，抽取0.3毫升注射，每天1次，连续3天。肌肉注射。每天将多余的药液用于浸泡病龟。结果,2013年5月13日，龟主反馈龟已经开始吃东西了（图4-215）。

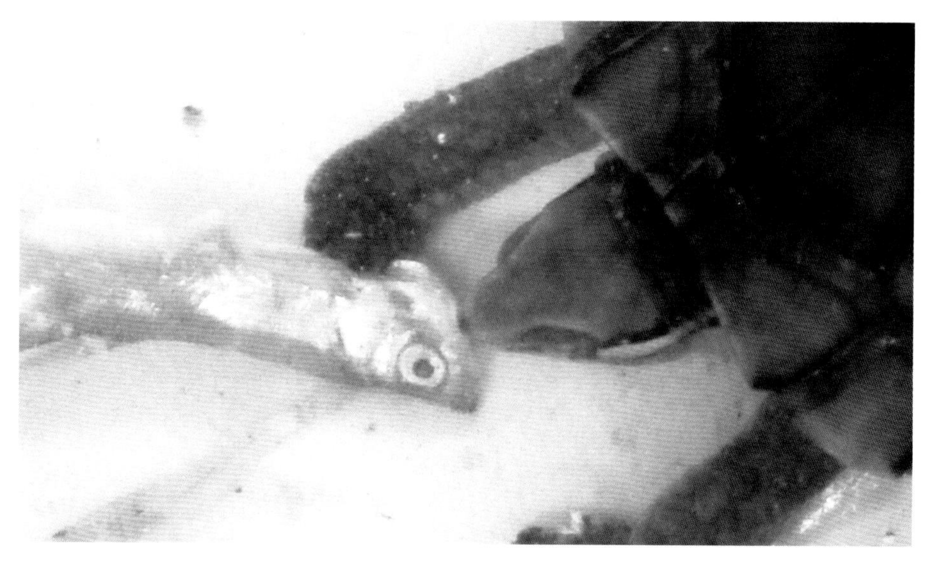

图 4-215 石龟停食型应激综合征治愈（"无忧草"提供）

20. 龟冒泡型应激综合征

鳄龟在养殖过程中，需要注意“等温换水”这一管理环节，如果疏忽会产生应激。由于鳄龟应激后会产生多种表现症状，吐泡就是其中一种。吐泡实际上是感冒初期，鳄龟呼吸道感染后的表现。致病机理是温差引起恶性应激，鳄龟体质下降，病原体感染，感冒症状出现。一般需要注射治疗。

2012 年 12 月 16 日，茂名信宜读者陈锋反映，他养殖的鳄龟出现问题，经笔者诊断为鳄龟冒泡型应激综合征（图 4-216）。龟主说：一周前引进 10 多只鳄龟亲龟，回来后注意等温处理，可能在上一家养殖过程中忽视了等温预防应激的环节，导致发生冒泡型应激，就发现一只。颈部和前肢微肿胀，在水中冒泡，头部上扬，好像呼吸有困难的感觉。根据笔者提供的治疗方法：饲料中添加电解多维，每千克饲料添加 3~5 克；肌肉注射头孢噻呋钠 0.2 克，每天 1 次，连续 6 天。 结果痊愈。

2011 年 3 月 23 日，广东顺德读者柳英反映，家养鳄龟在水中出现吐泡现象。这批龟是 2011 年 3 月 9 日引进，共 24 只，其中有 4 只疑似感冒病的鳄龟出现

图 4-216　龟吐泡型应激综合征（陈锋提供）

图 4-217　鳄龟温差应激后吐泡（柳英提供）

图 4-218　龟吐泡型应激综合征治愈（柳英提供）

此症状。鳄龟的平均规格 5 千克。鳄龟池建在室内，面积有 6 平方米左右。池水深度 17~18 厘米，后加深到 28~29 厘米。采用自来水直接换水，由此产生温差，引起应激反应。经测定，早晚时，自来水与池水温差 2.0~2.5℃，但白天温差较大。引进初期中午换水，温差 5~6℃，因而造成应激。2011 年 4 月 3 日，柳英反映鳄龟口吐泡沫，感冒加重。诊断：冒泡型应激综合征（图 4-217）。因此，笔者建议采用注射药物的治疗方法，并在饲料中添加药物，注意等温换水、等温投饵。2011 年 4 月 9 日，龟主反映，注射 6 天后有所好转，鳄龟在水中不再吐泡，也不吐泡沫，感冒缓解（图 4-218）。

21. 龟歪头型应激综合征

2012年5月12日，佛山读者“毛影脚”反映，他养殖的台缘最近出现异常。歪头，张嘴呼吸，但仍有食欲。这只台缘是3月份引进的，体重600克。回来时候就有点张嘴，期间喂过头孢，后来没症状了，也开食了，就与其他缘放在一起养，前一天就发现有点头歪，现在再看已经歪的很严重，还张嘴，偶尔会张嘴嘎嘎地叫，他以为开食就没事。抓它的时候，以为是紧张问题，刚才拿出来放地上还会咬红色的刷子，也没咬不准（图4-219）。经查，直接使用自来水泡澡和冲洗，因此产生温差应激。建议注射治疗，并给予具体指导。治疗方法：头孢曲松钠0.1克，肌肉注射，每天1次，连续6天。每天都泡等温水，里面加维生素C。2012年5月15日，龟主反映，经过3针治疗后，病情有所好转。黄缘龟不流口水了，当晚喂了饲料，可以吃功夫茶杯大小的杯子小半杯那么多。

图4-219　歪头型应激综合征（“毛影脚”提供）

图 4-220　歪头型应激综合征治愈（"毛影脚"提供）

拿起来也没那么张嘴了。头还是歪，嘴里面没那么多黏液。2012 年 5 月 19 日，龟主反映，经过 6 针治疗后，现在不张嘴呼吸了，嘴角也没黏液了，就是头有点歪，走路有点像喝醉了酒一样，还会吃饲料。2012 年 5 月 25 日，龟主反映，黄缘龟打完 6 针后，停药 2 天，又继续张嘴，有黏液，就打地塞米松加头孢曲松钠，2 针状况好转。停药，此后逐渐痊愈（图 4-220）。

2012 年 5 月 23 日，东莞网友"心言"反映，他养殖的黄缘龟出现歪头症状（图 4-221）。经过调查分析：龟发病的主要原因有两个方面，一是直接使用自来水冲洗，并且直接用自来水进行泡澡，自

图 4-221　龟歪头病（"心言"提供）

来水与自然温度之间的温差突变，易引起龟的应激；二是龟泡澡池水未能及时更换，小池一般每天换水1~2次，龟泡澡后残饵、粪便和身上的污物留在水中，败坏水质，产生大量的氨、硫化氢、烷等有毒物质，龟在这样的水池中泡澡容易发生氨中毒，其神经系统受到威胁，最后表现出龟的神经中毒，出现歪脖子现象。简称歪脖病。防治方法：①使用等温水进行冲洗和换水，改善养龟环境；②注射头孢曲松钠治疗歪脖子病，6天为1个疗程；③口服维生素B_1，每千克饲料添加1克。

2012年5月29日，佛山读者陈勇强求治台湾黄缘龟，其体重600克，养殖在楼顶，前日情况良好，能摄食西红柿和米饭，并有追咬手指的活波状态。昨天一场暴雨后，发现龟无力，头部上扬，一会儿又下垂，并有歪头症状，呼吸急促，今晨发现食物呕吐现象。泡澡和饮水使用等温水。诊断：因天气突变引起的温差应激，上呼吸道感染，引起的歪头型应激综合征（图4-222）。治疗方法：头孢曲松钠1克加氯化钠注射液5毫升，摇匀，用5毫升一次性针筒抽取0.6

图4-222　黄缘龟歪头型综合征（陈勇强提供）

毫升肌肉注射病龟，每天1次，连续6天为1个疗程。多余的药液加1千克水浸泡病龟。治疗结果：2012年5月31日，龟主反映，已打3日针，现在龟精神了，还吃了一条蚯蚓。暂停用药，龟逐渐痊愈（图4-223）。

图 4-223　黄缘龟歪头型应激综合征治愈（陈勇强提供）

2012年9月6日，广东新会的网友“龟峰山人”反映，前不久，家养的黄缘盒龟在室外遭受一次雷暴雨袭击，造成温差应激，结果有一只黄缘盒龟出现歪脖子现象（图4-224）。此后，主人并未对病龟进行处理，仍然按照常规养殖，一段时间后，龟逐渐恢复正常，并能自行寻找食物。因此，一般认为，应激发生后，龟会依靠自身免疫力，将不平衡调节过来，变为良性应激（图4-225）。如果调节不过来，就会转化为恶性应激。

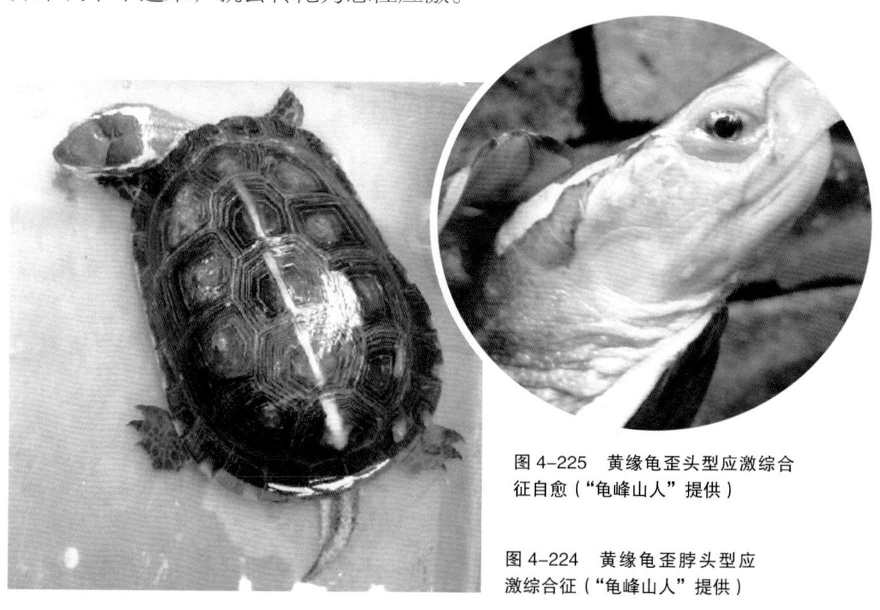

图 4-225　黄缘龟歪头型应激综合征自愈（“龟峰山人”提供）

图 4-224　黄缘龟歪脖头型应激综合征（“龟峰山人”提供）

22. 龟温差投饵型应激综合征

2012 年 1 月 23 日，广东东莞读者周振年养殖的石龟出现轻度应激综合征。石龟 100 克大小，采用加温养殖，控制水温 28℃，气温 30℃，使用动物饲料和甲鱼配合饲料。由于最近的动物饲料在投喂前，未将冰冻的饲料解冻完全等温后使用，而是用手摸，估计 25℃。因此出现轻度应激，主要表现是石龟的眼睛里有分泌物，部分龟嘴巴发出嗒嗒声，并发现有拉稀的情况，尚未停食。根据这些症状诊断为温差投饵型应激综合征（图 4-226）。

治疗方法：用庆大霉素浸泡，浓度为每千克水体用 8 万个国际单位的庆大霉素浸泡 10 小时，在晚上浸泡，直至第二天上午的一次投喂前，每天 1 次，连续 3 次。如果病情加重，采取其他办法。但此法应该有效果。使用药物前，适当降低水位。

2012 年 1 月 28 日，龟主反映，石龟苗按照笔者的办法用庆大霉素泡了 3 天，

图 4-226　龟温差投饵型应激综合征治疗前（周振年提供）

目前有明显好转，但还有部分病情加重。笔者指导，改用青霉素和链霉素合剂浸泡：每千克水体中施放青霉素和链霉素各 80 万个国际单位。

2012 年 1 月 31 日，发现死亡石龟一只，规格 100 克左右，是一只发病比较早的龟，眼睛红肿，嘴里有大量黏液，肺部肿大有气泡，肝脏花样变性，应激性综合征。其他的龟经过 3 次庆大霉素浸泡后普遍好转。

图 4-227　龟温差投饵型应激综合征治愈（周振年提供）

2012 年 2 月 3 日，在治疗过程仅发现两只石龟属于原来就很严重的，一只已经死亡，另一只严重到晚期。其他的基本正常，在笔者指导下，已经没有频频张嘴呼吸和眼睛分泌物，就是泡药之后第二天拉很多屎，不怎么吃饲料，换水后，到晚上开吃正常，基本痊愈（图 4-227）。

23. 龟眼肿型应激综合征

2012 年 5 月 29 日，广西柳州出现巴西龟应激。广西柳州的读者龙旭辉反映，三天前，他刚养龟一个月，试养殖巴西龟，由于不懂得等温换水，结果导致巴西龟应激感冒，主要表现症状是两眼肿大紧闭，于是向笔者求教。根据巴西龟的病情，诊断为龟眼肿型应激综合征（图 4-228）。决定采用药物注射的方法解决。具体方法是：对于这只体重 2 千克的巴西龟，使用庆大霉素 2 万个国际单位加地塞米松 0.25 毫克，肌肉注射，每天 1 次，连续 3 天。注射的同时用氟苯尼考药水涂抹肿大的眼睛。经过 3 天的治疗，眼睛已经消肿，能睁开了（图 4-229）。基本好转，继续静养几天后康复。从治疗开始，注意等温换水。

2012 年 6 月 5 日，广西黄秋杰养殖的石龟出现应激。家在广西贵港，人在广东中山工作，在中山养殖的石龟最近出现应激。主要原因是直接使用自来水

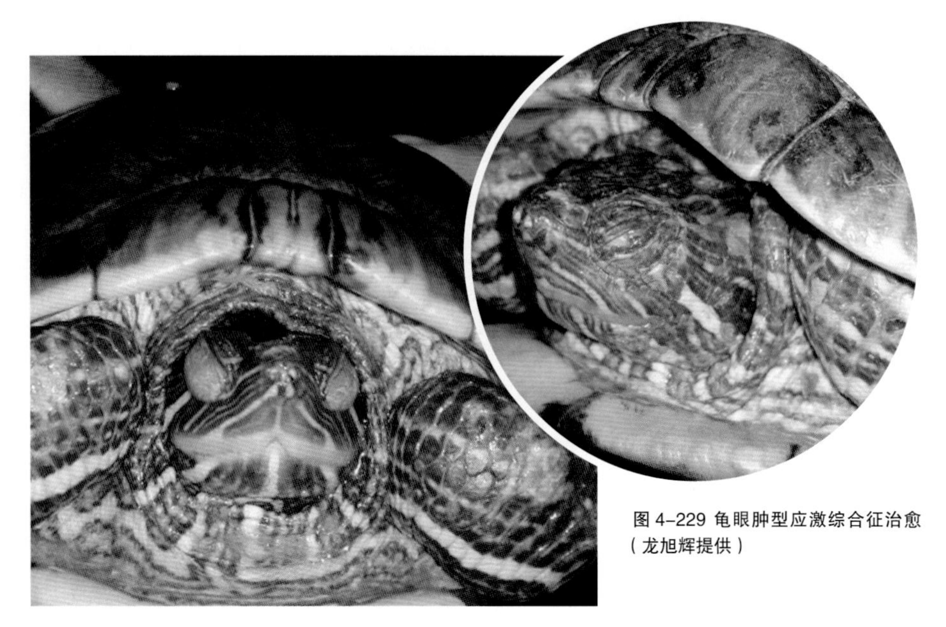

图 4-229 龟眼肿型应激综合征治愈（龙旭辉提供）

图 4-228 龟眼肿型应激综合征（龙旭辉提供）

进行换水，导致石龟发病。主要表现是眼睛肿大，呼吸困难，嘴边有泡沫，共6只石龟，平均规格300克，症状表现不同，但均已停食几天。因此，诊断为：石龟眼肿型应激综合征（图4-230）。防治方法：从现在开始，坚持每次使用等温自来水进行换水，就是将自来水预先放在一个容器中，等水温与常温保持一

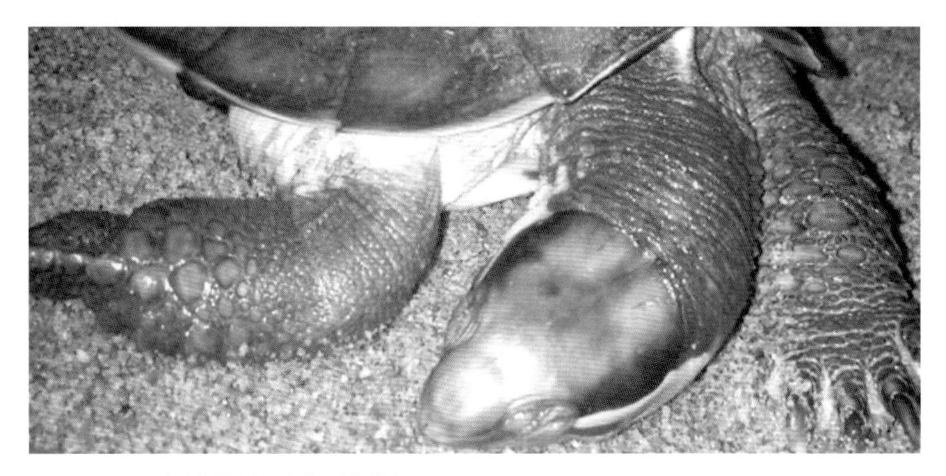

图 4-230　龟眼肿型应激综合征（黄秋杰提供）

致时才能使用；治疗采用肌肉注射方法。具体是采用头孢曲松钠1克每瓶的药物，在此瓶中注入氯化钠注射液5毫升，摇匀后抽取0.3毫升给每只龟注射，多余的药液用于石龟浸泡，每天注射1次，连续6天。后均治愈（图4-231）。

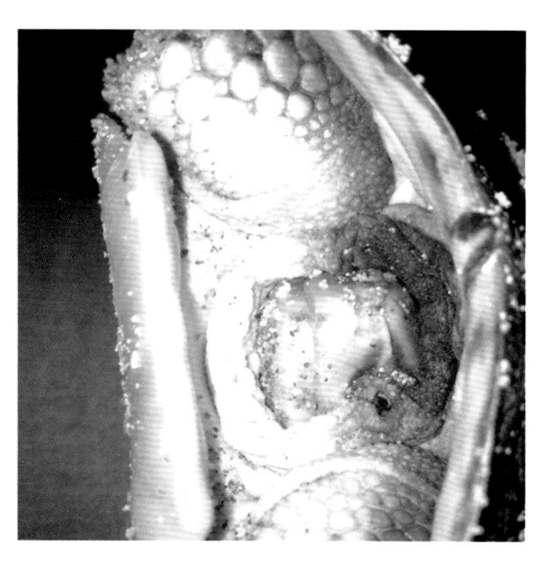

图4-231 龟眼肿型应激综合征治愈（黄秋杰提供）

2013年3月1日，茂名默憧养殖的石龟发生眼肿型应激综合征（图4-232）。发病原因：该养殖户养殖了2012年的石龟苗100只，规格250克左右。2个月前发病，发病率20%，死亡率13%。采用局部加温方法，1米×2米的PVC箱子，上盖塑料泡沫盖，用3个25瓦的灯泡。每次换水5分钟，自来水预热到29℃。龟主反映石龟有张嘴呼吸的现象，眼睛

图4-232 龟眼肿型应激综合征（默憧提供）

chapter 4

肿胀，下巴变大下拉，病龟刚开始不下水，眼睛还能开着，有些头不伸出来，也不吃东西，在水里就浮起来。每天换一次水，都是晚上喂完食就换水，现在龟主用呋喃西林泡着，就是没有见好。这些症状结合发病率和死亡率分析，龟主平时温差并未控制好，也就是说，自来水预热有可能不是每次都用温度计量的，有时发生的水温突变温差应该在 4℃左右。此外，换水的时间不一定每次都能控制在 5 分钟之内，有可能偶尔超出这一时间，冷热空气交换，这也是引起发病的另一个应激原。

2010 年 10 月 12 日，来自钦州的刘先生反映，他第一次养石龟，几天前发现稚龟眼睛肿大，眼球外表被白色分泌物盖住，常用前肢抹擦眼部，并且有些开口呼吸，摄食减少，有些不吃，有一批 50 克左右，另一批 10 克左右，在室内用面盆养（图 4–233）。经了解，2010 年 8 月份刘先生购进石龟苗 120 只，价格 330 元一只，采用养殖箱局部加温方法，养殖箱规格为 1.3 米 ×1 米 ×0.3 米。在箱内吊挂 1 盏 100 瓦白炽灯。箱内控制温度，使用热水器控制水温注入养殖箱换水。结果引起应激反应，石龟眼睛肿大，严重感冒的病龟已有少量死亡。

图 4–233　龟眼肿型应激综合征（刘志科提供）

主要是温差引起的应激反应。养殖箱内外产生温差，尤其在换水时，打开箱盖，空气温差由此产生第一次应激反应；热水器换水，尽管将温度调好至需要的温度，但开始放出来的冷水至少有一面盆，这部分冷水对龟进行第二次应激反应。还了解到，局部加温引起的气温温差较大，有 7℃的温差，换水时打开养殖箱，箱外温度 24℃，箱内水温是 31℃（图 4-234）。此阶段，因温差较大应激引起的死亡率为 18.3%。进一步了解，120 只石龟苗引进后，采用加温方法养殖，由于温差引起死亡 22 只，知道发病原因后，及时采取治疗措施，控制病情后全部出售，成活的 98 只，按每只 400 元出售。从经济分析，投入 120 只，330 元每只，小计 39 600 元，出售 98 只，400 元每只，小计 39 200 元，基本收回种苗成本。主人表示，明年有信心继续养殖，仍从苗期开始进行培育。此例，在 7℃的温差下死亡率一般为 40% 左右，经笔者指导，病情得到控制，死亡率下降到 18.3%。造成石龟应激性疾病普遍发生的主要原因是局部加温的方法不当。应将局部加温改为整体加温或系统加温，改养殖箱加温为温室加温，注意保持气温和水温各自的稳定和平衡，杜绝温差引起的应激反应。

图 4-234　采用局部加温的养龟方法易产生应激（刘志科提供）

24. 龟张嘴型应激综合征

2011 年 5 月 26 日，江西丰城市读者徐兆群反映，他养殖的黄缘盒龟发病。现养黄缘盒龟雄性亲龟 5 只，雌性亲龟 8 只，规格为 500~600 克。5 月 6 日，将这批龟从阳台移到室外养龟场，室内 20℃，室外 24℃，由于温差 4℃，结果其中一只体质较差的雄性亲龟出问题了。自从 5 月 6 日那天起，鼻孔上有黏液，到 10 日就发展到嘴角两边也有黏液，当时使用了“999 小儿感冒药”泡澡。再到 21 日至 23 日 3 天使用肌肉注射（阿米卡星 0.02 毫升加维生素 C 0.1 毫升），期间把此龟放在室内周转箱采用控温饲养。经过治疗后，症状减轻，转化为张嘴型病症，呼吸困难，要求诊断。经过综合分析，确诊为张嘴型应激综合征（图 4−235）。笔者为其提供的治疗方法是：每千克龟体重每次注射头孢曲松钠（规格 1 克）0.2 克加地塞米松 1 毫克，每天 1 次，连续注射 6 天为 1 个疗程。结果痊愈。

2012 年 9 月 5 日，沙琅读者梦云使用氟奇先锋对石龟苗浸泡治疗张嘴型应激性综合征（图 4−236）。使用氟奇先锋（20% 氟苯尼考粉剂）浸泡，剂量为 5

图 4−235　龟张嘴型应激综合征（徐兆群提供）

图 4−236　龟张嘴型应激综合征（梦云提供）

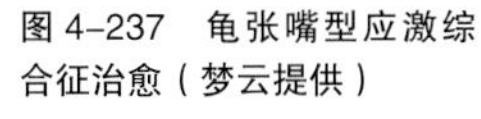

图 4-237 龟张嘴型应激综合征治愈（梦云提供）

图 4-238 龟张嘴型应激综合征（范思镟提供）

克一池。龟主先用了几只龟苗试，刚开始浸了一天，第二天看没那么多张口呼吸了。再用弗奇先锋全部浸；一边浸，一边加一点在鱼浆里喂。连续浸泡 3 天后痊愈（图 4-237）。

2013 年 5 月 22 日，广西南宁范思镟反映：一只石龟浮水，眼睛红，张开嘴巴呼吸，停食，体重 130 克（图 4-238）。发病约有半个月了。用过抗生素、肠胃炎的药物浸泡。去年开始学习养石龟，每次石龟吃完东西就换水了，采用龟箱保温养殖。一天喂两次，每次喂食完都换水的。直接用自来水水龙头的水。感觉不是肠胃炎，但不能确定为何病。用过诺氟沙星泡了 3 天，感觉不好，又用黄金败液加治疗肺炎的药泡了 3 天，感觉也不行，又用硫酸莲黄素泡，都不见好转。经笔者诊断：张嘴型应激综合征。建议治疗方法：肌肉注射头孢曲松钠

chapter 4

图 4-239　三针后不再张嘴呼吸，基本治愈（范思镟提供）

图 4-240　龟已痊愈，停药 3 天后恢复摄食（范思镟提供）

0.05 克加地塞米松 0.2 毫克，每天 1 次，连续 3 天为 1 个疗程。每天注射后将多余的药液用于浸泡。结果：1 针后，仍张嘴呼吸，3 针后基本痊愈，龟主反馈：刚才观察半个小时石龟的状况，没有发现张开嘴巴（图 4-239），停药 3 天后痊愈，龟恢复摄食（图 4-240）。

25. 龟风湿型应激综合征

2013 年 6 月 29 日，广东云浮读者刘萍反映："3 只台缘龟是一个月前我买回来的，我每天都强行将它们泡水一次，每 2~3 天正常喂食一次，除了泡水，其他时间都让它们在整理箱里用毛巾盖着，没怎么活动，这种情况会不会造成它们后腿爬行功能退化啊？"

其中 1 只龟这两天发现四肢僵硬，以前很灵活健康，胃口很好；另外两只龟各有一条后腿拖行，有一只明显看到一边腿肿了，另一只看不到明显腿肿（图 4–241）。

应激原一：强行泡水一个月；应激原因二：盖湿毛巾 1 个月，限制龟活动。

诊断：龟风湿型应激综合征。

治疗：每 500 克龟用左氧氟沙星（0.2 克 ∶ 5 毫升）1 毫升加地塞米松 0.5 毫升，每天一次，连续 3 天，第二天停用地塞米松。龟的规格是 1 只 500 克，另外 2 只各 250 克，规格小的龟减半用药。结果两针见效。第二针后，3 只龟均恢复了摄食，而且爬行也基本正常。因此停止注射用药（图 4–242）。

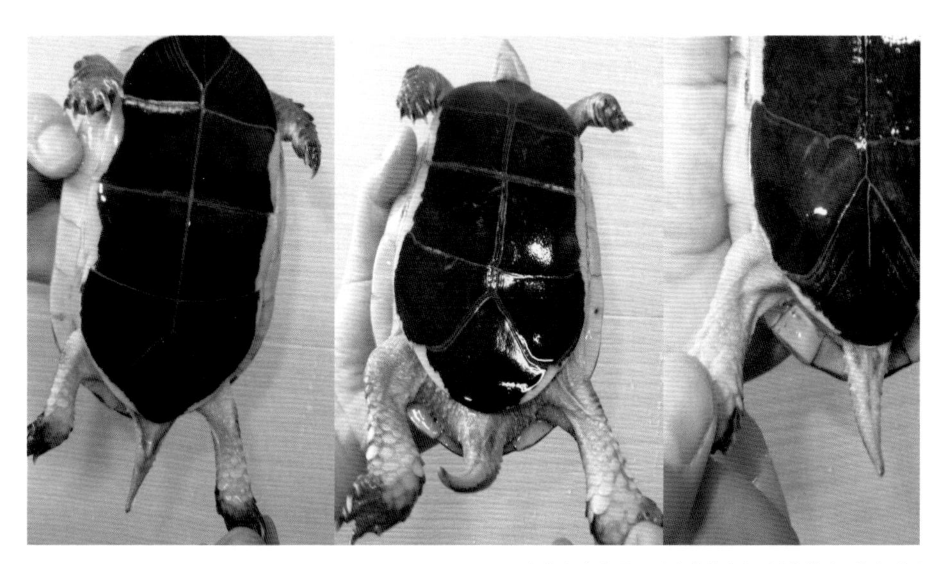

图 4–241　3 只台缘龟发生风湿型应激综合征（"水静犹明"提供）

chapter
4

图 4-242　3 只台缘龟风湿型应激综合征治愈（"水静犹明"提供）

26. 龟黏液性应激综合征

山西晋城读者林向博反映：2010 年 5 月 10 日下午喂金钱龟，发现该金钱龟在陆地，对投放的虾只是闻，并不吃，行为反常。拿起观察发现金钱龟鼻孔通畅，但嘴角有些黏液（图 4-243）。通过咨询，得知金钱龟是感冒了（呼吸道感染），找原因是由于换水时未注意等温换水引起的应激。晚上再次观察，发现金钱龟有偶尔张口呼吸现象，但并不抬头，此时确定金钱龟是患了呼吸道感染。开始采取了保守的逐步加温隔离药浴治疗方案，用头孢拉定胶囊，每 500 克水兑一颗。两天后发现金钱龟不但没有好转，病情反而有所发展，四肢舒展长久保持不动，在水底偶尔爬行时，腹甲前部随着爬动磕碰在箱底，很明显是四肢无力。且嘴角和水面有明显的白色痰状黏液。

林先生得到笔者的技术支持，采取注射药物治疗。开始采用了头孢哌酮纳舒巴坦纳，每支 0.5 克，用 2 毫升灭菌注射水稀释。病金钱龟体重将近 500 克，本应注射 0.25 克，但由于担心，第一针先注射了 0.125 克。次日嘴角黏液似乎有所减少，又打了 0.25 克，但是是分两次注射的，每 12 小时一次。第三天，黏液显著减少，大多时候基本上看不到，但水面陆陆续续还是出现白色物。金钱

图 4-243　龟黏液型应激综合征（林向博提供）

龟精神振作了很多，能在水中追手指较快地游动。这时候犯了第一个错误，网上有说症状消失后，金钱龟能进食后会恢复较快，要相信金钱龟自身的抵抗力。所以停了药。但一天过去后，金钱龟嘴角黏液再度出现，精神也很快委靡不振，并且已经开始浮水，但不倾斜。睡觉多，四肢耷拉无力，醒的时候，眼睛也是半睁半闭，经观察金钱龟的舌头颜色也比较苍白，和正常龟明显不一样。无奈之下，只好重新打针，这次是每次 0.25 克，一次打足量，1 天 1 次。打过两天后，每次注射后金钱龟比较嗜睡，但几小时后金钱龟便有明显好转，黏液显著减少，而且黏液的颜色由白色变为透明，最好的时候几乎都看不到了，精神食欲都有明显好转。本来药物是有效的，坚持下去应该就会治好，可惜由于注射经验不够，第三天注射时犯下第二个严重错误。注射部位不当，导致药物差不多一天憋着，没怎么扩散开，第四天，黏液增多，颜色变回白色，金钱龟精神委靡不振，浮水明显，呼吸时四肢拉伸动作幅度很大，显得费力，病情再度反复。此时考虑到用药最开始由于担心风险导致剂量不够，操作不当使药物吸收

chapter 4

不良，金钱龟情况也更加不好，担心产生了耐药性，选择了换药。这次换药选择了头孢米诺钠。此时情况已是天不灵地不应，只有把心一横，继续注射下去。结合前几天情况，得出三条经验：一是剂量要正确；二是症状消失后也必须继续用药巩固；三是注射方法必须正确，使药物较快地顺利吸收。注射头孢米诺钠，每支 0.5 克，注射剂量为每次 0.25 克，1 天 1 次。由于横了心，先直接注射了 7 天。好在这 7 天中，从第四天起，金钱龟情况一天比一天好。首先这个药注射后，金钱龟没有明显嗜睡的情况，再者每多一天注射后，金钱龟的情况就更好一些。注射后金钱龟在水里，虽然还比较漂浮，但活动明显增多，呼吸时四肢拉伸幅度逐步变小，不但可以较积极地追食物，甚至可以在水面以上抬头咬食物了，而且此时可以看到金钱龟的舌头颜色明显变粉。7 天后，症状基本消失，遂停药观察。停药一天后，金钱龟嘴角又少量出现透明黏液，呼吸偶尔有哨音，又连续注射四天后停药，经过持续观察，停药 72 小时后无症状反复，确定基本痊愈。

要特别提到，在注射过程中，林先生都用地塞米松和头孢米诺钠的药放在一起注射，地塞米松每支为 1 毫升 5 毫克，剂量为每天一次 2.5 毫克，加入到头孢米诺钠药瓶中一起抽取注射，主要就是起到抗过敏作用，后来再确定金钱龟逐步好转后，林先生逐渐减少了地塞米松的剂量（激素类药物不能一下停顿，要逐步减少直至停用），最后巩固那四针，已经是只注射单独的头孢米诺钠了。金钱龟嘴角黏液在治疗过程中的变化如下：①成团的白色黏液，在嘴角刚出现是半透明带有白色絮状物，水里嘴边挂久了，或者脱落到水中，会变为全白，大都漂浮于水面（图 4-244）。②黏液减少，透明但里面带有一些白点，开始漂浮，一夜后相当一部分沉水。③黏液显著减少，基本变为全部透明，脱落后呈透明膜状，由于透明挂在嘴边不仔细看就看不出来。有时候特别少，几乎看不出来，但其实还是有极少量。④黏液彻底消失。这是症状消失，基本康复的一个重要标志。有黏液只能说明两种可能：病没好、治疗或环境不当引发反复。在完全停药（注射）后，水中撒土霉素巩固预防复发。因为金钱龟虽然已无症状，精神食欲都恢复得很好了，但是唯独一个鼻孔还略有一小圈堵塞。林先生

图 4-244　治疗过程中团状黏液脱落（林向博提供）

考虑呼吸道感染很可能和鼻子堵塞这东西有关，此时放任不管的话，就可能会再度向内发展，甚至又出现黏液和复发，所以这东西必须彻底清除。土霉素片，每片 20 万个国际单位，水大概是十多千克，撒 5 片，共计 100 万个国际单位，药浴 3 天后，用数码相机微距拍摄金钱龟鼻孔，放大后观察，发现观察效果不理想，肉眼观察似已没事了，再用 10 倍放大镜对光仔细检查金钱龟鼻孔内侧，发现已经彻底没有堵塞物了，而且鼻孔内侧皮肤，已经由白色变为出现一些灰色区域（鼻孔内侧应有的一些正常颜色），与右鼻孔类似，此时才百分之百确定

图 4-245 龟黏液型应激综合征治愈（林向博提供）

金钱龟已完全痊愈（图 4-245）。选择土霉素的原因，是因为有书籍介绍该药对金钱龟呼吸道感染有明显效果，还有就是此时感觉金钱龟的病灶只剩下鼻孔这点了，药浴应该有效。泡了 3 天，果然效果明显。此时距 5 月 10 日发现病情，已经过去了二十多天，治疗过程之苦真是不堪回首，狠狠恶补了一次药物和金钱龟病治疗知识。得到的经验是宝贵的，教训也是深刻的，让林先生对金钱龟的应激性感冒有了本质的认识。健康金钱龟的鼻腔内应该是生存了多种细菌的，它们相互制约，加上金钱龟木身的免疫力，正常环境下不易发作生病。但环境温度突变后，金钱龟的免疫力陡然下降，鼻腔黏膜受到刺激，可能会产生黏液，综合起来就给致病菌创造了繁衍壮大的环境，不及时发现治疗，细菌便步步深入，金钱龟从呼吸道感染，直至发展成肺炎甚至死亡。看来以后必须加倍细心，才能避免再次发生这种事。整个治疗环境：金钱龟是单独养于一个蓝色周转箱，水加温至29℃。水位没过金钱龟背1~2厘米。水每天换一次，开太阳灯加热空气。水箱的1/3用了一本书遮盖，以营造一片较暗的环境。金钱龟睡觉时大多会去那一小片阴影下。治疗过程中水里一直泼洒维生素C和维生素B。金钱龟在治疗时是有食欲的，停药发生症状后食欲降低甚至停止。金钱龟吃食的时候，主要喂鱼虾，后来症状消失后开始接受一些素食，停药后喂食时还添加了“BAC”（金钱龟类专用的调整肠胃用药）。其实在打了7天头孢米诺钠症状基本消失以后，有两次再度出现过黏液。原因全部是因为换水的时候引起，一次是干放时间稍长（即使是在太阳灯下，金钱龟身上的水分蒸发带走热量，也会引起病金钱龟不适），一次是水位降低，露出少部分背部引起的。所以水加温就必须完全淹没背甲，空气也要加温。换水时必须杜绝任何温差。后来林先生用另一个小箱，换水时两边同时加温到相同的温度，才把金钱龟移入，水换好再放回去。到完全痊愈，再没有因为温差出现过黏液了。症状消失后，有温差引起嘴有透明黏液，和人流清鼻涕的道理差不多，但是多了就可能引起复发，因为适合病菌繁衍的内在环境又在逐步形成，所以必须杜绝任何温差。这个是金钱龟恢复健康最重要的前提。

二、鳖应激性疾病

1. 温室中华鳖应激反应

2011年2月7日下午，湖南常德市西湖镇匡志远来电，反映他自己的温室养殖中华鳖出现的强烈应激情况。

温室面积400平方米左右，养殖中华鳖8000只，是2010年8月份放养，至今规格达到50克左右，准备养到今年5月份达到150~200克再放养到室外露天池继续养殖，年底可达500克以上商品规格，全部上市。全镇70多户温室养鳖，全部采用这种模式，该镇年产商品鳖150万千克。每户都有笔者的书《龟鳖高效养殖技术图解与实例》。

chapter 4

最近的问题出在换水方法不当：他采用的是深井水，其水温 18℃，换水时将温室的水温突然下降到 26℃，具体是打开温室门，降温一个晚上，达到 26℃的温室水温后，将水温 18℃的井水注入温室养殖池，又突然加温 24 小时后，达到 29℃，如此折腾后，鳖一开始尚吃食，但 3 天后全部停食。接下来应激反应表现出来：鳖在池中打圈圈，前肢弯曲，腹部出现红点。仅两天时间已夭折 100 多只。此外，他们那里温室养鳖普遍没有设置调温池，使用锅炉加温，水温设计 30℃，空气温度 32℃左右。

2. 珍珠鳖应激性冬眠综合征

2013 年 2 月 7 日，广东化州读者李鸿反映，老家化州养殖的珍珠鳖，最近发病。今天死亡 20 多只，总共养殖 3 000 只，2012 年的苗，现规格有 300~600 克。发病原因与最近天气反常，气温突然升高有关，每次气温升高都会出现鳖发病，多次反复，目前病鳖增多。使用过生石灰有一定的作用。根据图片诊断为：应激性冬眠综合征并发钟形虫病（图 4−246、图 4−247）。

治疗方法：①第一天，使用维生素 C，每立方米水体每次 5 克，全池泼洒。泼洒 1 次。②第二天，使用生石灰水全池泼洒，终浓度为 25 毫克 / 升。③第三天至第五天，使用硫酸锌 1 毫克 / 升，每天 1 次，连续 3 天。

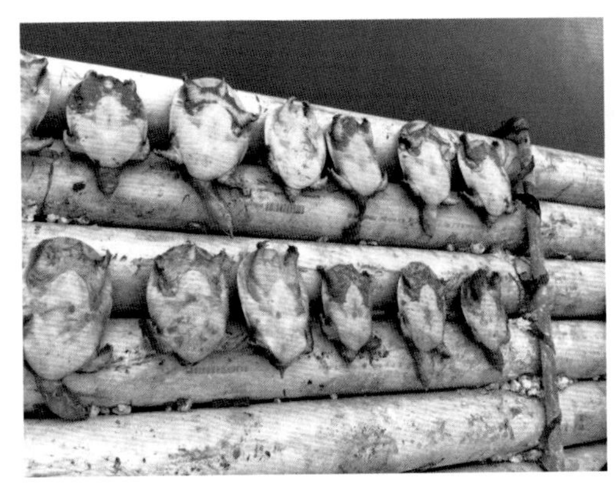

图 4−246　珍珠鳖应激性冬眠综合征（李鸿提供）

图 4−247　珍珠鳖应激性冬眠综合征（李鸿提供）

chapter 4

3. 水位过深操作不当引起的珍珠鳖应激死亡

2012年9月9日，广西横县读者陆绍燊反映，珍珠鳖苗是3个星期前放养的，以前这个是“蓄水池”，用来给龟换水的，由于池子不够用，放苗前一直没养过鳖，经消毒处理后，第二天就放苗，养殖3个星期来，情况一直良好，没发现死亡现象。昨天发现死了30只，症状是脖子有点浮肿，四肢无力，有的头弯曲死亡，有的底朝天死亡，但最明显的是生殖器有点外露。池水深40厘米。有水葫芦少许，放苗数量是400个，池子面积是40平方米。今天又发现5只死亡（图4-248、图4-249、图4-250）。打算下午清池隔离。就是不知道是什么病，水都没换过，水也没有老化现象。

图4-248　水位过深引起的珍珠鳖应激死亡（陆绍燊提供）

图4-249　水位过深引起的珍珠鳖应激死亡（陆绍燊提供）

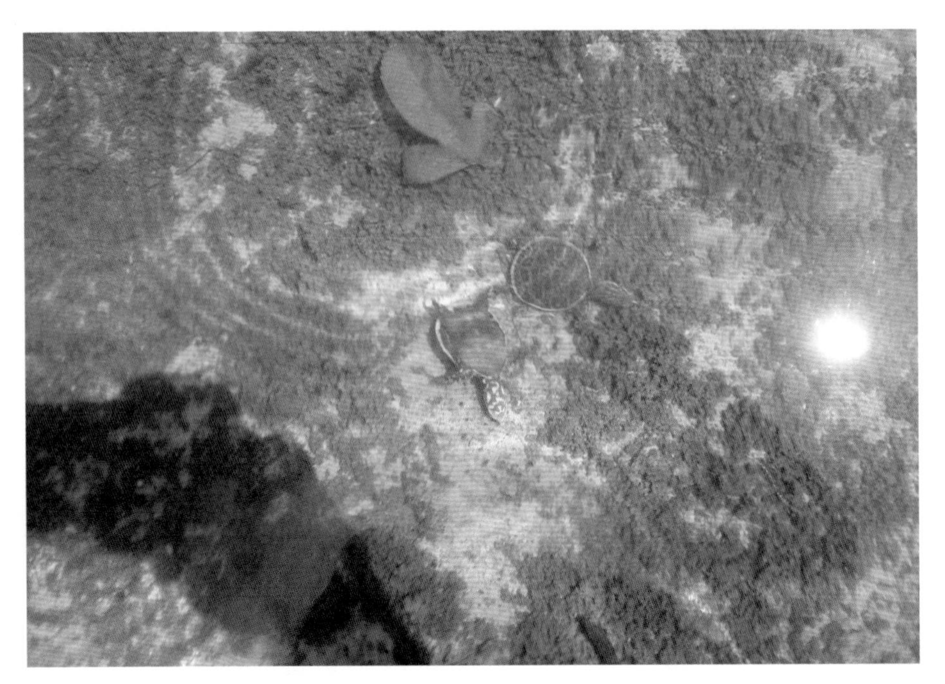

图 4-250　水位过深引起的珍珠鳖应激死亡（陆绍燊提供）

据分析，是由于水位过深和操作不当引起的应激死亡。因此，采取的防治措施是：①降低水位，合理水位为 3 厘米左右，此后随着鳖苗的长大逐渐加深水位；②操作方法上讲究科学方法，每次放养时必须将鳖苗放置在一块斜板上，让鳖苗自行下水，不可以人为将鳖苗直接投入水中；③使用维生素 C 全池泼洒，浓度为每立方米水体 30 克，隔天使用氟苯尼考每立方米水体 40 克。

2012 年 9 月 10 日反馈，经过昨晚的指导，晚上用药，已经隔离的 270 只鳖苗今天零死亡，有应激病的 55 只经昨晚泡药，发现症状好了很多，反应不迟钝了，而且活力比昨天抓上来的有精神，眼睛也有神了。

4. 山瑞苗呛水型应激综合征

2012 年 9 月 7 日，广西南宁读者“夜鹰”反映，一个月前，买来 300 只山瑞鳖苗，在室内养殖，放养密度为每平方米 50 只，分四个池子养殖，最近突然死亡 20 只山瑞鳖苗，体表无任何症状（图 4-251、图 4-252）。使用等温后的

图 4-251 山瑞苗呛水型应激综合征（“夜鹰”提供）

图 4-252 山瑞苗呛水型应激综合征（“夜鹰”提供）

自来水换水，等温 6 小时以上，换水方法是排干污水，加注新水，鳖苗不抓起来。水深 3 厘米，未铺沙，发病只有其中两个池。经过分析，终于找到原因，由于平时观察，将鳖苗抓起来看，然后直接投入水中，引起呛水应激反应。

防治方法：①将发病严重的鳖苗隔离，放入一个更浅的池中，最好先放入鳖苗，然后徐徐加入浅水，静养；②采用抗应激的药物，比如维生素 C，用于浸泡；③今后注意操作规范。

5. 温差引起的山瑞鳖应激

2012 年 5 月 24 日，南宁读者杨超反映，他养殖的山瑞鳖出现异常，其中一个养殖 50 个的池有问题，发病率 70% 左右。发现腐皮和底板红斑，使用土霉素和呋喃类药物浸泡不见效果，也涂过“百多帮”，但是没用，皮肤慢慢变暗。调查发现两个问题：①直接使用自来水进行冲洗或换水，会产生应激，因为有温差。以后要用等温水。在应激发生后，山瑞的体质下降，容易得病；②出差一段时间不换水，水有异味，说明水质已经恶化，氨浓度升高，容易引发氨中毒。山瑞发病的表面皮肤变暗，有发炎发红的病灶出现（图 4-253、图 4-254）。诊断结果：环境变化引起的应激性疾病。

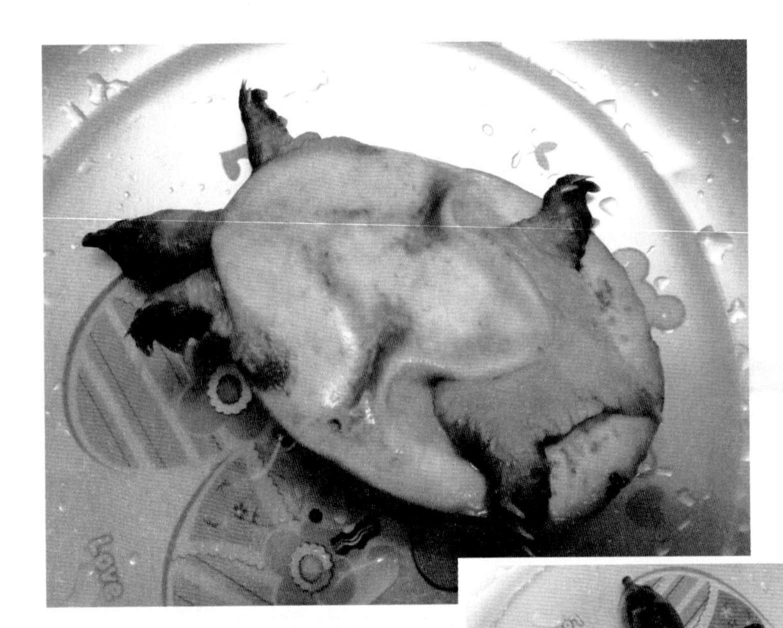

图 4-253　温差引起的山瑞鳖应激（杨超提供）

图 4-254　温差引起的山瑞鳖应激（杨超提供）

治疗方法：①对该池的所有山瑞进行注射治疗，肌肉注射头孢曲松钠。具体方法，采用头孢曲松钠1.0克的药物，加入5毫升氯化钠注射液，摇匀后，抽取0.1~0.5毫升，按照每只鳖大小，不同剂量进行注射，最小的注射0.1毫升，最大的500克左右的可以注射0.5毫升。②对发病池泼洒药物进行消毒。使用青霉素和链霉素全池泼洒。浓度为对该池1.5米 ×2.0米的池子使用青霉素和链霉素各3瓶。先溶解后再泼洒。2012年5月26日龟主反馈，他的鳖情况有好转了。

6. 生态位突变引起的鳖恶性应激

2013年5月18日，广西横县读者陆绍燊反映，他所在的养鳖场最近发生生态位突变，引发黄沙鳖恶性应激死亡。2013年5月14日，温室已停止加温1个月，在分池转群期间，其中一池因维修，将水位从40厘米下降到10厘米，在池底钻两个排水孔，后来一孔已堵，另一孔未及时堵上，第二天水电工未来场及时修补。因此，致使鳖堆积在池子一角，发生恶性应激。第三天发现，鳖已大量死亡，主要症状，大部分鳖背部皮肤溃烂，腹部充血（图4-255、图

图4-255 生态位突变引起的鳖恶性应激（陆绍燊提供）

图 4-256　生态位突变引起的鳖恶性应激（陆绍桑提供）

4-256）。该池 300 只鳖，死亡 244 只，死亡率达到 81%。笔者分析认为，鳖死亡的原因是：水位的突然下降使得鳖失去了原来的生态位，鳖的内平衡受到威胁，引起急性应激。

7. 中华鳖应激反应导致白底板病

如果使用山泉水来养殖中华鳖须要注意温差问题。笔者应邀于 2010 年 7 月 3 至 4 日去广东肇庆市超凡养殖场诊断并治疗因温差引起的中华鳖恶性应激，现场看到因应激导致白底板病，鳖大量死亡。该场由两个分场组成，养殖面积合计 230 亩，放养鳖 10 万只，因病死亡率已达 50%，直接经济损失 100 万元，病情十分严重。通过仔细观察发现，应激原是低温山泉水，从山上引入鳖池，直接冲入，每天都要补充山泉水，单因子应激不断重复刺激中华鳖，由此产生累积应激。现场测量山泉水温 26℃，鳖池水温白天 33℃，晚上 32℃。因此温差白天 7℃，晚上 6℃。病鳖出现白底板症状，解剖可见肝脏发黑，肠道瘀血、肠道穿孔、鳃状组织糜烂（图 4-257）。

图 4-257　中华鳖应激反应导致白底板病

采用的治疗方法是：在每千克鳖饲料中添加维生素 C 6 克、维生素 K 30.1 克、“利康素”2 克、生物活性铬 0.5 克、“病毒灵”1 克、恩诺沙星 2 克，连续使用 30 天，每周 1 次全池泼洒 25 毫克 / 升生石灰。经过 1 个月的治疗，鳖的死亡逐渐减少，结果痊愈。

■ 第八节　作者发明的四项专利

笔者长期致力于科技理论研究和发明创造，勇于探索，实践经验丰富，先后有多项成果问世，产生了较好的经济效益和社会效益。发明了四项专利：“养鳖温室自动加温控温装置”、“龟鳖温室自动热水循环节能加温装置”、“一种仿野生风味甲鱼饲料添加剂”、“一种防治鳖白底板病的对症药物”。

一、养鳖温室自动加温控温装置

国家专利局 1995.1.8 授权公告。

笔者研制的“养鳖温室自动加温控温装置”，获得国家实用新型专利，专利号：ZL 95239104.X。基本构成：电源—控温—增容—调节—加温。适用于龟鳖养殖和孵化。主要功能：①自动控温。控温范围 10~50℃，由用户自行设置需要的温度，如养龟最佳温度 28℃，养鳖最佳温度 30℃，龟孵化 28~30℃，到达设定的温度后自动切断电源，温度不到指定的温度，会自动接通电源继续加温，因此非常省电，且控温误差极小，在 ±0.5℃以内。②功率可调。可配套 30~50 平方米温室的自动控温装置（如龟孵化室面积小，可调节功率），最冷的天气需要 4 千瓦功率，平时根据季节调节功率，可调范围 1~4 千瓦，以平衡电路，不影响照明用电，备有与单相和三相电源相配套的两种控温装置，面积较大的温室，可选用三相电控温装置。③节省人工。采用自动控温装置，只要设置好参数，一般不需人工管理，即使外出对温室加温也不用担忧。

本套装置用于空气加温。电源采用 220 伏交流电，功率配置 1~4 千瓦，配套温室面积 30~50 平方米，要求温室一定要有保温设施，以防逃温增加能耗。

① 为确保安全，务必请电工按照接线图安装（图 4-258）。自备电源开关、熔断器、漏电开关和导线（选用铜芯粗线）。

② 请注意安全。将接触器、单极自动开关（高分断小型断路器）、熔断器、漏电开关等连接在木制线路板上，外罩木盒，控温仪放置在木盒上方，以便观察，“M”形空气加热棒接头用绝缘胶布包裹 3 层，防止漏电，导线选用铜芯粗线。

③“M”形空气加热棒安装方法：“M”形空气加热棒安装在温室内空气中，每支 1 千瓦，共 4 支 4 千瓦，要求分布均匀。一般安装在四面墙壁上，距离墙

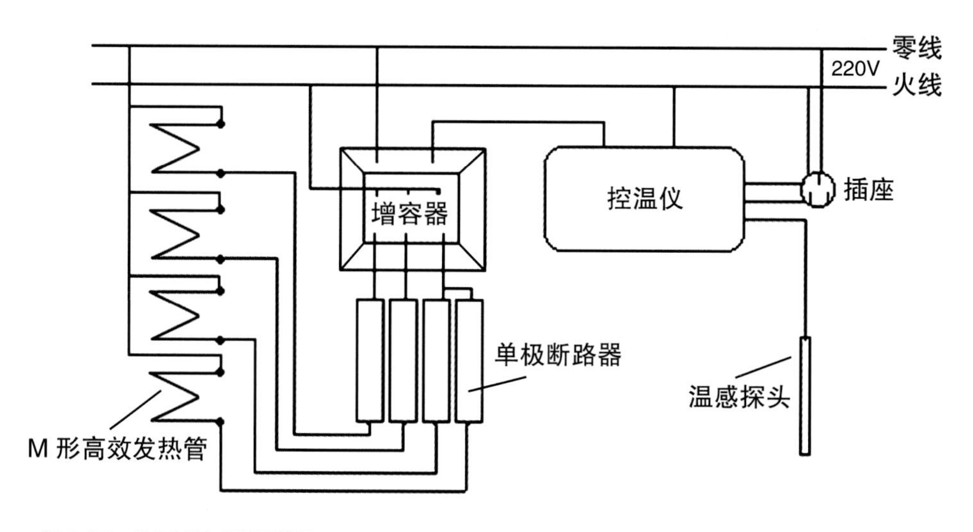

图 4-258　温室自动加温控温装置

面 5~10 厘米，距离地面 70 厘米。自制加热棒固定架，固定架用角铁制作（呈“八”字形）。初次使用时，加热棒表层防锈漆由于加热散发漆味，须打开窗户通风，不久会正常无味。

④ 控温仪预调：按照控温仪说明书将控温仪连接后，将温控探头悬挂在温室内上方空中，探测室内气温。控温装置线路全部连接完毕后，将温控悬钮调到所需设定的温度，整个控温装置就会按照所设定的温度自动运行。

二、龟鳖温室自动热水循环节能加温装置

国家知识产权局 2001.12.16 授权公告。

本实用新型公开了一种龟鳖温室自动热水循环节能加温装置，该装置包括有燃煤炉体，燃煤炉体上设有热水增热器，热水增热器的上部和下部设有热水管和冷水管分别与温室内的调温池连接形成循环，燃煤炉体上设有烟道，烟道穿越温室到室外；该装置使用燃煤加温，大大降低了养殖成本，并且运用冷水重力自动循环原理设计，使空气和水同时加温，能满足龟鳖最佳温度和经常换水的需要，节能效果显著。其专利号为：ZL 01 2 17344. 4。

一种用于龟鳖温室养殖的自动热水循环节能加温装置。针对有些地区电价较高，而煤价低的特点，使用煤加温，运用冷热水重力自动循环原理设计，主要特点是空气与水体同时加温，能满足龟鳖最佳温度和经常换水的需要。节能显著，比锅炉加温节能 50% 以上。

（一）具体特性

（1）新颖性

封闭式炉体内置，烟道穿室而过，充分利用热能；安装增热器，连接炉体与调温池，热水自动循环；空气与水体加温共同运行，满足龟鳖对最佳气温和水温的需要。

（2）先进性

应用水重力循环原理设计的增热器，随着炉子的不断加温，增热器中的热

水自动送入调温池，使得调温池中冷热水分层，冷水重力较大，通过回水管回流到增热器，自动循环，调温池中冷热水不断交换，水温逐渐升高，满足换水需要；炉体、烟道、增热器发出的热能被充分利用，比同类养殖使用锅炉加温、换水等综合节能或节约加温费用 50% 以上。

（3）实用性

既可特制，也可由三孔煤炉改制，增设内置式烟道及增热器，炉体、烟道、增热器同时发热，空气与水同时加温；使用蜂窝煤或无烟块煤，能源采集方便，加温成本低；通过调节风门控制温度的高低，实用可靠，能使龟鳖温室气温稳定在 33℃，水温稳定在 30℃，具体温度可根据不同龟鳖对温度的需要进行调节，换水极为省力，操作方便；见图纸制作，工艺不复杂，投资小（图 4-259）。

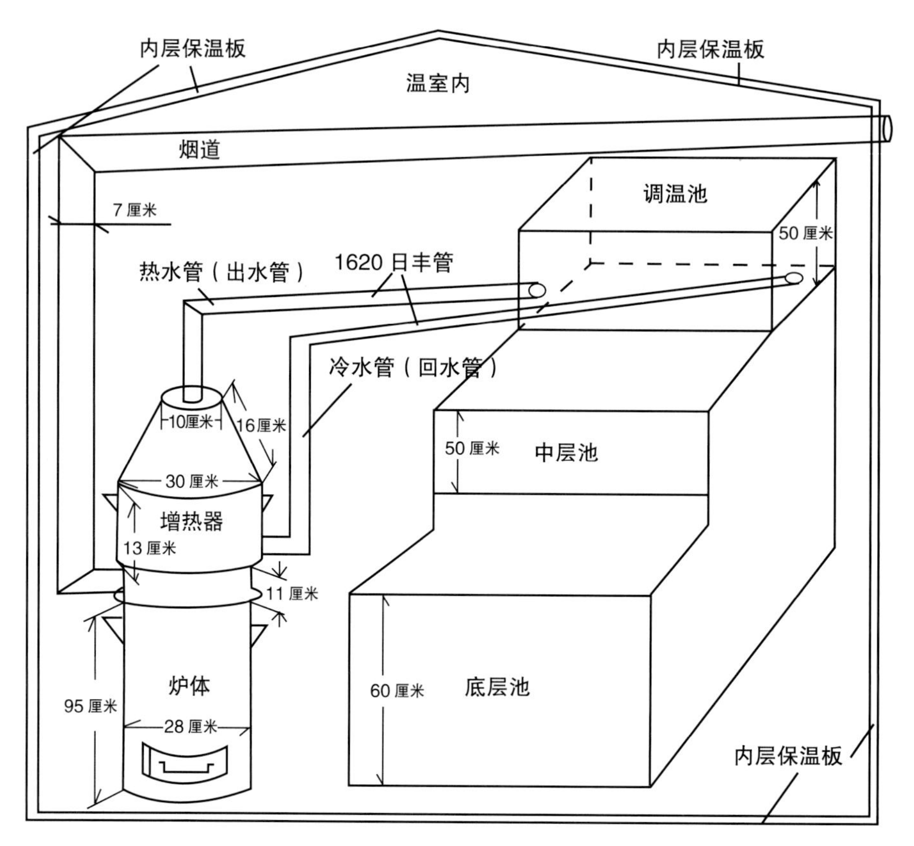

图 4-259　龟鳖温室自动热水循环节能加温装置

（二）制作工艺

（1）炉体制作

使用厚度为 3~5 毫米钢板制作，用生铁铸浇的炉体使用寿命长，炉膛内不放耐火材料，让炉体热量能被充分利用。如要节约投资，还可从市场上购买梅花型三孔煤炉，直径为 28 厘米，高度为 95 厘米，使用蜂窝煤。

（2）围护结构

为出烟需要，在炉体上方增设高度为 11 厘米的围护结构，并在此一侧开口（直径为 7 厘米）与烟道焊接，烟道从温室内顶部，穿过整个温室，出口于温室外。如果温室面积较大，可由多个炉子组成，每只炉子的烟道与总烟道并联。烟道是温室空气加温的重要热源之一。

（3）热水循环

为保证调温池热水满足龟鳖养殖换水需要，从节能角度出发，采用冷热水重力自动循环核心技术，设计的增热器分别与炉体和调温池连接，冷热水自动交换，完成热水自动循环。增热器由 2 毫米厚钢板焊接而成，出水管与回水管均采用型号为 1620 日丰管（红色热水管），用 6 分镀锌管将增热器与日丰管连接，镀锌管与增热器焊接。出水管反坡向 15° 连接至调温池的一端，离池底 10 厘米左右的高度；回水管由调温池的另一端接出，开口于池底面。调温池体积与养殖池面积比为 1∶10。

（三）使用方法

（1）加煤方法

加煤时，将增热器移动到养殖池上面，露出炉膛，一次最多可加 15 块蜂窝煤，每层 3 块，共 5 层。实际平均每天仅需换新煤 18 块左右，每只 500 克蜂窝煤 0.125 元，每只煤炉每天加温费仅有 2.25 元，以 210 天加温期计算，包括换水在内加温费共计 472.5 元，每只煤炉配套温室池面积 10 平方米左右，温室养鳖每平方米放养 25 只，每只鳖加温费为 1.89 元；温室养龟每平方米放养 50 只，每只龟加温费为 0.945 元。而同类养殖使用锅炉加温，费用平均每只龟鳖要 3~5

元，故该装置比锅炉节能50%以上。风门控制最小能恒温，一次加煤可烧12小时以上，结合投饵每天进2次温室加煤，一天只要换2次煤，就能满足龟鳖对最佳温度的需要。

（2）控温方法

采用人工控制风门的方法控制温度，一般将风门控制到最小，如果冬季气温特别冷，温度处于零下时，可移动风门来调节，风门固定后能使温度恒定，满足龟鳖恒温需要。

（3）换水方法

用潜水泵放入调温池，需要换水时，启动电源就能迅速将调温池的热水注入养殖池，换水时间短，减轻对养殖对象的干扰。也可从回水管中间用三通连接支管或从调温池底接出“热水输出管”伸入养殖池换水。

说明：①该装置适用于各种规模的温室养殖。如果温室面积较大，可由多个节能加温装置分别与调温池和总烟道并联供热，炉体可大可小，根据需要定制。最小的炉体可供10平方米温室池使用，最大的炉体可配套200平方米温室池。②炉体既可内置，也可外置。内置时一定要注意全封闭，加煤后增热器与炉体紧密接触，防止煤气泄出；外置时加煤更方便，煤灰直接排出，不容易对温室内环境造成污染，但炉体热量不能被充分利用。③温室配套。为确保节能效果的发挥，温室上下及四面墙体围护结构都必须内置5厘米厚的塑料泡沫板。

三、一种仿野生风味甲鱼饲料添加剂

国家知识产权局2001.11.28公告。

本发明公开了一种仿野生风味甲鱼饲料添加剂，主要由下列成分组成（克/千克饲料）：类胡萝卜素、亚麻酸、谷氨酸、螺旋藻、花生四烯酸、丙氨酸；本发明能改善养殖鳖的品质，获得仿野生风味的效果，使其商品价值显著提高，经济效益成倍增加。其专利号为：ZL 01 1 08300. X。

鳖的风味主要体现在色（体色、脂色）、香、味，这也是衡量其商品价值的

一个重要标志。影响鳖色、香、味的主要因素是类胡萝卜素、脂肪酸和鲜味氨基酸。

野生鳖与养殖鳖品质有明显的区别：野生鳖背部油绿、清亮，腹部灰白、斑纹清晰，脂肪黄色，肉质芳香，味道鲜美；而养殖鳖背部灰暗，温室鳖表层模糊似白云，腹部灰白，斑纹不清晰，脂肪白色，肉质郁腥、味道寡淡。究其原因是，养殖鳖体内类胡萝卜素、亚麻酸、花生四烯酸、谷氨酸、丙氨酸含量与野生鳖相比，都有不同程度的降低。比如，养殖鳖肌肉的亚麻酸低 48.62%（$P < 0.01$）、花生四烯酸低 87.62%（$P < 0.01$）、谷氨酸低 11.4%（$P < 0.05$）、丙氨酸低 12.45%（$P < 0.05$）。

为改善养殖鳖的品质，获得仿野生风味的效果，需在鳖的配合饲料中适量添加增色剂、脂肪酸和鲜味氨基酸。具体添加剂配方见表 4–5。

表 4–5　仿野生风味甲鱼饲料添加剂

	添加剂	剂量
色	螺旋藻粉	20 克 / 千克
	类胡萝卜素	40~150 毫克 / 千克
香	亚麻酸（C18：3n–3）	10 克 / 千克
	花生四烯酸（C20：4n–6）	100 毫克 / 千克
味	谷氨酸	1.5 克 / 千克
	丙氨酸	0.5 克 / 千克

仿野生风味甲鱼饲料添加剂使用后，养殖鳖的体色、脂色、肉质都有明显的改变。使用螺旋藻后，养殖鳖的背部呈天然绿色，腹部呈蓝绿色，裙边增厚加阔；使用类胡萝卜素后，这些存在于饲料里的类胡萝卜素经过鳖体内的消化、吸收、转移、酯化以后，最终沉积于鳖的脂类物质中，养殖鳖脂肪由原来的白色变黄，与野生鳖的重要特征之一的“黄脂”相似。不仅如此，还添加了养殖

chapter 4

鳖缺乏的亚麻酸和花生四烯酸，使得养殖鳖的肉质特别芳香诱人，口感黏而不腻，这是因为脂肪是生成香气成分不可缺少的物质，尤其是高含量的多不饱和脂肪酸能显著增加香味。针对养殖鳖普遍存在味道不鲜的问题，本配方添加了2种养殖鳖严重缺乏的鲜味氨基酸——谷氨酸和丙氨酸，促进了养殖鳖的蛋白质营养中氨基酸的有效平衡，更重要的是找回野生风味，使鳖的味道变得与野生鳖一样鲜美。结果归纳于表4-6。

表4-6　仿野生风味甲鱼饲料添加剂使用效果

	仿野生鳖	养殖鳖
色	体色清亮、脂黄	体色灰暗、脂白
香	芳香	郁腥
味	鲜美	寡淡

仿野生风味甲鱼饲料添加剂适用于全人工配合饲料饲养的温室鳖及露天鳖。此添加剂成本低，每产500克商品鳖仅需0.5~1.0元，不仅能改善养殖鳖的品质，而且使其商品价值显著提高，经济效益倍增。

四、一种防治鳖白底板病的对症药物

国家知识产权局2002.1.23公告。

本发明公开了一种防治鳖白底板病的对症药物，主要由下列成分组成：维生素C、益生元、喹诺酮、维生素K_3、“病毒灵”、生物活性铬；它能有效控制并缓解鳖白底板病的蔓延，停止死亡，逐步康复。其专利号为：ZL 01 1 08299. 2。

鳖白底板病是近年来出现的疑难病，主要危害100克以上的幼鳖和成鳖，来势凶猛，发病率和死亡率极高，具有暴发性、顽固性、反复性、毁灭性的特征。自1997年发现以来，连年在全国养鳖区发生暴发性死亡，一般死亡率30%~50%，若不及时治疗，最高死亡率100%。如江苏吴江市一家有名的大型养鳖企业，1997 年因该病暴发，死亡 20 万只鳖，造成重大经济损失。据浙江农业厅朱家新报道，1999 年杭州某场发生鳖白底板病，发病率和死亡率分别为 40% 和 79%。

白底板病的主要症状是胃肠道溃疡内出血，肠道后段往往有血凝块，腹腔血水，全身性水肿，肝脾肿大，肝脏灰白、少数变黑，一般呈花肝状，特别明显的症状是底板发白，故称鳖白底板病。

对鳖白底板病的病原目前尚有争议。日本川崎义一认为先是病毒感染，而后继发细菌感染；中国学者有认为是病毒引起，已见报道的有球形病毒，彩虹病毒，也有认为是细菌引起，报道有亲水气单胞菌、温和气单胞菌、豚鼠气单胞菌、迟缓爱德华氏菌、普通变形杆菌。本发明认为，此病属于一种营养性疾病，病鳖摄食的都是配合饲料，而一些饲料厂为了降低成本，在配合饲料中少加维生素、矿物质等必需营养元素，如维生素添加量按需要分四类，最小必需量、营养需要量、保健推荐量和药效期待量。按理，饲料厂应该采用保健推荐量，维生素 C 的保健推荐量为 600 毫克 / 千克，而实际上厂家只加了最小必需量 60 毫克 / 千克，甚至还要低。长期的维生素等营养物质的缺乏使鳖的抵抗力逐渐下降，在工厂化养殖高温、高密度、高污染的生态条件下最容易发病。此病发生后，更换饲料能缓解病情，所以有些地方在治疗此病之前，采用更换不同厂家的饲料的方法来减轻白底板病，从而证实本发明者的观点。在治疗实践中，本发明采用高量的维生素 C、维生素 E、维生素 K 等治疗，能迅速控制此病的蔓延，进一步证明发明者的分析是正确的。并认为，白底板病是由于饲料、环境、病原、鳖体四因素相互作用产生。饲料是隐性的内因，环境是外因，病原是在鳖体长期缺乏维生素等营养物质造成免疫力下降后乘虚而入。根据分析，找出真正的病因，研制出对症药物组方（表 4-7）。近年来笔者研究发现，鳖白底板病与应激也有一定的关系。在广东肇庆，笔者查出一例温差较大的山泉水引入鳖池，造成恶性应激，引发鳖白底板病。所以其发病原因比较复杂。

此药先后在江苏、浙江、湖北、湖南、广东、海南等养鳖区验证，效果显

chapter 4

表 4-7　鳖白底板病的对症药物组方

药品	添加量克 / 千克饲料	作用
维生素 C	1~2	补充维生素 C、抗氧化、抗应激、激活免疫力
维生素 K_3	0.05~0.1	止血
益生元	0.05~2	增殖消化道有益微生物，调节微生态平衡
生物活性铬	0.1~0.5	提高胰岛素水平，促进免疫功能
“病毒灵”	0.5~1	抗病毒
喹诺酮	0.5~1	对革兰氏阴性菌、阳性菌、霉形体均有效

著。以杭州为重点，反复试验，取得满意效果。用于预防，药量减半，全程服用效果 100%；用于治疗，每 15 天为 1 个疗程，只要 1 个疗程就能控制病情，2 个疗程痊愈。对 42 000 只鳖进行防病试验，选择 3 个情况不同的养鳖场，第一场很少发病，第二场时有发病，第三场发病严重，从 2000 年 10 月 1 日温室开始加温起，第一场和第三场连续服用该药物预防白底板病，整个加温养殖期没有发生任何疾病。第二场服用一阶段后停药，结果 3 个月后出现白底板病，该场立即恢复服用此药，结果白底板病迅速得到有效控制，并停止死亡，逐步康复。

此外，谈谈正确的注射方法。龟鳖病害发生后，有些疾病需要进行注射治疗。在这种情况下，养殖者就必须掌握正确的注射治疗方法。一般采用肌肉注射，或称肌内注射。笔者见到一些注射方法不正确，如皮下注射，前肢注射，尾部注射，腹腔注射。正确的注射方法是“后肢大腿基部内侧肌肉注射”。

具体注射部位：龟鳖后肢大腿基部内侧找到后，接下来找肌肉，用手摸肌肉多的地方，一般有凹陷之处。注射时不能碰到神经、血管和骨头，插针时如果遇到阻力，可以偏移，找最佳位置，不能硬插。

手持针筒方法：手握针筒必须注意正确的方法，右手握住针筒，将食指抵住针头的中下部，留下需要注射的深度，一般大规格的龟鳖留 1 厘米左右，小规格的龟鳖留 0.5 厘米左右，这样做是为了控制注射深度，保护龟鳖不被注射过浅或过深而受伤害。进针角度 30° 左右，注射完毕将针筒拔出后，立即用消

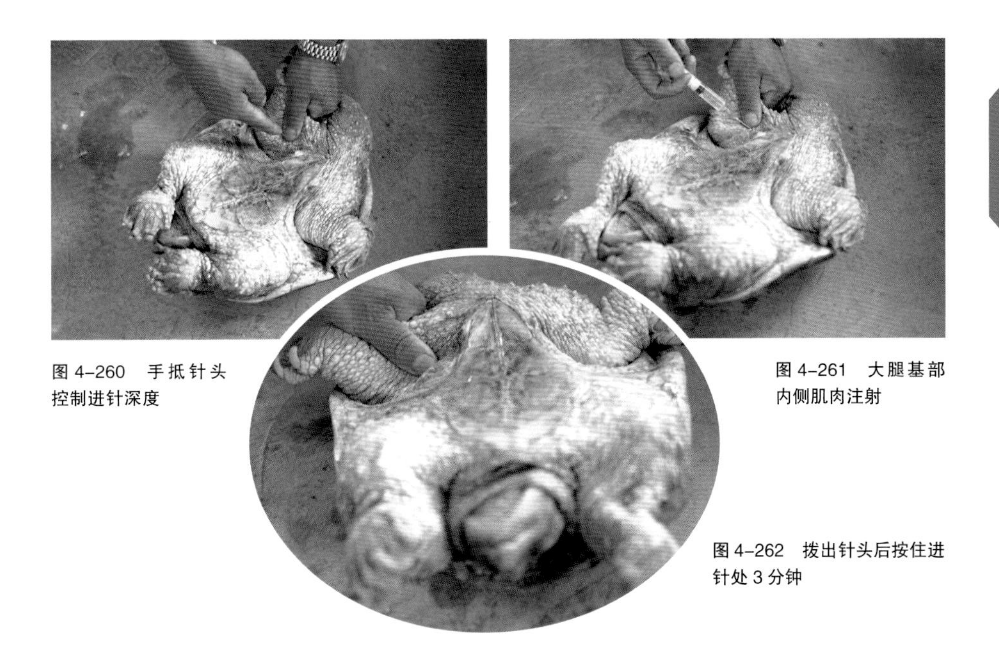

图 4-260 手抵针头控制进针深度

图 4-261 大腿基部内侧肌肉注射

图 4-262 拔出针头后按住进针处 3 分钟

毒棉球按住注射部位 30 秒左右，防止药液渗出（图 4-260 至图 4-262）。

选择针筒规格：一般，对于大规格的龟鳖，选用 5 毫升的一次性针筒；对于小规格的龟鳖选择 3 毫升的一次性针筒；对于 50 克以下的龟鳖苗注射可采用 1 毫升的微型针筒。

粉剂药物稀释：拿到粉剂的药物，需要进行稀释才可使用。一般用生理盐水或葡萄糖注射液进行稀释，不可以用矿泉水稀释，因为渗透压不同，在生理盐水中已经含有 0.9% 氯化钠，与龟鳖体内的渗透压基本一致，这样才能保持渗透压的平衡。稀释后一定要摇匀，然后用针筒抽取需要的剂量，注意抽取药液后如发现针筒内有气泡，要将气泡排除，方法是将针筒垂直朝上，将里面的空气慢慢排除，如药液不足规定的剂量，再补充抽取药液。

此外，需要多次注射时，每天换用新的一次性针筒，并换腿注射，也就是说，今天打左腿，明天打右腿，注射处用碘酒或酒精棉球进行消毒后再下针。龟鳖后肢难以用手拉出时，不要硬拉，可采用医用镊子包上纱布，夹住后肢慢慢拉出来，不可以直接用镊子夹，那样会伤害其皮肤。龟鳖注射后可以直接下池，也可以干养，具体根据治疗需要。

chapter 5

产 业 链 整 合

chapter 5

■ 第一节　多品种整合

广西北海王大铭建立的生态龟鳖园有一百多亩，2012 年创造产值一千多万元。目前他的龟鳖园内居住着 64 种龟鳖，包括养殖类和观赏类。他成功的秘诀是根据市场变化进行多品种整合。前来参观者络绎不绝（图 5-1、图 5-2）。

他挖到的第一桶金，是看准市场和坚守预见获得的。2001 年，珍珠鳖苗市场需要大量进口，他看到几年后的市场，珍珠鳖会变成热门品种。他借了 2 万元钱引进养殖珍珠鳖，坚持自己的预见不动摇。结果，2005 年，一个电话给他带来 200 多万元的利润，杭州老板将他的珍珠鳖苗以每只 127 元的价格包下来，他手里的珍珠鳖苗成为抢手货。

精明的他看到黑颈乌龟有前途，他找到的货源只有 3 只，就是这 3 只龟给他带来第二桶金。他从蒋洪峰手里花 10 万元买到 3 只黑颈乌龟，原龟主养殖 4 年仅产 2 只苗，他决然买下来，采用仿野生养殖方法，结果第二年繁育出 36 只

图 5-1　北海市龟鳖业协会会长王大铭向参观者介绍养殖情况

图 5-2　北海市宏昭公司龟鳖养殖场

龟苗，按照当年价格值30多万元，到现在这3只黑颈乌龟已繁育出60多只种龟，年产苗五六百只，当初10万元的投入，现在为王大铭带来一千多万元的财富。

人追我退，物稀为贵。这是王大铭的养殖策略之一。2010年，王大铭的生态基地里已经有了鳄龟、星点龟、亚洲巨龟、黑靴龟等六十多个品种，一千多只珍稀种龟。此时，他做出一项重大决定，就是将石龟苗全部出售，只留下500只种龟。他认为，石龟的市场价格与其自身价值不相匹配，石龟正进入炒种阶段，不进入市场终端，不上餐桌，总有一天会饱和，市场消耗不了，有什么用。卖掉手里价值一千多万的石龟，投资其他肉龟品种。

他坚持养殖亚洲巨龟，年产8 000只苗，苗价420元，仅此一个品种年赚几百万元，此阶段，淘汰鳄龟，很有远见。到2012年，王大铭拥有64个品种，十万多只种龟，不管是卖肉龟或是卖观赏龟，他以不变应万变，已具有抗市场风险的应变能力(图 5-3 至图 5-7)。

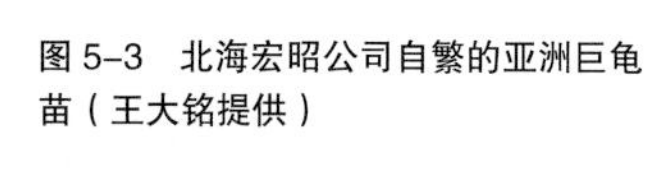

图 5-3　北海宏昭公司自繁的亚洲巨龟苗（王大铭提供）

图 5-4　宏昭公司的黑靴龟产卵（王大铭提供）

图 5-5　宏昭公司养殖的黄额盒龟（王大铭提供）

图 5-6　宏昭公司养殖的黄缘龟产卵（王大铭提供）

图 5-7　宏昭公司养殖的杂交巴西龟（王大铭提供）

■ 第二节　高品质整合

天下名龟出钦州。钦州全市龟鳖产业产值达到5.3亿元，钦州市委提出了打造“中国龟谷”的发展战略。坐落在广西钦州的龟王城是一个高品质整合的典范（图5-8）。这是已故南国龟王马武松精心打造的（图5-9至图5-11）。现在马武松夫人中国龟王婆林桂艳继承了龟王城，正在建设中国龟王婆新城堡（图5-12至图5-14）。这里珍藏着中国最为名贵的珍稀龟鳖类，金钱龟、百色闭壳龟、鼋、凹甲陆龟、黄缘盒龟、越南石龟和鳄龟等（图5-15至图5-18）。林桂艳现任中国渔业协会龟鳖产业分会副会长，广西区龟鳖产业协会常务副会长，钦州市妇女龟友会会长。

提起马武松的名字，大家一定知道，他是广西钦州市龟王城的主人，是中

图5-8　龟王城是一个高品质整合的典范

图 5-9　马武松创建的龟王城

图 5-10　龟王城一角

chapter 5

图 5-11　龟王城一角

图 5-12　林桂艳继承龟王城

图 5-13　中国龟王婆楼隐现

图 5-14　在建的中国龟王婆楼

图 5-15　龟王城内金钱龟

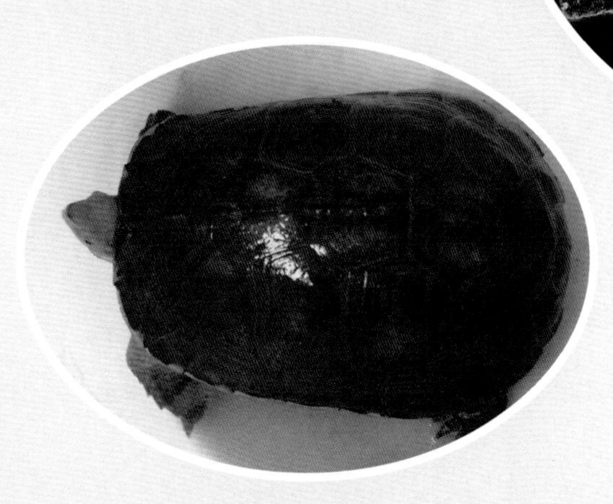

图 5-16　龟王城内百色闭壳龟

图 5-17　龟王城内石龟

图 5-18　龟王城内黄缘盒龟

国知名的南国龟王，金钱龟养殖第一人，2005 年“天下第一汤”由他制作成功，轰动全国。马武松因病逝世后，2011 年他的夫人龟王婆林桂艳接任董事长，走到养龟界的面前，参加全国性会议，上过央视《每日农经》栏目“疯狂的龟”。她喜欢讲三句话：“我们养龟人有缘，希望大家养好龟，我们并肩共发展”。

2012 年 10 月 28 日，经北海市龟鳖协会会长王大铭的安排，笔者来到知名的中国龟王婆林桂艳的龟王城。在那里见到来自钦州市委的领导和几位副会长，林桂艳现在是钦州市妇女龟友会会长，我的到来受到他们的热情欢迎和接待（图 5-19）。马武松走后，有一点人走楼空的感觉，但仔细观察，龟王的风采被其夫人林桂艳传承下来，她性格开朗，面带微笑，不时发出爽朗的笑声，

图 5-19　笔者的来访受到欢迎

马武松生前和她开玩笑说，不知道林桂艳是男还是女。酷似男人的性格造就她有一种自强不息的精神，两个儿子都在上大学，她在家和工人打成一片，一起吃，一起打牌，增添生活的乐趣，她没有放弃老马留下来的事业，不断奋斗，追寻更高更远的目标，对拟新建大楼取名征求意见的时候，笔者建议为：“中国龟王婆”（图 5-20）。

图 5-20　中国龟王婆

在林桂艳会长的引领下参观龟王城内的名龟生态园。笔者眼前一亮，沿着高高的长廊散步，看到的是一片园林生态养龟的景观，龟池错落有致，小桥流水，龟龟伸头张望，爬上人工岛悠闲自得（图 5-21 至图 5-23）。接下来参观了石龟、金钱龟和百色闭壳龟等名龟（图 5-24、图 5-25），笔

图 5-21　龟王城生态养龟尽在眼底

图 5-22　龟在生态园中悠然自得

图 5-23　龟王城内生气快然

图 5-24　石龟养殖池

图 5-25　金钱龟养殖池

图 5-26 笔者从林桂艳手里接过百色闭壳龟

者从林桂艳手里接过来野生名龟“百色闭壳龟”，与龟合影，感到手托百万，无比珍贵（图 5-26）。最为荣幸的是看到了平时不开放的金钱龟原种，米字底、红脖子、体型美的野生金钱龟跃入眼帘，大饱眼福，亲眼见证，名不虚传（图 5-27 至图 5-33）。笔者希望中国唯一的妇女龟友会在林桂艳会长的带领下越走越远，为我国龟鳖事业再创辉煌做出贡献。

图 5-27 越南种群金钱龟

金龟大王杨火廖的成功来自一条信息的捕捉。1973 年出生在广东电白县林头镇的杨火廖习惯称自己是“兵仔”，为什么这样称呼自己呢？原来他是当兵出身，1989 年初中毕业后去部队当汽车兵。在当兵

图 5-28　广西种群金钱龟

图 5-29　金钱龟昂起高贵的头

图 5-30　名不虚传的金钱龟

图 5-31　天下名龟出钦州

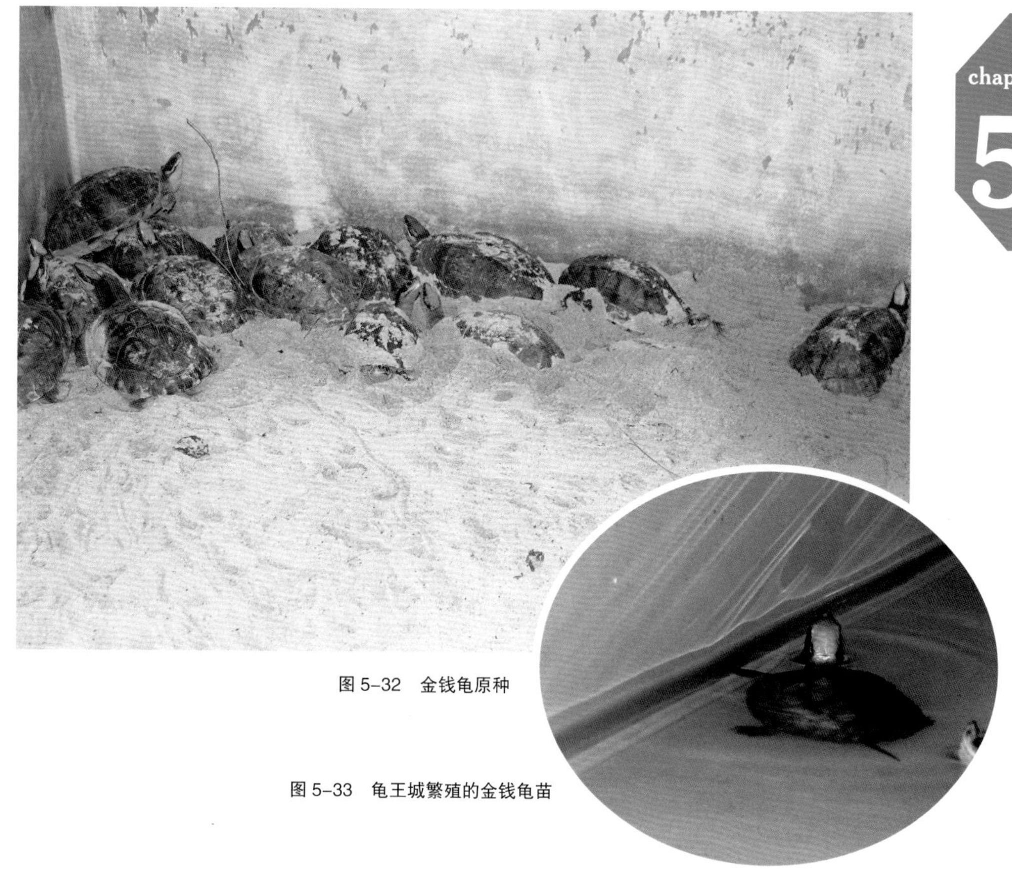

图 5-32 金钱龟原种

图 5-33 龟王城繁殖的金钱龟苗

期间，一次偶然的机会，他从报纸上读到一条信息，这条信息给他带来辉煌人生，并带来亿万身价。原来是一只金钱龟价格不断上涨的信息。因此，他决心养龟。

1992 年退伍回到家里，他被一家企业请去当汽车驾驶员，月薪 700 元，他想养龟手里没钱，家里又很穷。1995 年他将自己攒到的钱加上借来的钱买来 3 只金钱龟，回来养龟，但家里不支持，只好拿到当地卖掉，结果赚了 2 500 元。之后，得到岳父的支持，又去买回 10 只金钱龟和 50 只石龟，从此走上养龟之路。

经过 20 年的打拼，从汽车兵变成金龟大王。他的事业蒸蒸日上，已成为全国最大的高端龟鳖养殖场之一。拥有一栋主楼高 11 层，建筑面积 7 000 平方米的名贵龟类养殖楼和一个占地面积 70 多亩的大型养殖基地（图 5–34、图 5–35）。所养殖的龟鳖种类十多种，并成为广东省水生野生动物救护基地，农业部水产健康养殖示范场，总资产 1.5 亿元，年产值 5 000 万元。

2012 年 3 月 18 日，笔者在王剑儒老师的安排下，有幸拜访了金龟大王杨火廖（图 5–36）。全国最大的高端龟业主杨火廖热情接待并带我们参观了神秘的金钱龟大楼，雄心勃勃的主人告诉笔者，成功三要素是场地、资金和恒心，他的目标是 500 亿元，要为中国龟鳖业争光。电梯引入，我们看到的不仅仅是豪华的外表，11 层金钱龟大楼里名龟满目，设施一流，技术先进，令人震撼（图 5–37 至图 5–44）。

图 5–35　杨火廖创建的农业部水产健康养殖示范场

图 5–34　杨火廖建成的主楼 11 层名贵龟类养殖楼

图 5-36　笔者拜访杨火廖

图 5-37　金钱龟大楼里设施一流

图 5-38　杨火廖在观察金钱龟活动

图 5-39　杨火廖养殖的黑颈乌龟

chapter
5

图 5-40　金钱龟昂首张望

图 5-41　杨火廖主楼里的石龟

图 5-42　优美的养龟生态环境

图 5-43　杨火廖为龟创造的生态位

图 5-44　杨火廖为龟建立的产卵场

■ 第三节　休闲式整合

园林生态养龟，主要是利用庭院制造园林式生态，在美丽的景观中构筑各种不规则形状的养龟池，在龟池中放养各种龟类，充分利用水陆两栖特色，种植漂亮的植物和建造多边形的龟池，从欣赏的角度去养龟，目的不是为了赚钱，而是为了享受优美的人工环境和园林式的生态，展现龟与人的和谐美(图5-45)。通过自己勤劳的双手创造美，在良辰美景中度过美好人生。

在园林甲天下的苏州，蕴藏有这样的家庭，实现园林生态养龟。住别墅，

图 5-45　苏州园林生态养龟

养养龟，增添人生乐趣（图 5-46）。家住苏州工业园区的谢仁根先生创造了这样的养龟模式。他本来是开出租车的司机，在镇农机厂上过班，后来他和夫人曹美姐一起创业，发现商机，办起了缂丝公司。缂丝最早产生在我国宋代是中国特有的将绘画移植于丝织品的一种工艺美术品，以细蚕丝为经，色彩丰富的蚕丝作纬，纬丝仅于图案花纹需要处与经丝交织。谢先生夫妇不仅做缂丝，而且搞刺绣，出口日本等国，有声有色，名气日增，省长、市长等领导前来视察，清华大学在此设立实习基地，并将作品赠送给航天英雄杨利伟和上海佛教大师，为上海世博会承担刺绣任务。走进他的庭院，眼前一亮，可以见到缂丝展示厅、缂丝车间、大型厂房、别墅和后花园，就在别墅边门有一个秘密通道，通向园林生态养龟（图 5-47 至图 5-49）。

图 5-46　园林养龟主人的别墅

图 5-47　园林养龟主人的缂丝车间

图 5-48　园林养龟主人的缂丝展厅

图 5-49　走入园林养龟的秘密通道

图 5-50　黄喉拟水龟养在园林里

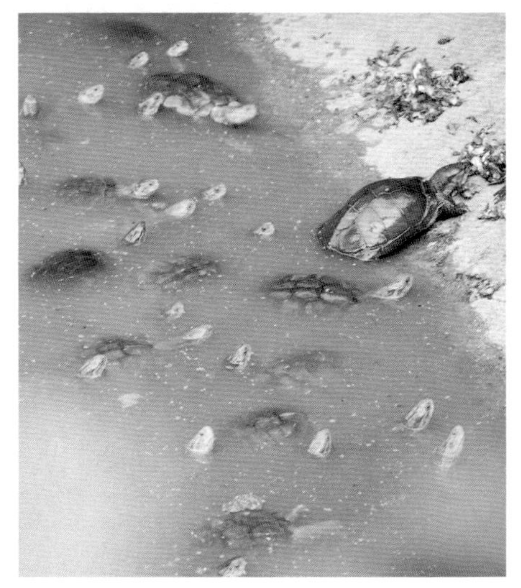

谢先生养龟始于 2000 年，利用庭院 2 000 平方米的空地创建园林生态养龟。从无锡、常州和苏州太仓等地引进龟种，目前养龟种类有鳄龟、乌龟、彩龟、黄喉拟水龟等（图 5-50 至图 5-52）。黄喉拟水龟亲龟现有 2 500 只，年产黄喉拟水龟苗 10 000 只，乌龟苗 4 000 只，彩龟苗 10 000 只，鳄龟亲龟 25 只，年产苗 1 000 只。他繁殖的龟苗主要销往观

图 5-51　鳄龟养在园林里

图 5-52　彩龟养在园林里

赏龟市场，供不应求。

笔者实地考察园林生态养龟。走进庭院，绿色葱葱，多姿多彩的植物环绕龟池，多边形的龟池像剥开的花生壳，别具特色，美感十足，美人蕉在龟池中间的盆景里，到开花的季节，多么的美丽（图 5-53）。在龟池周围还种植了向日葵、无花果、银杏、石榴、桃树、月季花、竹子、冬青等景观植物。园林中央葡萄架下，设有休息台和凳子，形成休闲佳境，坐下来喝茶赏龟，胜似神仙。在繁殖季节，看到鳄龟等龟类在池中悠哉、晒背等，鳄龟交配的景象为主人增添希望和乐趣，产卵场内静悄悄，安静的环境为龟顺利产卵创造了条件。鳄龟

图 5-53　美感的曲径龟池

年产卵一次，产卵量较大，产卵时亲龟要两次上岸观察，发现产卵场是安全的，第三次才会进入产卵场产卵。采集龟卵是一项细致的工作，主人自己动手，轻轻走进鳄龟产卵场，用小撬寻迹挖开卵窝，在较深的泥沙混合介质中终于发现鳄龟卵，一般每窝有鳄龟卵 50 枚左右（图 5-54）。黄喉拟水龟、彩龟、鳄龟等龟卵被采集后送至孵化室控温孵化（图 5-55 至图 5-57）。龟饲料使用当地的小杂鱼，用机器轧碎成小块，投入龟池（图 5-58）。在养龟中发

图 5-54　鳄龟产卵

图 5-55 黄喉拟水龟卵

图 5-56 彩龟卵

图 5-57 龟卵送入孵化室进行孵化

图 5-58 龟饲料采用小鱼

现，水体中因龟的粪便和残饵积累，容易发生蓝藻水华，采用彻底换水并使用生石灰或硫酸铜泼洒加以解决。可在养龟水体中移植水葫芦，利用其发达的根须吸收富营养化的氮、磷成分，保持水质清新。为保证水源卫生，采用深井水，经调温池与自然温度一致后注入养龟池。每半个月一次使用生石灰全池泼洒消毒防病。龟苗孵出后通过暂养池暂养后上市。进入冬季，园林生态养龟景色依然迷人，主人陶醉在美好的园林生态养龟中。

休闲式园林养龟引起中央电视台的关注。2010 年 8 月中央电视台 7 套《科技苑》栏目组来苏州摄制“乌龟养在园林里”，10 月 12 日播出，此后中央电视台从中剪辑《如何提高乌龟孵化率》多次播出。笔者参加这次拍摄，这是笔者第二次接受中央电视台采访，从专家的角度解析园林养龟的奥秘（2001 年笔者第一次在浙江长兴接受中央电视台采访，拍摄《鳄龟温室养殖》和《带你认识鳄龟》）（图 5-59）。

图 5-59 笔者接受中央电视台采访后合影

■ 第四节　多链环整合

饲料是龟鳖养殖中不可缺少的营养来源，饲料加工是高端产业链中的组成部分。根据产业链分析，我们看到，产业链中一环套一环，紧密相连，产品的质量与产业链中的上游供货厂家的选择高度相关。2012年12月21日，笔者随浙江金大地饲料公司陈国艺总经理、销售部经理、原料采供部经理等一行四人，走访了广西α-淀粉的原料供应企业，发现木薯种植—淀粉生产—饲料加工—龟鳖养殖—商品销售，一条完整的产业链。

图 5-60　金大地陈国艺总经理来到明阳集团淀粉车间查看质量

α-淀粉是甲鱼配合饲料中的主要成分之一，饲料的粘结性和粘弹性与α-淀粉的质量有很大关系。我们走访的变性淀粉生产企业是我国最大的广西明阳生化集团，这家国营企业年产变性淀粉50万吨，酒精及其深加工产品50万吨，年经营收入50亿元，是一家具有国际影响力的淀粉化工企业。走进厂区，环境宽敞、明亮、整齐、洁净。我们重点参观了食品淀粉生产分厂，走进车间，查看淀粉的制作过程和质量（图5-60）。我们看到了该企业一流的自动化变性淀粉生产线，性能稳定，产品质量可靠。他们采用的木薯主要有GR911、南植199和华南8号等6个优良品种。建立了60万亩木薯种植基地，5 000亩优良品种示范基地，带动农户25万户（图5-61）。

好原料才会出好饲料。金大地饲料公司选择的是明阳集团的淀粉，对其他原料的采购也同样严格把关。因此，产品质量一流。在金大地饲料生产中，笔者了解到，金大地具有完备的生产管理体系，严格规范的原料采购和生产管理，

图 5-61　广西木薯生产基地

体现在金大地公司运营的每个细节。金大地致力于精细的工艺，领先的设备及高标准的质量，为龟鳖业提供优质饲料。金大地还具有完善的质量管理体系，拥有严格的品控制度和精良的仪器，产品经过严格检测，符合相关国家、行业标准要求，金大地的员工和供应商不断提高自身的核心技能及专长，积极提高产品品质和改进产品，以满足市场需求。金大地每 2 个小时对原料进行一次抽样检测，原料上机前再次进行检查，发现受潮原料一律淘汰，确保生产出来的龟鳖饲料质量过硬（图 5-62 至图 5-66）。读者陆绍燊反映，他所在的广西横县一家养鳖企业原采用的是福建杂牌

图 5-62　金大地饲料集团公司总部在浙江诸暨

图 5-63　金大地饲料完善的质量管理体系

图 5-64　金大地原料仓库

图 5-65　金大地饲料车间

图 5-66　金大地新品鳄龟 3 号料

图 5-67　石龟不吃鱼，只吃金大地饲料（陆绍棨提供）

饲料，由于其质量不稳定，使用后鳖的病害多，畸形多，生长慢，改用金大地饲料后，鳖的生长速度快，温室养殖黄沙鳖成活率高达 86%，在使用新上市的金大地石龟饲料后发现，石龟只吃金大地饲料，不吃小鱼（图 5-67）。

金大地集团公司不仅生产饲料，并建立大型龟鳖养殖出口基地。公司中华鳖示范区核心面积达 1 280 亩，养殖水域连片，建有亲本养殖区、品牌甲鱼养殖区、出口甲鱼养殖区、恒温温室养殖区、休闲观光区，布局合理，功能完善。年产日本鳖苗 550 万只、“稻田牌”鳖 50 万只、巴西龟苗 240 万只、台湾草龟苗 50 万只、鳄龟苗 10 万只。有 400 亩出口甲鱼养殖池，6 万平方米养殖温室、3 000 平方米孵化房、500 亩日本鳖亲鳖池、2 100 平方米龟鳖博物馆，25 亩垂钓中心。该公司年产龟鳖饲料 4 万吨。是我国“原料采购—金大地饲料—养殖基地—甲鱼出口”产业链示范基地（图 5-68 至图 5-70）。

图 5-68 金大地基地一流的加温设施

图 5-69 金大地基地龟鳖工厂化养殖

图 5-70 金大地基地休闲农庄

chapter 5

■ 第五节　产学联整合

龟鳖养殖者、研究者和产业协会之间，进行交流与合作，是产业链整合的新方式。2012 年笔者进行了尝试，取得较大成果。

3 月，笔者走访了两广一些龟鳖养殖大户，和他们进行现场交流。2012 年 3 月 15 日，笔者应邀到广西贵港市平南考察墨花鳖养殖基地（图 5–71、图 5–72）。主人黄湘，是一位年轻有为的读者，善于挖掘龟鳖新品种，养殖品种主要有墨花鳖、黄沙鳖、鳄龟和亚洲巨龟，采取集约化养殖方法。鳄龟从苗开始培育，逐渐成为亲龟，2013 年开产，预计 2016 年达到 4 万 ~6 万只鳄龟苗的繁殖规模，将推动鳄龟养殖商品化、大众化和产业化，让普通消费者受益。在考察中发现当地有一种特殊的新品系墨花鳖，优势明显。黄湘先生介绍说，墨花鳖背部灰黑有光泽，腹部有黑色花斑，酷似太湖鳖，通过铺设泥沙，降低水体透明度，制造暗环境获得。其品相优异，体型偏圆，裙边宽厚，生长速度快，营养丰富，味道鲜美，有鳖中“乌骨鸡”的美誉，墨花鳖市场价格高，在广州

图 5–72　墨花鳖腹部

图 5–71　墨花鳖背部

图 5-73　黄湘手持黄沙鳖

市场很受欢迎，去年已将墨花鳖蛋发往江苏、浙江和湖北等地，养殖户反映增重快，个体大，病害少，比太湖鳖有更多的优点。墨花鳖每年 7—9 月投苗到第二年 5 月出温棚的规格已经是在 400~650 克了，然后再转外塘养殖到 11 月规格是 1~1.75 千克。广州批发市场墨花鳖批发价每 500 克 65~70 元，由此可见，养殖墨花鳖经济效益非常可观（图 5-73 至图 5-82）。

图 5-74　黄沙鳖伸长脖子

平南考察后去广东阳江考察佛鳄龟早繁技术。其核心技术是雌雄分开，雄龟单只独池养殖，雌龟需要交配时人工移入雄龟池，雌雄比可高达 7 左右，当发现雌龟怀卵时，将雌龟移入温室控温养殖，以

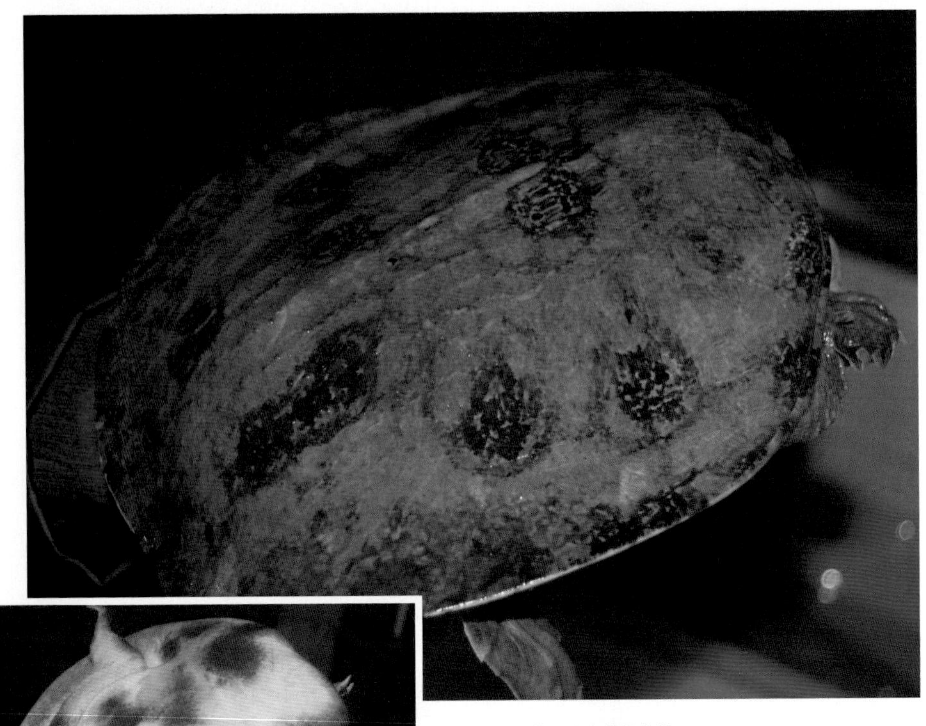

图 5-75　黄湘培育的墨花鳖

图 5-76　黄湘培育的墨花鳖腹部

图 5-77　墨花鳖苗

图 5-78　墨花鳖苗腹部

图 5-79　黄湘培育的佛鳄龟

图 5-80　黄湘手持鳄龟

图 5-81　鳄龟养殖大棚

图 5-82　黄湘养殖的亚洲巨龟

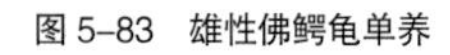
图 5-83　雄性佛鳄龟单养

图 5-84　雌性佛鳄龟需交配时移到雄龟池

加快发育，达到提早产卵的目的（图 5-83、图 5-84）。结果：最早产卵时间出现在 2012 年 11 月 21 日（钦州），2011 年 12 月 8 日（茂名），较早的产卵时间为 2011 年 1 月 8 日（阳春）。这项技术能促进佛鳄龟多次产卵，年产卵 2~3 次。在阳春，笔者在“天地潜龙”的家里见到一只佛鳄龟正在产卵，并亲自挖出 3 窝鳄龟卵，全部受精，送入孵化房进行孵化（图 5-85 至图 5-87）。来自阳春的

图 5-85　佛鳄龟正在挖窝

图 5-86 龟主萧传浪捡佛鳄龟卵

萧传浪先生说，没人想到他养殖的 100 只佛鳄龟亲龟，当年可以创造 100 万元的经济效益。在阳春笔者受到“天地潜龙”、“牛西西德”和“平安龟家”等龟友的热情接待。

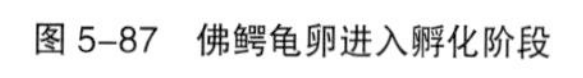

图 5-87 佛鳄龟卵进入孵化阶段

最后笔者考察了茂名的高端龟养殖和知名品种南种石龟。由王剑儒老师精心安排和陪同，参观王剑儒的名龟养殖（图 5-88 至图 5-91），拜访茂名蔡剑锋养龟场（图 5-92、图 5-93）、林头镇全国最大的高端龟业主杨火廖、沙琅龟鳖协会会长张增华（图 5-94）、沙琅镇老书

图 5-88 王剑儒家庭养龟

图 5-89　王剑儒养殖的金钱龟

图 5-90　王剑儒养殖的石龟

图 5-91　王剑儒养殖的黑颈乌龟、眼斑龟和乌龟

图 5-92　笔者参观蔡剑锋养龟场

图 5-93　笔者在蔡剑锋场指导注射治病方法

图 5-94　参观张增华养龟基地

图 5-95　笔者拜访沙琅镇老书记欧中伟和农副办副主任杨亚华

图 5-96　茂名早繁鳄龟苗

记欧中伟以及镇农副办副主任杨亚华（图 5-95）。在茂名笔者看到了当年最早繁殖的鳄龟苗（图 5-96），工厂化养殖石龟（图 5-97、图 5-98），楼顶仿自然生态养龟（图 5-99），金钱龟大楼和露天养殖基地（图 5-100 至图 5-102）。2012 年 3 月 19 日笔者完成考察任务。

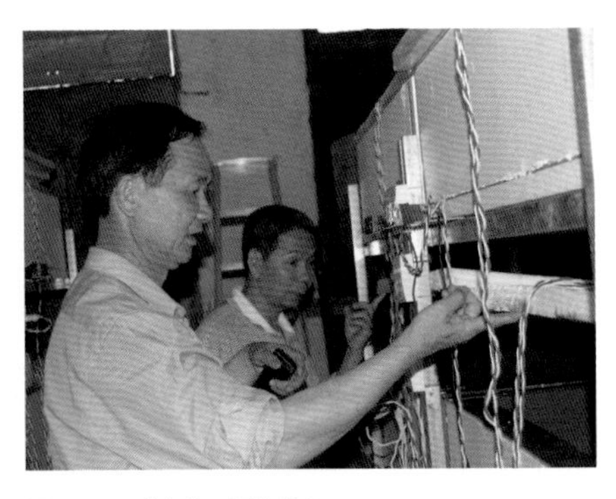

图 5-97　欧中伟工厂化养龟

2012 年 6 月 22 日，笔者考察贵港市的一家黄沙鳖种苗场。贵港市永利兴黄沙鳖种苗场是一家独资企业，注资 500 万元。建有办公楼、饲料间、孵化室、育苗室。该场 56 亩，配套

图 5-98　欧中伟养殖的石龟

图 5-99　王剑儒楼顶仿自然生态养龟

图 5-100　杨火廖金钱龟大楼里的金钱龟

图 5-101　杨火廖露天养龟池

图 5-102　杨火廖新建的养龟池

温室400平方米，年产鳖苗10万只(图5-103至图5-105)。第二期工程注资600万元，扩大面积100亩，建立绿色食品生产基地，增加休闲渔业设施，并对黄沙鳖进行深加工。地处广西贵港市覃塘区石卡镇陆村，西江边岸，环境优雅，交通方便，天然资源得天独厚，引进无污染的西江水，这里是黄沙鳖的原

图5-103　贵港穆毅黄沙鳖种苗场

图5-104　黄沙鳖培育

图5-105　鳖苗培育成幼鳖养殖温室

chapter 5

产区之一。该场养殖的黄沙鳖多次获奖，2010 年在广西首届龟鳖王大赛中获奖，2011 年在贵港市鳖王鳖后大赛中再次获奖。

黄沙鳖是该场的主要养殖品种，显著特点是：稚鳖腹面呈橘红色，上有清晰对称排列的黑色斑块，数量一般为 7~8 对；成鳖外观体型钝圆扁平，背部呈浅土黄色，背甲上清晰可见脊椎骨和肋骨的结构排列，脊椎两侧间断或不间断纵向弯曲排列的表皮皱褶线非常明显，腹部呈红黄色，表面清晰可见密布的毛细血管。随着个体的生长，腹部的暗纹状黑灰色斑逐渐隐退，体重达 500 克以后，只在腹甲上留有 2 对暗纹状的灰黑色斑块，其他斑块全部消失。主要优点是：品种纯正，体型偏圆，体色金黄，裙边宽厚，肌肉结实，肉质鲜美。个体大，生长快，抗病力强，营养价值高，深受市场欢迎（图 5–106 至图 5–109）。

发展中遇到一些难题。比如：①水质调节方法；②饲料结构调整；③疑难病

图 5–106　黄沙鳖

图 5–107　黄沙鳖腹部

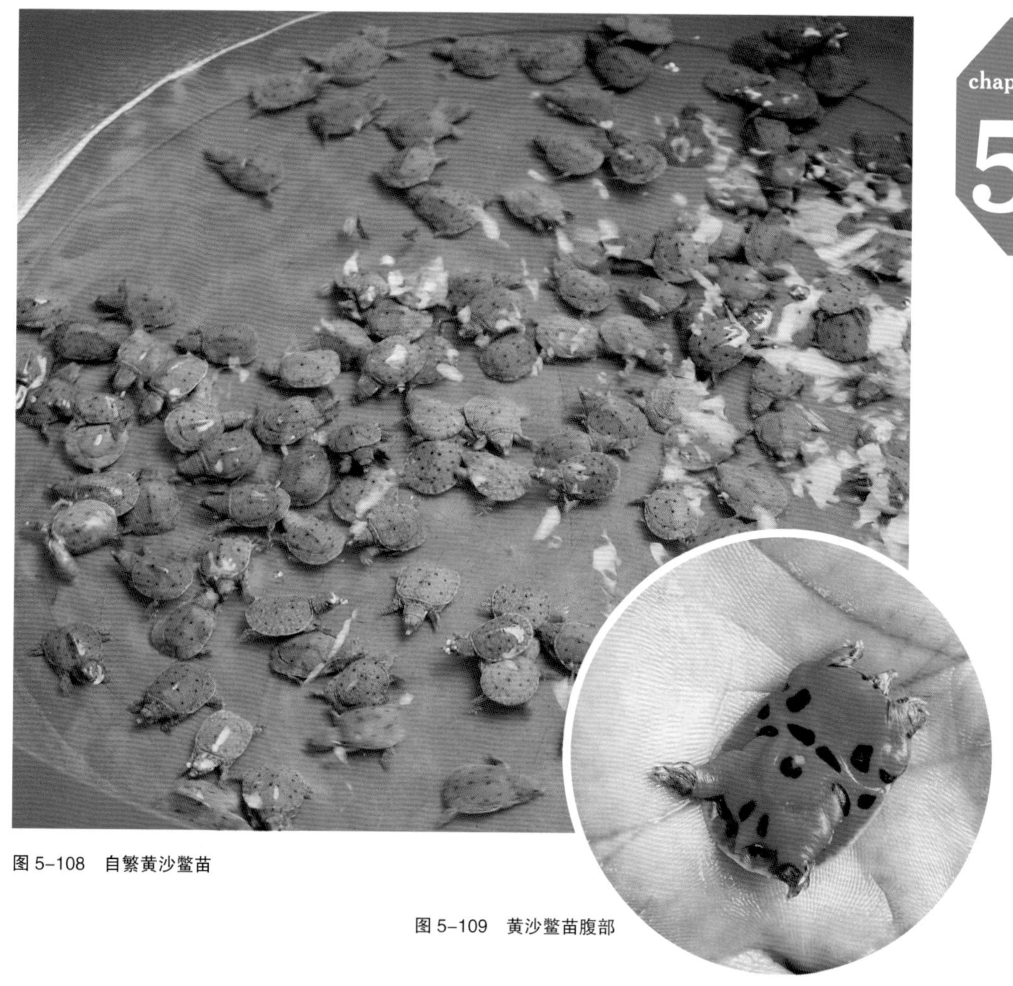

图 5-108 自繁黄沙鳖苗

图 5-109 黄沙鳖苗腹部

害控制；④温室养鳖技术；⑤品牌策略实施；⑥休闲渔业特色。在中国龟鳖网的支持下，问题逐一化解。解决方案是，提供蓝藻水华的控制方法，清除钟形虫技术；对饲料严格把关，不投变质饲料，使用螺、鱼饵料的同时，适当增加配合饲料；对各种应激原进行分析并提出有效的控制措施；对温室养鳖中遇到的水温、水质问题和操作细节进行指导；积极申报良种场、无公害基地和产品认证，实施品牌战略，尽早扩大规模创办休闲渔业生态园。通过上述方案的实施，年收益可达 500 万元。目前对外提供黄沙鳖原种鳖苗和优质商品鳖。

10 月，中国龟鳖网在北海成功举行聚会，到会 65 人，主要来自北海、钦州和北流三市，龟鳖会会长、秘书长几乎全部到会，中国龟鳖网群首次聚会，大家相聚在一起，通过龟鳖应激性疾病防治技术的讲座，将大家带入新的知识领域，共同提高龟鳖养殖技术，少走弯路。更重要的是增进了友谊，认识了更多朋友（图 5-110 至图 5-115）。会后，北海日报进行了跟踪报道（图 5-116）。更大的收获是参观了北海宏昭公司，也就是北海龟鳖业协会王大铭会长的生态养龟园，大开眼界（图 5-117 至图 5-122）。

图 5-110　笔者在北海聚会上讲课

图 5-111　笔者与茂名聚会代表在一起

图 5-112　笔者与北海群友在一起

图 5-113　笔者与钦州群友在一起

图 5-114　笔者与北流的群友在一起

图 5-115 中国龟鳖网北海首次聚会合影

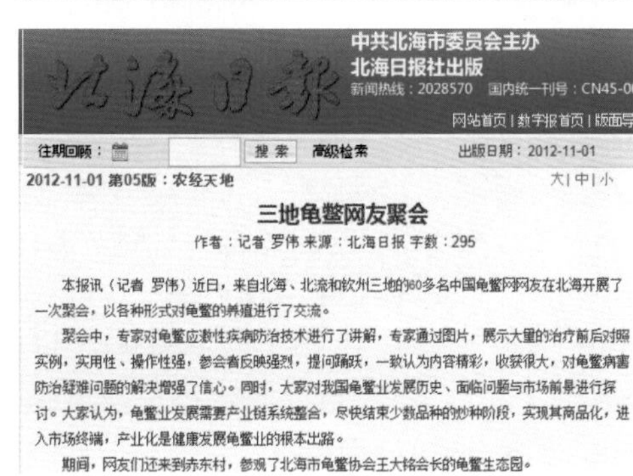

北海日报

中共北海市委员会主办
北海日报社出版
新闻热线：2028570　国内统一刊号：CN45-0

网站首页 | 数字报首页 | 版面导

往期回顾：　搜 索　高级检索　出版日期：2012-11-01

2012-11-01 第05版：农经天地　大 | 中 | 小

三地龟鳖网友聚会

作者：记者 罗伟 来源：北海日报 字数：295

本报讯（记者 罗伟）近日，来自北海、北流和钦州三地的60多名中国龟鳖网网友在北海开展了一次聚会，以各种形式对龟鳖的养殖进行了交流。

聚会中，专家对龟鳖应激性疾病防治技术进行了讲解，专家通过图片，展示大量的治疗前后对照实例，实用性、操作性强，参会者反映强烈，提问踊跃，一致认为内容精彩，收获很大，对龟鳖病害防治疑难问题的解决增强了信心。同时，大家对我国龟鳖业发展历史、面临问题与市场前景进行探讨。大家认为，龟鳖业发展需要产业链系统整合，尽快结束少数品种的炒种阶段，实现其商品化，进入市场终端，产业化是健康发展龟鳖业的根本出路。

期间，网友们还来到赤东村，参观了北海市龟鳖协会王大铭会长的龟鳖生态园。

图 5-116　北海日报报道中国龟鳖网聚会

图 5-117 聚会期间参观北海宏昭公司

图 5-118 北海宏昭公司展示龟鳖品种

图 5-119 王大铭会长介绍亚洲巨龟

图 5-120 聚会群友参观侧颈龟

图 5-121 北海、北流两市龟鳖会会长在一起

图 5-122 王大铭会长向笔者介绍宏昭公司发展情况

这次聚会取得的成果：

① 龟鳖应激性疾病防治技术讲座，笔者主讲，与大家分享前沿知识。通过图片，展示大量的治疗前后对照实例，实用性、操作性强，参会者反映强烈，提问踊跃，一致认为内容精彩，收获很大，对龟鳖病害防治疑难问题的解决增加了信心。

② 对我国龟鳖业发展历史、面临问题与市场前景进行探讨。一致认为，龟鳖业发展需要产业链系统整合，尽快结束少数品种的炒种阶段，实现其商品化，进入市场终端，产业化是龟鳖业健康发展的根本出路。

③ 参观北海市龟鳖协会王大铭会长的龟鳖生态园，大开眼界。该园占地面积 116 亩，养殖品种繁多，主人是中国龟鳖网的忠实读者，其亮点是：主动应对市场变化，2010 年就将石龟全部抛出；延长产业链，制作龟鳖酒、龟鳖粉、龟胶原蛋白等，提高产品附加值；开放心态，注重企业形象宣传。

聚会结束后，经王大铭会长安排，笔者拜访了知名中国龟王婆、钦州市妇女龟友会林桂艳会长，有幸看到一般不开放参观的金钱龟、百色闭壳龟原种，现场指导金钱龟等病害防治（图 5-123）。

12 月，笔者再次来到广西钦州，这次是 250 人参加的大型龟鳖技术培训班，钦州市水产畜牧局主办，三联公司承办，金大地集团，珠海康益达公司参加，会后举行联谊会。中国龟鳖网有机会加入活动，并为大家讲解了龟鳖饲料科技和应激性疾病的防治技术，反响很好，主管局表示满意，现场火暴，气氛热烈，达到了预期效果。最大的成果是与三联公司合作在钦州建立了中国知名龟鳖专家远程诊疗中心，全国首创，推动了龟鳖产业化进程（图 5-124、图 5-125）。

图 5-123　笔者在钦州龟王城讲解龟病防治知识

图 5-124　中国知名龟鳖专家远程诊疗中心成立

图 5-125　笔者与董燕声成为中心聘请的专家

12 月 18 日是钦州三联龟鳖科技有限公司开业大喜的日子。这天，钦州市水产畜牧局和钦州市水产技术推广站主办，钦州市三联龟鳖科技有限公司、浙江金大地饲料公司和珠海康益达生物科技公司联合承办，在钦州高岭商务酒店举行“钦州市龟鳖科技讲座”，到会 250 人，通过专家的精彩演讲，大家认真听课，取得圆满成功，钦州市水产畜牧局表示满意。会后举行了三联龟鳖联谊酒会（图 5–126）。

讲座邀请到两位专家。会议由笔者主讲龟鳖饲料科技、龟鳖应激性疾病防治技术，由珠海康益达公司董事长董燕声主讲龟鳖生态养殖技术。三个主题的讲座切合实际，知识前沿，内容丰富，深受到会的领导、养殖大户和中国龟鳖网群友的好评，一致认为启发较大，受益匪浅。通过讲座，将彻底改变传统的投喂单一饲料的习惯，改用针对性强、配方合理、营养平衡的配合饲料；应对龟鳖病害，核心技术是预防应激，科学使用药物。在环境、饲料和防病三个方

图 5–126　钦州培训班现场火暴，笔者正在讲课

chapter 5

面不断改进和提高养殖水平。

龟鳖业发展方向是规模化、商品化和产业化。产业链延长和加环都是龟鳖业发展新模式。龟鳖养殖属于基础产业链，而饲料生产，种苗引进、仓储运输、水产加工、商品销售、质量跟踪等属于高端产业链，基础产业链决定产品的质量，高端产业链决定市场价格。三联龟鳖有限公司的成立，主要是在产业链中加环，创新性地在全国首次建立“中国知名龟鳖专家远程诊疗中心”，并开展饲料、病害和种苗等一条龙服务，为广大龟鳖养殖户排忧解难，实现共赢。

参考文献

川崎义一 .1986. 甲鱼——习性和新的养殖法 . 蔡兆贵，单长生译 . 长沙：湖南科技出版社 .

罗志楠 . 2002. 配合饲料的运输和仓储 . 福建农业，(2)：18

G. P. Moberg，J. A. Mench. 2005. 动物应激生物学 . 卢庆平，张宏福译 . 北京：中国农业出版社 .

吴遵霖，曾旭权 . 2007. 中华龟鳖文化博览 . 北京：中国农业出版社 .

章剑 . 1999. 人工控温快速养鳖 . 北京：中国农业出版社 .

章剑 . 1999. 鳖病防治专家谈 . 北京：科学技术文献出版社 .

章剑 . 2000. 温室养龟新技术 . 北京：科学技术文献出版社 .

章剑 . 2001. 龟饲料与龟病防治专家谈 . 北京：科学技术文献出版社 .

章剑 . 2008. 龟鳖病害防治黄金手册 . 北京：海洋出版社 .

章剑 . 2010. 龟鳖高效养殖技术图解与实例 . 北京：海洋出版社 .

章剑 . 2012. 龟鳖病害防治黄金手册（第 2 版）. 北京：海洋出版社 .